Die Grundlehren der mathematischen Wissenschaften

in Einzeldarstellungen
mit besonderer Berücksichtigung
der Anwendungsgebiete

Band 43

Herausgegeben von

J. L. Doob · A. Grothendieck · E. Heinz · F. Hirzebruch
E. Hopf · H. Hopf · W. Maak · S. MacLane · W. Magnus
M. M. Postnikov · F. K. Schmidt · D. S. Scott · K. Stein

Geschäftsführende Herausgeber

B. Eckmann und B. L. van der Waerden

O. Neugebauer

Vorlesungen über Geschichte der antiken mathematischen Wissenschaften

Erster Band

Vorgriechische Mathematik

Zweite, unveränderte Auflage

Mit 61 Figuren

Springer-Verlag Berlin · Heidelberg · New York 1969

Professor O. Neugebauer
Brown University, Providence, Rhode Island 02912

Geschäftsführende Herausgeber:

Prof. Dr. B. Eckmann
Eidgenössische Technische Hochschule Zürich

Prof. Dr. B. L. van der Waerden
Mathematisches Institut der Universität Zürich

ISBN-13: 978-3-642-95096-4   e-ISBN-13: 978-3-642-95095-7
DOI: 10.1007/978-3-642-95095-7

Der Mutter gewidmet

Vorwort zur ersten Auflage.

Die Geschichte der antiken Mathematik ruht auf zwei zeitlich weit getrennten Fundamenten: es sind dies einerseits die Werke der klassischen griechischen Mathematik: EUKLID, ARCHIMEDES und APOLLONIUS, die dem vierten und dritten vorchristlichen Jahrhundert angehören, andererseits die ägyptischen und babylonischen Texte, die wenigstens in ihrer Hauptmasse mehr als ein Jahrtausend älter sind. Will man die Entstehungsgeschichte des antiken mathematischen Denkens verfolgen, so muß man von diesen beiden einigermaßen festen Stützpunkten ausgehen. Es ergeben sich dann vor allem zwei Problemgruppen. Die eine betrifft die geschichtlichen Vorbedingungen, unter denen die altorientalische Mathematik entstanden ist, die andere richtet sich auf die Rekonstruktion der Entstehung der eigentlich griechischen Mathematik, für die uns ja fast alle direkten Quellen fehlen, d. h. auf die Herstellung der Brücke zum Vorgriechischen.

Es ist die Absicht dieser Vorlesungen, diese beiden Problemkreise zu skizzieren, die Fragen zu erörtern, die sich aus ihnen ergeben, und die Methoden und Hilfsmittel darzustellen, die uns heute zu einer wenigstens teilweisen Beantwortung zur Verfügung stehen.

Es ist nicht meine Absicht, eine in irgendeinem Sinne abschließende Gesamtdarstellung unserer heutigen Kenntnisse von der mathematischen Entwicklung der Antike zu geben. Was hier veröffentlicht wird, sind wirklich Vorlesungen, die ich fast genau in dieser Gestalt in Kopenhagen gehalten habe. Der Charakter einer Vorlesung bringt es mit sich, daß ich zu den einzelnen Fragen wirklich habe Stellung nehmen müssen. Ich habe nicht versucht, dieser Notwendigkeit aus dem Wege zu gehen, sondern habe mich im Gegenteil bemüht, so prägnant als irgend möglich die aus unserem Quellenmaterial resultierende Situation zu schildern und die Konsequenzen zu ziehen, die sich mir daraus zu ergeben schienen. Es ist also eine durchaus von persönlichen Ansichten getragene Auffassungsweise, die den Leitfaden der Darstellung abgibt.

Das ganze Werk ist auf drei Teile berechnet. Der hier vorliegende erste Teil betrifft nur die altorientalische Mathematik. Der zweite wird sich mit der griechischen befassen und, wie schon gesagt, seinen Ausgangspunkt von dem einzigen einigermaßen vollständig erhaltenen Quellenmaterial, also vor allem von APOLLONIUS und ARCHIMEDES,

nehmen und dann in die Vorgeschichte der Euklidischen Mathematik ein-
zudringen versuchen. Der dritte Band soll sich mit der exakten Astronomie beschäftigen, also vor allem mit dem grundlegenden und nicht
hoch genug einzuschätzenden Werk des PTOLEMÄUS einerseits und mit
der heute noch ungleich schwierigeren und unzugänglicheren, aber
relativ späten babylonischen Astronomie.

So hoffe ich schließlich doch eine Art von Gesamtüberblick über
die antiken mathematischen Wissenschaften geben zu können. Ich
muß nochmals hervorheben, daß es dabei mein einziges Ziel ist, die
Probleme, denen wir hier gegenüberstehen, so deutlich als irgend
möglich herauszuarbeiten und die Verknüpfungen aufzuzeigen, die
zwischen ihnen bestehen. Diese Vorlesungen können und sollen aber
nicht als ein Kompendium unserer heutigen Quellenkenntnis benutzt
werden. Wer sich sinnvoll mit Einzelfragen beschäftigen will, dem
kann nicht erspart werden, sich selbst in die Originalquellen einzu-
arbeiten. Vorlesungen, wie die hier veröffentlichten, können nur den
Sinn haben, daß sie einem weiteren Kreis zu zeigen versuchen, zu
welchen Resultaten man aus der Beschäftigung mit den uns erhaltenen
Resten der antiken mathematischen Literatur kommen kann und auf
welchen Voraussetzungen diese Arbeit ruht.

Es ist das erste Mal, daß versucht wird, eine geschlossene Darstellung der Geschichte der vorgriechischen Mathematik zu geben.
Niemand wird sich mehr bewußt sein als ich, wie sehr lückenhaft das
Material ist, auf dem sich eine solche Darstellung aufbauen muß. Gleichzeitig mit diesen Vorlesungen kommt eine Edition aller mir bekannt
gewordenen mathematischen Keilschrifttexte zum Druck, in der ich
mich bemüht habe, soweit als irgend möglich, ohne jede geschichtliche
Konstruktion, das Textmaterial in allen seinen Einzelheiten zugänglich
zu machen. Wer die hier gegebene Darstellung der babylonischen
Mathematik nachprüfen und ergänzen will, sei also ausdrücklich auf
diese Bearbeitung hingewiesen. Für den weiteren Kreis, an den sich
diese Vorlesungen richten, wird selbstverständlich eine Kenntnis dieses
Materials hier nicht vorausgesetzt. Es ist klar, daß bei einem so neu
erschlossenen Gebiet wie der vorgriechischen Mathematik die kommende Zeit vieles von dem zu ergänzen und zu berichtigen berufen
sein wird, was hier gesagt ist. Ich sehe aber die eigentliche Aufgabe
solcher Vorlesungen darin, auch andere zum Nachdenken über die behandelten Fragen anzuregen. Wenn dies zu besseren Ergebnissen führt,
als ich sie hier zu formulieren imstande war, so scheint mir dies wichtiger,
als durch sorgfältiges Schweigen einen Irrtum in meinen Ansichten
verbergen zu können.

Ich bedaure es eigentlich, daß die Erschließung der babylonischen
Mathematik notgedrungen verknüpft ist mit der zeitlichen Vorver-

legung der Entdeckung vieler mathematischer Sätze und Zusammenhänge. Ich hoffe aber, daß diese Vorlesungen einem Leser, dessen Interesse auf Prioritätsfragen gerichtet ist, nur wenig bieten wird. Die Zeit ist zwar das unvermeidliche Koordinatensystem der Geschichte, aber sie ist auch nicht mehr. Unsere Kenntnisse von der vorgriechischen Mathematik sind außerdem weit davon entfernt, eine im zeitlichen Sinn geschlossene Geschichtsdarstellung zu ermöglichen. Und selbst wenn unser Textmaterial ein zeitlich vielfach dichteres wäre, so würde ich doch eine chronologische Darstellung der vorgriechischen Mathematik für einen grundsätzlichen Fehler halten. Denn wie sich die Geschichte des antiken Denkens immer vor dem großen Hintergrund des Hellenismus abspielen wird, so ist die Spezialgeschichte des Vorgriechischen wesentlich bedingt durch den Dualismus zwischen der Kultur Ägyptens und der der mesopotamischen Völker. So muß, scheint mir, gerade die Untersuchung der vorgriechischen Mathematik immer auf diese doppelte Ausdrucksmöglichkeit eines Prozesses das Hauptaugenmerk richten. Diese Dualität zweier gleichzeitiger und in ihrer ganzen Problemlage durchaus analoger Entwicklungsvorgänge mit völlig verschiedenen Resultaten ist ein so einzigartiges Geschenk des Schicksals, daß es sich des wesentlichsten Hilfsmittels zu einem tieferen Verständnis berauben hieße, wenn man zugunsten irgendeiner „systematischen" Darstellung auf das immerwährende vergleichende Nebeneinander von ägyptischem und babylonischem Material verzichten wollte. Dieser Gesichtspunkt hat auch die Disposition dieser Vorlesungen bestimmt, über die in der Einleitung noch kurz Auskunft gegeben wird.

Ich brauche kaum zu betonen, wie sehr der Verlag Julius Springer mit seiner bekannten Großzügigkeit auch allen meinen Wünschen in der äußeren Ausgestaltung dieses Buches entgegengekommen ist. Darüber hinaus habe ich ihm aber auch dafür ganz besonders zu danken, daß er in all den vergangenen Jahren die Veröffentlichung der Einzeluntersuchungen ermöglicht hat, auf denen zum großen Teil diese Vorlesungen beruhen; vor allem hat er es auch jetzt wieder übernommen, die umfangreiche Edition des keilschriftlichen Quellenmaterials herauszubringen, von der schon oben die Rede war.

Mein aufrichtiger Dank gilt auch den Freunden R. COURANT und H. BOHR, ohne deren stets lebendiges Interesse und oft tatkräftige Hilfe ich nicht die Möglichkeit gehabt hätte, dieses Werk zu einem Abschluß zu bringen. Aber nicht nur ihnen, sondern mit ihnen einem großen Kreis von Freunden aus Göttingen und Kopenhagen habe ich zu danken. Nur dadurch, daß ich das Glück hatte, viele Jahre in stetem Gedankenaustausch mit ihnen zu leben und zu arbeiten, habe ich die innere Möglichkeit gehabt, allmählich den Fragenkreis auszubauen, über den hier berichtet wird. Ihnen allen sei in Dankbarkeit dieses Buch zugeeignet. Wenn es trotzdem nur einen Namen trägt, so geschieht es, weil er mich mein ganzes Leben als besonderes Symbol treuester Freundschaft begleitet hat.

Kopenhagen, 11. Juli 1934.

Der Vorderasiatischen Abteilung der Staatlichen Museen in Berlin, die mir in entgegenkommendster Weise ihr reiches einschlägiges Textmaterial zugänglich gemacht hat, habe ich außerdem für die Publikationserlaubnis von Photographien von Texten ihrer Sammlung zu danken, ebenso wie der Bibliothèque Nationale et Universitaire de Strasbourg.

Beim Lesen der Korrekturen hat mich außer meiner Frau auch Herr Dr. W. FELLER unterstützt, dem ich auch für eine große Reihe kritischer Bemerkungen herzlich zu danken habe.

Kopenhagen, 8. Oktober 1934.   O. NEUGEBAUER

Vorwort zur zweiten Auflage.

Es würde eine vollständige Umarbeitung dieses Werkes bedeutet haben, hätte ich versucht, die Entwicklung der einschlägigen Probleme während der vergangenen 35 Jahre zu berücksichtigen. Daher habe ich mich darauf beschränkt, einige triviale Versehen auszumerzen, das Ganze aber stehen zu lassen, wie es meinen Vorlesungen in Kopenhagen in 1933/34 entsprach. Die seinerzeit geplante Fortsetzung in das Gebiet der antiken Astronomie ist zum Teil durch meine Vorträge in Cornell University, 1949, ersetzt, publiziert unter dem Titel „The Exact Sciences in Antiquity" (2te Aufl. Brown Univ. Press, 1957, Neudruck Dover Publications, New York 1969).

Das Textmaterial, aus dem das vorliegende Werk erwachsen ist, wurde als „Mathematische Keilschrift-Texte" in den Quellen und Studien zur Geschichte der Mathematik, Abt. A, Bd. 1 (in 3 Teilen) 1935—1938 publiziert. Indessen ist viel neues und interessantes Material hinzugekommen, hauptsächlich publiziert in NEUGEBAUER-SACHS, Mathematical Cuneiform Texts (American Oriental Series, vol. 29, New Haven 1945) und E. M. BRUINS-M. RUTTEN, Textes mathématiques de Suse (Mémoires de la Mission Archéologique en Iran, t. 34, Paris 1961). Die mathematisch-astronomischen Texte habe ich in den „Astronomical Cuneiform Texts" (3 Bände, Lund Humphries, London 1955) veröffentlicht. Diese Angaben werden für ein tieferes Eindringen in die Frühgeschichte der Mathematik eine ausreichende Grundlage abgeben.

Providence, im Juli 1969.   O. NEUGEBAUER

Inhaltsverzeichnis.

Einleitung.

Wenn man sich über den Mechanismus der vorgriechischen Mathematik einigermaßen Klarheit verschaffen will, so muß man zunächst den äußeren Apparat dieser Mathematik, d. h. die Rechentechnik verstehen. Für die ganze vorgriechische Mathematik ist es eigentümlich, daß sie uns in allen ihren Texten nicht in allgemeinen Formeln oder geometrischen Beweisen Euklidischen Stiles entgegentritt, sondern nur durch zahlenmäßig vorgerechnete Einzelbeispiele. Man ist also schon aus äußeren Gründen veranlaßt, sich mit der ägyptischen und babylonischen Rechentechnik auseinanderzusetzen, denn ohne sie zu kennen ist es gar nicht möglich, die Fragen der numerischen Behandlung einer Aufgabe von den sachlichen Methoden zu scheiden. Darüber hinaus zeigt aber die nähere Untersuchung der vorgriechischen Mathematik, daß die tiefgehenden Unterschiede zwischen der ägyptischen und der babylonischen Mathematik ganz wesentlich bedingt sind durch den Grad, in welchem man das rein Numerische zu beherrschen verstanden hat. Es wird eine der wesentlichsten Aufgaben dieser Vorlesungen sein, zu zeigen, daß die volle Beherrschung aller numerischen Probleme die eigentliche Voraussetzung für das hohe Niveau der babylonischen Mathematik bildet, ebenso wie der Zustand der ägyptischen Mathematik bedingt ist durch die eigentümliche Richtung, in der sich die ägyptische Rechentechnik im Gegensatz zur babylonischen entwickelt hat. Für die vorgriechische Mathematik ist also das Studium ihrer Rechentechnik ebenso wesentlich wie die Kenntnis der eigentümlichen „geometrischen Algebra" für das Verständnis etwa der Archimedischen Integrationsmethoden oder der griechischen Theorie der Kegelschnitte. Es betrifft also wirklich die Grundlagen der vorgriechischen Mathematik, wenn wir uns zunächst mit ihrer numerischen Methode vertraut machen.

Während unser Quellenmaterial der ägyptischen Mathematik ziemlich dürftig ist, so kennen wir von der babylonischen Mathematik gegenwärtig nahe an 200 „Tabellentexte", deren Funktion es offensichtlich ist, das praktische Rechnen zu erleichtern. Wir werden uns also zunächst auf den rein äußerlichen Standpunkt stellen, daß uns eine relativ große Anzahl solcher Texte bekannt ist, und werden sie nach ihren sachlichen Funktionen zu ordnen suchen. So wird erst einmal die Basis der babylonischen Mathematik in Umrissen beschrieben werden können. Aber schon in diesem ersten Kapitel wird sich zeigen, daß dieser Texttypus nicht einfach mit dem Wort „Rechenhilfen"' erschöpft ist. Wir werden sehen, wie sich selbst noch an diesen einfachen Texten Spuren einer komplizierteren geschichtlichen Entwicklung erkennen lassen, die uns vor die Aufgabe stellen, nunmehr dieser Vorgeschichte nachzuspüren. Um das zu tun, wird es nötig sein, die ganze Entwicklungsgeschichte des babylonischen Rechen- und Zahlensystems zu untersuchen. Es wird sich zeigen, daß dies nicht möglich ist, ohne auf die Entstehungsgeschichte der mathematischen Zeichensprache des mesopotamischen Kulturkreises einzugehen, eine Frage, die aufs engste verknüpft ist mit der Entstehungsgeschichte des wichtigsten Ausdrucksmittels dieser Kultur überhaupt, der Keilschrift. Erst wenn dieser Fragenkreis näher diskutiert sein wird, werden wir auf die spezielle Geschichte des babylonischen Zahlensystems eingehen können.

Dieses Zahlensystem nimmt bekanntlich eine ganz ausgezeichnete Stellung ein: es ist, wenigstens grob gesprochen, ein „Positionssystem" wie das unsrige, nur mit der Basis 60 statt mit der Basis 10. Es unterscheidet sich daher auf das Fühlbarste von allen anderen Ausdrucksmitteln der Zahlen in der Antike. Trotzdem wird sich zeigen, daß auch das ägyptische Zahlensystem in seinen Ursprüngen enge vorstellungsmäßige Beziehungen gemein hat mit den Dingen, die dem Sexagesimalsystem zugrunde liegen. Und wie einerseits die ganze babylonische Mathematik ihr typisches Gepräge durch ihre wunderbare handliche Rechentechnik erhält, so wird auch andererseits die ägyptische Mathematik aufs tiefste beeinflußt von der Struktur ihres Zahlensystems und der damit verknüpften Rechentechnik. So werden also vier Kapitel dieser Vorlesung trotz aller äußeren Verschiedenheit des zu behandelnden Stoffes doch innerlich eng zusammengehalten durch die Frage nach dem geschichtlichen Werden der vorgriechischen Zahlensysteme und ihrer Ausnutzung in der Mathematik. Einem fünften und letzten Kapitel wird es dann vorbehalten sein, in großen Zügen zu schildern, wie nun die babylonische Mathematik aussieht, die auf dieser Basis ruht.

Das eigentliche Ergebnis der Erschließung dieser mathematischen Texte sehe ich darin, daß sich gezeigt hat, daß neben der seit langem bekannten und eigentümlich primitiven ägyptischen Mathematik und neben der mit feinster logischer Analyse durchgearbeiteten griechischen Mathematik noch ein dritter Typus mathematischer Ideenbildung im Kreis der Mittelmeerkulturen existiert hat: der algebraische der babylonischen Mathematik. So sehr auch dieser Bereich heute als in sich geschlossen vor uns zu stehen scheint, so werden wir trotzdem sehen, daß auch von dieser babylonischen Algebra enge geschichtliche Verbindungen hinführen zu jenen Entwicklungsphasen, die den Aufbau der Tabellentexte bedingt haben. So werden wir zeigen, daß auch durch den algebraischen Charakter die babylonische Mathematik noch nicht ausreichend beschrieben ist, sondern daß erst das volle Ineinandergreifen von algebraischer Ausdrucksweise und numerischer Rechentechnik das Bild wirklich abrundet. Wir werden sehen, daß gerade diese Betrachtungsweise uns zu neuen und in Einzelheiten noch gar nicht ausreichend beantwortbaren Fragestellungen weist, die nicht nur den Unterschied gegen die griechische Mathematik klarer hervortreten lassen, als es bisher möglich war, sondern in ihren Auswirkungen auch die Brücke wird schlagen lassen zu den charakteristischen Methoden der rechnenden antiken Astronomie.

I. Kapitel.

Babylonische Rechentechnik.

§ 1. Reziprokentabellen.

a) Vorbemerkungen, Äußeres.

Wenn wir im folgenden von „babylonischen" mathematischen Texten sprechen, so sind damit Tontafeln gemeint, die mit Keilschrift beschrieben sind und mit Mathematischem zu tun haben. Wir kennen solche Texte, die etwa bis —2000 zurückgehen, während die jüngsten tief in griechische Zeit hineinreichen (ca. —200). Rein äußerlich zerfallen sie in zwei große Gruppen, die „*Tabellentexte*" und die „*eigentlich mathematischen Texte*". Die erste Gruppe enthält Listen gesetzmäßig geordneter Zahlen, wie wir ihnen sogleich unten als Reziproken-, als Multiplikationstabellen usw. begegnen werden. Die zweite Gruppe betrifft bestimmte mathematische Aufgaben; über sie werden wir erst im letzten Kapitel ausführlicher reden.

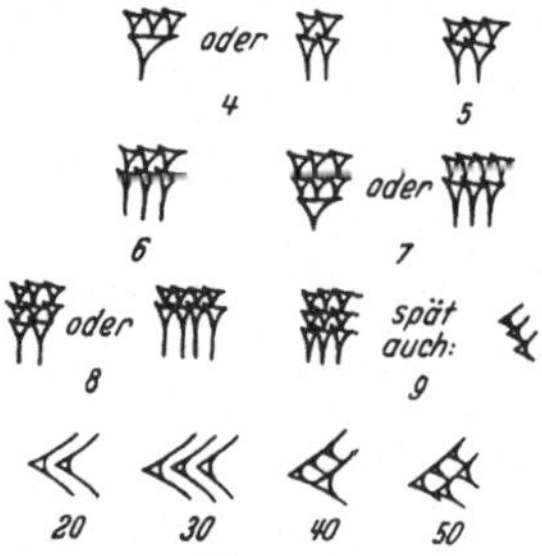

Das babylonische Ziffernsystem baut sich aus zwei Grundelementen auf, dem einfachen „Keil" mit dem Zahlwert 1 und dem „Winkelhaken" mit dem Zahlwert 10. Wiederholung dieser Zeichen ergibt einerseits die Einer von 1 bis 9 und andererseits die Zehner von 10 bis 50. Gelesen werden diese Zahlzeichen ebenso wie die ganze Keilschrift von links nach rechts. Nebeneinanderstellung bedeutet Addition, z. B. 33. Die Zehner stehen immer links vor den Einern. Es bedeutet eine rein äußere graphische Vereinfachung, wenn man die einzelnen Keile und Winkelhaken zu engeren Gruppen zusammenschließt (siehe Fig. 1; weitere Beispiele sind leicht in Fig. 12 S. 34, Fig. 55 S. 176 und Fig. 61 S. 185 zu erkennen).

In der eben geschilderten Weise werden die Zahlen von 1 bis 59 ausgedrückt; von da an erscheinen die Zahlzeichen noch einmal, aber mit einem mit 60 vervielfachten Wert im Sinne eines Positionssystems mit der Basis 60. umschreiben wir durch 1,4 oder durch 1,21. Es hat also 1,4 den Wert 64 bzw. 1,21 den Wert 81.

Fig. 1.

Dieses Positionssystem hat aber die charakteristische Eigenschaft, daß es keine absolute Position kennt, daß vielmehr jedes Zahlzeichen prinzipiell mit irgendeiner positiven oder negativen Potenz von 60 als Faktor versehen werden kann, ohne daß sich dies im schriftlichen Ausdruck der Zahlen äußert. ⫷ „30" ist also sowohl als 30 wie als $30 \cdot 60 = 1800$ usw. zu lesen, aber auch als $\frac{30}{60} = \frac{1}{2}$ oder $\frac{30}{60^2} = \frac{1}{120}$ usw. Entsprechend ist Ỿ nicht nur 1, sondern $60^{\pm k}$. Zwei Zahlen a und b, die sich nur um eine (positive oder negative) Potenz von 60 als Faktor unterscheiden, wollen wir „*kongruent nach dem Faktor 60*" nennen und schreiben $a \equiv b$ (fact 60). Solche „kongruente Zahlen" unterscheiden sich also nicht in ihrer keilschriftlichen Schreibweise.

Erst der sachliche Zusammenhang einer Rechnung läßt entscheiden, welchen Positionswert man den einzelnen Zahlzeichen zuzuschreiben hat. Ich werde in Hinkunft dies dadurch ausdrücken, daß ich ganze Zahlen von Sexagesimalbrüchen durch ein Semikolon trenne, also z. B. 0;30 schreibe, wenn ⫷ $\frac{1}{2}$ bedeutet, oder 1,0 für 60. Mit anderen Worten: ich brauche das Semikolon genau in der Weise wie unsere Dezimalkomma. Das Komma verwende ich nur zur äußeren Trennung der einzelnen Sexagesimalstellen. Ein Nullzeichen am Anfang oder Ende von Zahlausdrücken kennt die babylonische Mathematik nicht, so daß ein Semikolon oder eine Stelle mit Null am Anfang oder Ende eines Zahlausdrucks immer eine moderne Interpretation in sich schließt.

Wenigstens in späterer Zeit existiert aber ein Zeichen für ausfallende innere Sexagesimalstellen. Es ist dies das Trennungszeichen ⩱, so daß man für 1,0,4 Ỿ⩱⩥ schreibt. Dadurch ist aber nicht festgelegt, ob diese Zahl als 1,0,4, d. h. als 3604 zu interpretieren ist oder z. B. als 1,0;4, d. h. als $60\frac{1}{15}$. Der älteste mir bekannte Text, der dieses Symbol verwendet, dürfte etwa der Perserzeit angehören. Ältere Texte schreiben z. B. 𒐕 𒐙 für 6,0,9 ohne irgendein besonderes Kennzeichen, das 6,0,9 von 6,9 zu unterscheiden gestattete. Nur der Zusammenhang des Textes kann hier weiterhelfen[1].

---

[1] Der Abstand der einzelnen Zahlzeichen voneinander hat im allgemeinen gar keine Bedeutung, z. B. verteilen mehrstellige Tabellentexte ihre Zahlzeichen oft mit sehr großen Abständen auf die einzelnen Zeilen. Beispielsweise besagt eine Anordnung wie

52 40 29 37 46 40
52   5
51   50   24

keineswegs, daß zwischen den einzelnen Zahlzeichen Stellen ausgefallen sind. Wohl aber ist rein graphisch 14 von 10,4 fast immer einwandfrei zu unterscheiden, da die Zehner mit ihren zugehörigen Einern meist ganz knapp verbunden werden: ⟨Ỿ 14 im Gegensatz zu ⟨ Ỿ, d. h. 10,4 (= 604).

Wenn wir im folgenden keilschriftlich geschriebene Zahlen zu umschreiben haben, so werden wir sie immer in der angegebenen Weise schreiben und nicht dezimal übersetzen. Es ist durchaus wesentlich, sich von allem Anfang an an das Rechnen mit solchen Sexagesimalzahlen zu gewöhnen, denn nur dann kann man verstehen, welche Rolle diese Bezeichnungsweise in der babylonischen Mathematik gespielt hat. Umschreibt man dezimal, so gehen sofort eine Reihe wesentlicher Rechenhilfen verloren, denn die Basis 60 verfügt über eine so große Anzahl von Teilern, daß dies für die Praxis des Rechnens eine ausschlaggebende Rolle spielt. Aber auch ganz abgesehen davon ist es für alle historischen Arbeiten von größter Wichtigkeit, sich bei allen Überlegungen der Ausdrucksweise des Originals so eng als irgend möglich anzuschließen. Nur dann kann man hoffen, sich so in den Geist eines Verfahrens einzuleben, daß man nicht immer wieder in Schlußweisen zurückfällt, die nicht in dem damaligen Rahmen gelegen waren, und andererseits nicht Dinge übersieht, die für die Ausdrucksweise der alten Texte auf der Hand lagen. So sind ja auch die ersten Versuche, mathematische Keilschrifttexte zu verstehen, in erster Linie daran gescheitert, daß man die unbestimmte sexagesimale Position in absolute dezimale Zahlen umwandeln zu müssen glaubte, mit dem Erfolg, daß die Rechnungen zu vollen Sinnlosigkeiten (daher dann die Bezeichnung „Schülerübung") verwandelt wurden.

Wir müssen schließlich noch eine Terminologie einführen: Es sei a eine ganze Zahl, dann ist offenbar dafür, daß $\frac{1}{a}$ sich als endlicher Sexagesimalbruch darstellen läßt, notwendig und hinreichend, daß a die Gestalt hat

$$a = 2^{\alpha} 3^{\beta} 5^{\gamma}.$$

Alle derartigen Zahlen sollen in Hinkunft *regulär* heißen, alle anderen *irregulär*. Für das Reziproke $\frac{1}{a}$ einer Zahl a schreiben wir in Hinkunft meist $\bar{a}$. Überstreichungen haben in diesem ganzen Buch stets nur diese Bedeutung.

b) Anordnung und Terminologie
der Reziprokentabellen.

Es ist uns eine große Anzahl von Listen erhalten, die in einander gegenüberstehenden Spalten ganze Zahlen n bzw. die Sexagesimalbruchdarstellung von $\frac{1}{n} = \bar{n}$ angeben, also im Prinzip folgendem Schema folgen:

2	30
3	20
4	15

. . .

Selbstverständlich ist der Stellenwert dieser Zahlen niemals absolut fixiert, so daß es zunächst ganz willkürlich ist, die Zahlen der linken Spalte, wie wir es eben getan haben, als ganze Zahlen, die der rechten Spalte als Sexagesimalbruchdarstellung ihrer Reziproken aufzufassen. Mit demselben Recht könnte man auch die rechte Spalte ganzzahlig lesen. Das, was man zunächst sagen kann, ist also nur, daß das Produkt der beiden Spalten immer 60 (oder mit gleichem Recht: eine Potenz von 60) ist. Eine Reziprokentabelle ist demnach einfach eine Liste von Zahlen n und $\bar{n}$, die der Relation $n\bar{n} \equiv 1$ (fact 60) genügen. Der Zweck solcher Listen ergibt sich sofort aus der Rechenmethode, die in den eigentlich mathematischen Texten zur Anwendung kommt. Um b durch a zu dividieren, multipliziert man dort immer b mit der Reziproken $\bar{a}$ von a. Offenbar entnimmt man dieses $\bar{a}$ einer geeigneten Reziprokentabelle.

Durch das Vorangehende ist die Funktion der Reziprokentabellen im wesentlichen beschrieben. Die Texte enthalten aber eine Reihe von Einzelheiten, die uns manche Fragen aufgeben. Die dringendste Frage ist selbstverständlich die nach dem Vorgehen bei irregulärem Divisor a, zu dem es keine endliche Sexagesimalbruchdarstellung von $\bar{a}$ geben kann. Die uns erhaltenen Tabellentexte gliedern sich hinsichtlich dieser irregulären Zahlen in zwei Gruppen. Die eine und häufiger vertretene Gruppe („Typus A") übergeht die irregulären Zahlen stillschweigend, also beispielsweise

igi 5	gál-bi	12	
igi 6	gál-bi	10	
igi 8	gál-bi	7,30	
igi 9	gál-bi	6,40	
igi 10	gál-bi	6	
igi 12	gál-bi	5	usw.

(igi . . . gál-bi oder auch nur igi ist dabei der übliche terminus technicus[1] beim Reziprokenbilden, seine Entstehungsgeschichte ist noch gar nicht geklärt — übrigens ein erstes und sehr typisches Beispiel dafür, daß man die mathematische Terminologie zunächst ohne jede Rücksicht auf die sprachliche Grundbedeutung aus ihrer rein mathematischen Funktion zu erschließen gezwungen ist.) Hier sind also die irregulären Zahlen $n = 7$ und $n = 11$ einfach ausgelassen. Eine andere, und wie

---

[1] Die bei der Umschreibung von Keilschriftzeichen verwandten Akzente und Indices haben keinerlei Aussprachebedeutung, sondern dienen nur (nach einem konventionellen Schema) zur Unterscheidung verschiedener Schreibweisen des selben Lautwertes. Die Bindestriche entsprechen der Zerlegung des Wortes in einzelne Keilschriftzeichen. Für Einzelheiten vgl. Kap. II, insbesondere S. 57 ff. Wirkliche Aussprachebezeichnungen sind nur š (= sch), ḫ (= ch) und das Dehnungszeichen ˆ; ṣ und ṭ sind emphatische (scharf betonte) Laute.

mir scheint ältere, Textgruppe („Typus B") führt die irregulären Zahlen an, aber bemerkt ausdrücklich z. B.

$$7 \quad \text{igi nu},$$

wobei nu ein bekanntes Negationszeichen ist, so daß man ganz frei „7 teilt nicht" usw. übersetzen kann. Wir sehen also, daß man sich des Ausnahmecharakters der irregulären Zahlen voll bewußt war. Damit ist aber die oben gestellte Frage nach dem Vorgehen beim Dividieren durch irreguläre Zahlen nicht beantwortet — und wir können sie auch noch nicht wirklich vollständig beantworten. Zwar kommen in den eigentlich mathematischen Texten des öfteren Divisionen $\frac{b}{a}$ vor, wo a irregulär ist, d. h. von 2, 3 und 5 verschiedene Primfaktoren enthält. In allen diesen Fällen stecken dieselben Primfaktoren aber auch in b, so daß $\frac{b}{a} = c$ eine endliche Sexagesimalbruchdarstellung erlaubt. Die Formulierung des Textes ist dann immer etwa folgende: „Womit muß a multipliziert werden, damit man b erhält? Multipliziere es mit c." Wie man sich dieses c aber in komplizierteren Fällen verschaffen kann, ist aus dem bisher bekannten Material nicht zu ersehen.

Wir wollen jetzt noch den Anfang der Reziprokentabellen kurz besprechen. Es gibt da eine Anzahl von verschiedenen Typen, von denen drei besonders charakteristische herausgegriffen seien:

1 da 2/3-bi 40-àm	1 2/3-bi 40-àm	1 40-àm
šu-ri-a-bi 30-àm	šu-ri-a-bi 30-àm	2 30-àm
igi 3 20	3 20	3 20
igi 4 15	4 15	4 15
usw.	usw.	usw.

Allen diesen Typen gemeinsam ist, daß ihre beiden ersten Zeilen anders gebaut sind als alle folgenden. Von der dritten Zeile an hat man es einfach mit den schon geschilderten Listen $n \; \bar{n}$ zu tun (die Unterscheidung in Typus A und B ist für die Anfangszeilen nicht wesentlich). Die zweite Zeile enthält bei den beiden ersten Beispielen das Zahlwort šu-ri-a-bi, d. h. „seine Hälfte", und gibt als Reziproke „30-àm", d. h. „30 ist es". Die erste Zeile des ersten Beispiels ist zu übersetzen „von 1 sein $\frac{2}{3}$ 40 ist es". Das zweite Besipiel hat diese Ausdrucksweise bereits zu „1 sein $\frac{2}{3}$ 40 ist es" verkürzt. Im letzten Beispiel sogar zu „1 40 ist es", eine Ausdrucksweise, die überhaupt nur noch verständlich ist, wenn man die Vorgeschichte kennt, denn im Schema dieses dritten Beispiels würde man ja die erste Zeile mit Rücksicht auf alles Folgende als „das Reziproke von 1 ist 40" interpretieren müssen, was ein offenbarer Unsinn wäre. Man sieht an diesem Beispiel besonders deutlich, wie aus ursprünglich volleren Formen durch Verschleifung nur noch konventionelle Bezeichnungen entstehen die allein gar nicht mehr verständlich sind. Aber es ist äußerst wichtig, darauf hinzuweisen, mit welcher Zähigkeit auch in dieser spätesten Form immer noch die besondere Behandlung der beiden ersten Zeilen von Reziprokentabellen erhalten ist, die schon das erste Beispiel zeigte.

Die Tatsache einer solchen Sonderstellung der beiden ersten Zeilen muß übrigens noch besonders betont werden. Rein formal gesehen müßte nämlich einerseits eine Reziprokentabelle entweder mit der Gegenüberstellung

$$1 \qquad 1$$
$$2 \qquad 30$$

oder bloß mit

$$2 \qquad 30$$

beginnen. Statt dessen wird als einziger Bruch, der nicht als $\frac{1}{n}$ interpretiert werden kann, in unserer Liste der Bruch $\frac{2}{3}$ angeführt und noch mehr: dieser Bruch $\frac{2}{3}$ ist mit einem besonderen Zahlzeichen 𒐖 geschrieben, so daß diese erste Zeile 𒐖 𒌍 eigentlich die Umschreibung dieses Zahlzeichens in die allgemeinen und oben zuerst geschilderten positionellen Zahlzeichen darstellt. Wir werden auf diesen Punkt noch einzugehen haben. Ebenso ist auch die Zuordnung 2 30 besonders hervorgehoben, bei zweien unserer obigen Beispiele durch Verwendung des ausgeschriebenen Zahlwortes „Hälfte". Es liegt also bei diesen beiden ersten Zeilen noch ein Absolutwert der Zahlen vor, nämlich $\frac{2}{3} = 0;40$ und „Hälfte" $= 0;30$. Erst bei den folgenden Zeilen sind dann linke wie rechte Seite in den allgemeinen Zahlzeichen geschrieben. Man sieht, unsere Beschreibung einer Reziprokentabelle als Liste von regulären Zahlen $n\bar{n} \equiv 1$ (fact 60) deckt zwar genau den tatsächlichen mathematischen Gebrauch dieser Listen in den eigentlich mathematischen Texten, ist aber doch zu knapp, wenn man sich auch noch für Zeichen einer historischen Entwicklung interessiert, die wohl am markantesten in der an sich sinnlosen Form der ersten Zeile „1 40" dokumentiert ist.

c) Berechnungsweise der Reziprokentabellen.

Wenn man irgendein Paar zueinander reziproker Zahlen kennt, beispielsweise 2 und 30, so lassen sich daraus leicht sämtliche anderen regulären Reziprokenpaare ableiten, indem man nur nach irgendeinem vollständigen Schema die eine Zahl fortgesetzt mit 2, 3 oder 5 multipliziert und die andere entsprechend dividiert, so daß immer das Produkt 60 erhalten bleibt. Die meisten der bekannten Reziprokentabellen haben den Umfang der hier wiedergegebenen „*Normaltabelle*":

2	30	16	3,45	45	1,20
3	20	18	3,20	48	1,15
4	15	20	3	50	1,12
5	12	24	2,30	54	1,6,40
6	10	25	2,24	1	1
8	7,30	27	2,13,20	1,4	56,15
9	6,40	30	2	1,12	50
10	6	32	1,52,30	1,15	48
12	5	36	1,40	1,20	45
15	4	40	1,30	1,21	44,26,40

Diese enthält, wie man sieht, in ihrer linken Spalte sämtliche einstelligen regulären Zahlen zwischen 1 und 1,0, und dann noch die zweistelligen Zahlen 1,4, 1,12, 1,15, 1,21. Die Anzahl der Sexagesimalstellen der rechten Seite kann natürlich kleiner, gleich oder größer sein als die der linken und ist nicht mehr frei verfügbar. Man kann sich leicht vorstellen, wie eine solche Tabelle durch die eingangs gegebene Vorschrift berechnet sein kann.

Diese Normaltabellen sind aber nicht die einzigen uns erhaltenen. Ein interessantes Stück ist beispielsweise durch die folgende Liste gegeben:

2,5	28,48	4,26,40	13,30
4,10	14,24	8,53,20	6,45
8,20	7,12	17,46,40	3,22,30
16,40	3,36	35,33,20	1,41,15
33,20	1,48	1,11, 6,40	50,37,30
1, 6,40	54	2,22,13,20	25,18,45
2,13,20	27		

Die Gesetzmäßigkeit dieser Liste erkennt man leicht. 2,5 ist 5^3, 4,10 ist $2 \cdot 5^3$ und schließlich 2,22,13,20 $= 2^{12} \cdot 5^3$. Die Zahlen n der linken Seite dieser Tabelle haben also die Form $2^\alpha 3^0 5^3$ von $\alpha = 0$ bis $\alpha = 12$. Hier haben wir ein Stück jener Erzeugungsweise unmittelbar vor uns, die systematisch fortgesetzt (und entsprechend auf 3 und 5 ausgedehnt) alle möglichen Paare regulärer reziproker Zahlen ergeben muß.

In einem Keilschrifttext der Seleukidenzeit (d. h. etwa drittes vorchristliches Jahrhundert) ist uns ein sehr umfangreicher Text aus einer Serie von Reziprokentabellen erhalten, der Reziproke von bis zu sechsstelligen Zahlen n mit erster Ziffer 1 oder 2 enthält. Der Text gibt ausdrücklich an, daß eine weitere Tabelle mit 3 beginnend zu folgen hat. Die zugehörigen $\bar{n}$ sind übrigens oft sehr umfangreich: eine Reihe

von ihnen bis zu 17 Sexagesimalstellen. Als Probe seien die ersten
11 Zahlen dieses Textes hier angegeben[1]:

[1]	igi	1	gal-bi	1	àm
[2]	igi	1,.,16,53,53,20	.	59,43,10,50,52,48
[3]	igi	1,.,40,53,20	.	59,19,34,13, 7,30
[4]	igi	1,.,45	.	59,15,33,20
[5]	igi	1,1, 2, 6,33,45	.	58,58,56,38,24
[6]	igi	1,1,26,24	.	58,35,37,30
[7]	igi	1,1,30,33,45	.	58,31,39,35,18,31, 6,40
[8]	igi	1,1,43,42,13,20	.	58,19,12
[9]	igi	1,2,12,28,48	.	57,52,13,20
[10]	igi	1,2,30	.	57,36
[11]	igi	1,3,12,35,33,20	.	56,57,11,15

Das Interessante an diesem Text ist nicht nur, daß er uns zeigt, wie
weit die babylonische Mathematik in der Herstellung von Tabellen-
texten gegangen ist, sondern daß die Liste der Zahlen n der linken
Seite nicht wirklich vollständig ist im Rahmen der Sechsstelligkeit der
Tabelle. Beispielsweise wären zwischen Zeile 8 und 9 bzw. zwischen
Zeile 10 und 11 einzufügen

	1,2,8,16,12,48	57,56,8,34,22,47,34,41,15
und		
	1,2,59,8,9,36	57,9,21,19,0,44,26,40 .

So erhebt sich folgende Frage: Welches ist das Auswahlprinzip der
wirklich angeführten bzw. der ausgelassenen Zahlen?. Läßt sich diese
Frage befriedigend beantworten, so muß sich dadurch ein Einblick in
die Herstellungsmethode einer so umfangreichen Tabelle gewinnen lassen.

Bevor ich auf die Diskussion dieser Frage eingehe, muß ich kurz
ein Verfahren schildern, das uns in ganz allgemeiner Weise nützlich
ist, wenn wir irgendwelche Gesetzmäßigkeiten zwischen regulären Zahlen
feststellen wollen. Die praktische Erfahrung lehrt nämlich sehr bald,
daß man sich bei auch nur einigermaßen großen Zahlen sofort in ufer-
lose Rechnungen verstrickt, wenn man überprüfen will, ob irgendeine
Gesetzmäßigkeit zwischen diesen Zahlen besteht. Derartige Probleme
erheben sich sehr oft, wenn man Textbruchstücke vor sich hat, deren
Zugehörigkeit nicht ohne weiteres erkennbar ist, oder wenn man besonders große Mengen von Zahlen, wie etwa die der obigen Tabelle
(sie enthält 138 Paare $n\ \bar{n}$), untersuchen will.

---

[1] Kleine Zerstörungen und Schreibfehler des Textes sind in der hier gegebenen
Probe verbessert. Für Einzelheiten vgl. meine Edition der Mathematischen Keil-
schrift-Texte (MKT), QS A 3, Kap. I § 2 (s. Literaturverzeichnis am Schluß des
Kapitels S. 39). Die Zahlen vor igi sind von mir als Zeilenzählung hinzugefügt und
stehen nicht im Text. Ein Punkt repräsentiert das Trennungszeichen. In den
Zeilen 2 bis 4 erscheint es auch als Null (s. o. S. 5).

Die Methode, die ich schildern will, beruht darauf, daß jede reguläre
Zahl definitionsgemäß durch drei Parameter α, β, γ bestimmt ist: sie
muß ja eine Primzahlzerlegung $2^{\alpha}3^{\beta}5^{\gamma}$ haben. Sucht man nach einer
anschaulichen, also geometrischen Repräsentierung dieser Zahl, so muß
man jedem Tripel α, β, γ einen Punkt zuordnen. Zunächst scheint damit nichts gewonnen, denn räumliche Konstruktionen sind im allgemeinen kein bequemes Darstellungsmittel. Hier kommt uns aber gerade ein Punkt der babylonischen Ziffernschreibung ausgezeichnet zur
Hilfe: die Unbestimmtheit der Position. Eine Zahl a ist ja keilschriftlich
nicht unterscheidbar von $a \cdot 60^{k}$. Wollen wir also eine adäquate Darstellung eines Textbestandes haben, so muß

$$2^{\alpha}3^{\beta}5^{\gamma} \quad \text{von} \quad 2^{\alpha}3^{\beta}5^{\gamma} \cdot 60^{\pm k} = 2^{\alpha \pm 2k}3^{\beta \pm k}5^{\gamma \pm k}$$

ununterscheidbar sein. Dann und nur dann hat unser Bild genau die
richtige Unbestimmtheit bezüglich des Stellenwertes der dargestellten
Zahlen.

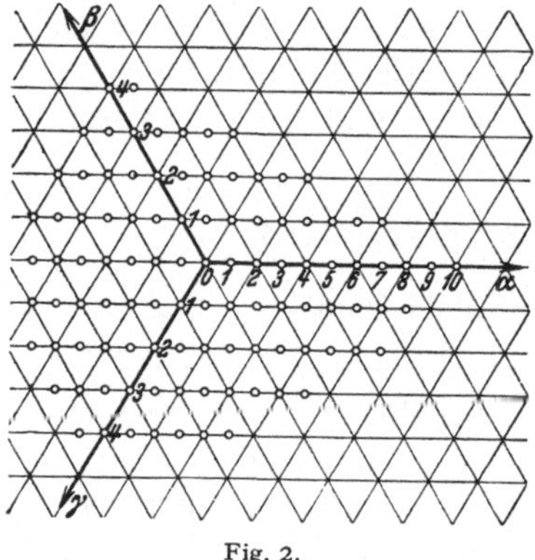

Fig. 2.

Eine solche Darstellung läßt sich
nun leicht auf folgende Weise in der
Ebene realisieren. Wir bedecken die
Ebene mit einem regulären Dreiecks-
netz, ernennen einen beliebigen Netz-
punkt zum Nullpunkt und drei von
ihm ausgehende unter 120° versetzte
Gitterrichtungen bzw. zur positiven
α-, β- und γ-Achse. Als Einheit des
Maßstabes wählen wir auf der β- und
γ-Achse die Maschenweite des Netzes.
Auf der α-Achse dagegen die halbe
Maschenweite (s. Fig. 2). Jeder regulä-
ren Zahl $a = 2^{\alpha}3^{\beta}5^{\gamma}$ entspricht dann entweder ein Netzpunkt oder der
Mittelpunkt einer zur α-Achse parallelen Dreiecksseite. Diese Punktmenge, die sich also zusammensetzt aus den Schnittpunkten des Dreiecks-
netzes, vermehrt um alle jene Punkte, die aus diesen Schnittpunkten
durch Verschiebung um eine Einheit in der α-Richtung hervorgehen,
bezeichnen wir kurz als die „Gitterpunkte" unserer Figur. Diese Gitterpunkte repräsentieren die Gesamtheit aller regulären Zahlen, aber
in der Weise, daß zwei nach dem Faktor 60 kongruente Zahlen auf
denselben Gitterpunkt abgebildet werden. Man sieht dies leicht
folgendermaßen ein: Da sich die Multiplikation zweier regulärer Zahlen
$a_1 = 2^{\alpha_1}3^{\beta_1}5^{\gamma_1}$ und $a_2 = 2^{\alpha_2}3^{\beta_2}5^{\gamma_2}$ als Addition des Exponenten-
systems ausdrückt, so heißt Multiplizieren in unserem Schema soviel
wie Addition der entsprechenden Exponentenvektoren. Insbesondere
bedeutet also die Multiplikation von $a = 2^{\alpha}3^{\beta}5^{\gamma}$ mit $60 = 2^{2}3^{1}5^{1}$,
daß man von dem Bildpunkt $A = (\alpha, \beta, \gamma)$ von a zunächst zwei Ein-

heiten in der α-Richtung und dann je eine Einheit in der β- und γ-Richtung aufträgt. Das bedeutet aber auf Grund unserer Konvention über die Wahl der Maßstäbe auf den drei Achsen, daß eine solche Multiplikation mit 60 mit der Durchlaufung eines gleichseitigen Dreiecks mit der Maschenweite als Kantenlänge äquivalent ist, d. h. von A zu A zurückführt. Entsprechendes gilt offenbar für jede Multiplikation mit einer Sechzigerpotenz, denn jede solche Multiplikation wird nur durch die vollständige Umlaufung eines gleichseitigen Dreiecks dargestellt. So wird also in der Tat kongruenten Zahlen nur ein Gitterpunkt zugeordnet und umgekehrt.

In dieser Abbildung sind nun sämtliche Rechnungen mit Reziprokentabellen ungeheuer einfach ausführbar. Der Nullpunkt des Systems ist das Bild der Zahl 1 bzw. aller Sechzigerpotenzen. Die zu einer Zahl $a = (\alpha, \beta, \gamma)$ reziproke Zahl ist jene Zahl $\bar{a}$, für die gilt

$$a\,\bar{a} \equiv 1 \ (\text{fact } 60),$$

so daß eine Zahl $\bar{a}$, deren Exponentensystem α', β', γ' dieser Relation oder

$$(\alpha, \beta, \gamma) + (\alpha', \beta', \gamma') = (0, 0, 0)$$

genügen muß, einfach durch $(-\alpha, -\beta, -\gamma)$ dargestellt wird. Reziprokenbilden heißt also in unserer Figur nichts anderes als Spiegeln am Nullpunkt.

Wenn man viel mit mathematischen Keilschrift-Texten zu tun hat, braucht man doch eine ziemlich umfangreiche vollständige Reziprokenliste. Durch das obengenannte Verfahren der sukzessiven Teilung bzw. Vervielfachung mit 2, 3 und 5 kann man sie leicht vollständig berechnen. Notiert man sich gleichzeitig bei jedem Schritt die Anzahl der vorgenommenen Multiplikationen mit 2, 3 oder 5, so geben diese Anzahlen bereits von selbst die Exponenten der Primzahlzerlegung. Man braucht dabei gar

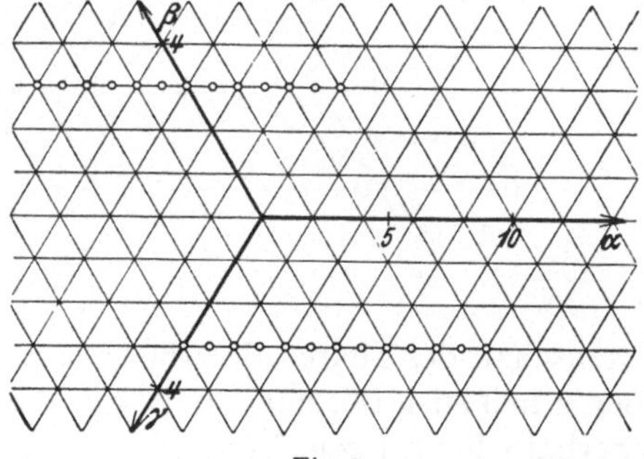

Fig. 3.

nicht darauf zu achten, daß man ganze Sechzigerpotenzen weglassen kann, denn diese Reduktion besorgt ja unser Diagramm von selbst. Hat man einmal eine solche Tabelle angelegt, so gestattet das Diagramm sofort, Gesetzmäßigkeiten zwischen irgendwelchen vorgelegten Zahlfolgen unmittelbar zu übersehen. Trägt man beispielsweise die Zahlen der oben S. 10 zitierten Texte in das Diagramm ein, so sieht man an Fig. 3 sofort, daß sie auseinander durch den Prozeß der Zweiteilung hervorgehen, daß der eine Ausgangspunkt eine reine Fünferpotenz

(γ-Achse) ist und daß es sich um reziproke Zahlen handelt (Symmetrie am Nullpunkt).

Das gewählte Beispiel ist natürlich so einfach, daß es allein die Anwendung des Diagrammverfahrens nicht nötig macht, aber bei unseren großen Reziprokentabellen läßt sich eine Gesetzmäßigkeit nicht ohne weiteres ohne solche Hilfsmittel feststellen. In Fig. 4 ist nun dargestellt, was man aus der Diagrammdarstellung unserer Tabelle von S. 11 ablesen kann. Das äußere Dreieck gibt jenen Bereich an, innerhalb dessen alle höchstens sechsstelligen regulären Zahlen liegen müssen. Die weitere

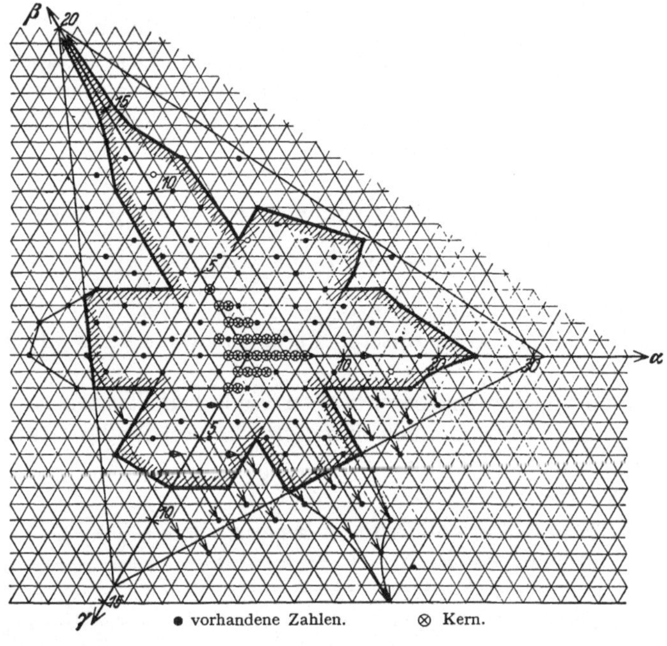

● vorhandene Zahlen.   ⊗ Kern.

Fig. 4.

Eigenschaft des Textes, daß die erste Ziffer der Zahlen der linken Spalte 1 oder 2 heißen muß, hat zur Folge, daß nur ein Teil von Gitterpunkten innerhalb dieses Dreiecks zur Verwendung kommen kann. Das schraffiert umrandete Gebiet gibt dann an, in welchem Bereich alle derartigen möglichen Gitterpunkte auch wirklich durch Zahlen des Textes vertreten sind. Man sieht, daß die Zahlen dieses Bereiches die α-, β- und γ-Richtung auszeichnen. Die Breite der drei Streifen hat dabei eine sehr charakteristische Bedeutung. Sie hat gerade die Breite einer Punktgruppe um den Nullpunkt herum, die in der Figur durch kleine Kreise markiert sind. Diese Punkte sind die Bildpunkte unserer oben S. 10 zitierten üblichen „Normaltabelle". Der Sinn unseres Diagramms ist also folgender: Bekannt seien bereits die Zuordnung $n\,\bar{n}$ der üblichen

Normaltabelle. Nun wende man auf diese Paare den Prozeß der Zweiteilung, Dreiteilung und Fünfteilung an, so lange, bis man in den Bereich
von fünf- oder sechsstelligen Sexagesimalen kommt. Dann erhält man
von selbst einen Punktbereich nach dem Typus des voll umrandeten
Gebiets. In unserem Text ist dies nicht bis zur Ausschöpfung aller
Kombinationsmöglichkeiten bis zur Erreichung aller genau sechsstelligen Zahlen durchgeführt. Das zeigen die noch freien Gebiete
unseres Diagramms innerhalb des Umfangdreiecks — auch der Text
bemerkt ausdrücklich: „Reziprokentabelle von 1 bis 3 unvollständig."
In der negativen α- und β-Richtung (d. h. bei Zwei- und Dreiteilung)
ist aber der Prozeß schon etwas weiter als bis zur Sechsstelligkeit durchgeführt[1].

Historisch genommen haben wir damit ein interessantes Resultat
erhalten. Wir sehen nämlich, daß mindestens in diesem späten Text
die Herstellung umfangreicher Reziprokentabellen nach einem vollständig bewußten und systematischen Verfahren erfolgt ist, nämlich
durch fortgesetzte Zwei-, Drei- und Fünfteilung aus der ursprünglichen
kleinen Normaltabelle. Dies ist ein durchaus nicht selbstverständliches
Ergebnis. Wir werden beispielsweise bei der ägyptischen Bruchrechnung
sehen, daß gänzlich andersartige Motive die Ausbildung von Rechenhilfen bedingen können. Abgesehen davon ist es aber auch wichtig,
zu sehen, daß der direktest mögliche Weg zur Herstellung des Tabellensystems verwendet worden ist und nicht etwa der der Berechnung
von $\bar{a}$ durch Ausführung der Division $1:a$, die zwar auch zu einem
solchen Tabellensystem hätte führen können, aber unter Einschaltung
vieler fruchtloser Divisionen bei den nicht auf endliche sexagesimale
Entwicklungen führenden Nennern a. Schließlich beweist die erwähnte
Notiz am Ende des Textes, daß man sich über die Vollständigkeit des
angewandten Verfahrens Rechenschaft zu geben verstand.

All dies zeigt uns also, daß das positionelle Rechnen in der babylonischen Mathematik in vollem Umfang ausgenutzt worden ist, eine Beobachtung, die sich im Rahmen der eigentlich mathematischen Texte
auf Schritt und Tritt verifizieren läßt.

d) Anhang. Verallgemeinerte Reziprokentabellen.

Die bisher besprochenen Reziprokentabellen gruppieren sich im
wesentlichen in zwei Klassen: 1. die häufig und aus allen Zeiten belegten
kleinen Tabellen vom Umfang der Normaltabelle (s. o. S. 10) und 2. eine
kleine Anzahl von mehrstelligen Tabellen, deren größte wir eben diskutiert haben. Allen diesen Tabellen ist gemeinsam, daß sie den regulären Zahlen n andere reguläre Zahlen $\bar{n}$ gegenüberstellen derart, daß

---

[1] Für Einzelheiten muß ich auf meine Arbeit: „Sexagesimalsystem und
babylonische Bruchrechnung IV", QS B **2**, 199ff. bzw. MKT Kap. I § 2 hinweisen
(Literaturverzeichnis I, *2* bzw. I, *1*).

das Produkt $n\bar{n} \equiv 1$ (fact 60) ist. Abgesehen von im Augenblick nebensächlichen Varianten ist der terminus technicus dieser Tabellen das
Wort igi.

Darüber hinaus gibt es aber noch einige äußerlich völlig analog
angelegte Tabellentexte, bei denen das Produkt der beiden Spalten
nicht $\equiv 1$, sondern (soweit bisher belegt) $\equiv 10$ bzw. $\equiv 70$ (fact 60) ist.
Beispiel:

igi	3	3,20	bzw.	igi	2,30	28
igi	4	2,30		igi	2,40	26,15
igi	5	2		igi	2,46,40	25,12
igi	6	1,40		igi	3	23,20
igi	8	1,15		igi	3,7,30	22,24

Beide Tabellen sind offensichtlich aus gewöhnlichen Reziprokentabellen dadurch abgeleitet, daß man die rechte Spalte der Tabelle mit
10 bzw. 1,10 multipliziert hat. Welche Funktion derartigen Tabellen
im Rahmen der babylonischen Rechentechnik zukommt, ist jetzt
noch nicht zu übersehen. Nur so viel ist klar, daß die erste Liste diejenigen Bruchteile von 10 angibt, die eine endliche Sexagesimalentwicklung gestatten. Bei der zweiten Tabelle handelt es sich entsprechend
um Bruchteile der irregulären Zahl 70. Es ist wohl richtig, in einer
solchen Tabelle einen ersten Hinweis auf das Dividieren mit irregulären
Zahlen zu erblicken. Aber wie schon bemerkt, reicht unser Material
nicht aus, um diese Fragen wirklich erledigen zu können.

In terminologischer Hinsicht ist es wichtig, daß hier das Wort igi
genau so gebraucht wird wie bei den gewöhnlichen Reziprokentabellen.
Wie meist, so sind wir auch hier gezwungen, die sachliche Bedeutung
mathematischer Termini ausschließlich aus den Anwendungsbeispielen
zu erschließen. Wir sehen also im vorliegenden Fall, daß igi einen so
weiten Begriff umfassen muß, daß darunter sowohl das Reziprokenbilden bezüglich 1 oder 60 als auch die allgemeineren Reziproken (hier
bezüglich 10 bzw. 70) verstanden werden können. Aus der ursprünglichen Wortbedeutung läßt sich weder das eine noch das andere motivieren, denn igi bedeutet soviel wie „Auge", „sehen" und Verwandtes.

§ 2. Andere Tabellentexte und babylonische Rechentechnik überhaupt.

a) Addition und Subtraktion.

Bei einem Ziffernsystem wie dem unsern, in dem die Zahlen durch
an sich sinnlose Symbole wie 2, 3, 5 usw. nach einer gewissen Konvention dargestellt werden, muß man lernen, wie man mit diesen
Symbolen zu operieren hat, wenn man sie zum Addieren oder Subtrahieren verwenden will. Bei allen Ziffernsystemen dagegen, die im

wesentlichen auf einer Darstellung der Einer bzw. Zehner durch geeignet oftmaliges Nebeneinanderstellen einzelner Marken beruhen, wie es bei den ägyptischen und keilschriftlichen Ziffern (wenigstens bei den Zahlen von 1 bis 59) gilt, ist jedes Addieren und Subtrahieren einem unmittelbar übersehbaren Hinzufügen oder Wegnehmen äquivalent mit der einzigen Regel, daß man für je 10 Einermarken einmal das Symbol für 10 nimmt. Sobald also ein Zahlensystem irgendwo zu einem derartigen schriftlichen Ausdruck gelangt ist, ist auch gleichzeitig Addition und Subtraktion erledigt. In einem solchen Ziffernsystem können also Addition und Subtraktion nicht als besondere „Rechnungsarten" gelten, denn sie werden durch die schriftliche Ausdrucksweise von selbst auf das einfache Abzählen von einzelnen Marken reduziert.

In der babylonischen Ziffernschreibung existiert aber neben der einfachen additiven Verknüpfung der Zahlzeichen durch Nebeneinanderstellung noch eine subtraktive. Sie besteht in der Verwendung des Wortes lal (mit dem Zeichen Y) in der Verbindung a lal b für $a - b$. Gerade in den ältesten Texten tritt es in den verschiedensten Kombinationen sehr häufig auf, und zwar besonders in den sog. Wirtschaftstexten, d. h. in Listen von Einkünften, Zahlungen usw. In eigentlich mathematischen Texten kenne ich dagegen kein einziges Beispiel für subtraktive Zahlenverknüpfung, wohl aber hat sie sich in die Tabellentexte hinein erhalten, und zwar vor allem beim Zahlzeichen 19, das dort etwa gleich häufig durch ⋘, d. h. $10 + 9$, und ⋘𝖸𝖸, d. h. 20 lal $1 = 20 - 1$, geschrieben wird. In einer der ältesten mir bekannten Reziprokentabellen findet sich eine besonders originelle Schreibung. Diese Tabelle gehört dem Typus B an (s. o. S. 8) und gibt daher auf der linken Seite alle Zahlen von 3 bis 60 an. Die Zahlen sind im allgemeinen in der üblichen additiven Weise geschrieben, abgesehen von den Zahlen, die mit 7, 8, 9 enden. Diese sind in

Fig. 5.

der in Fig. 5 dargestellten Weise geschrieben[1]. Die ersten Zahlen sind selbstverständlich als $40 - 3 = 37$, $40 - 2 = 38$ usw. zu lesen; originell ist die letzte Gruppe. Formal wäre sie als $1 - 3$, $1 - 2$, $1 - 1$ zu umschreiben, bedeutet aber nicht etwa -2, -1 und 0, sondern auf Grund des Positionscharakters dieses Ziffernsystems 57, 58 und 59.

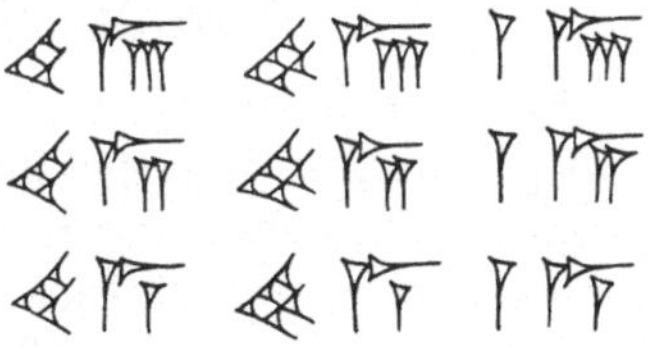

Ein interessanter Gebrauch des Wortes lal und eines analogen Zeichens tab („hinzufügen") findet sich in astronomischen Texten der Spätzeit. Ein Beispiel gibt etwa der folgende Textausschnitt:

---

[1] Die Zahlen 17 bis 19, 27 und 28 sind zerstört. 29 ist als 30 lal 1 geschrieben. Dagegen ist 7 und 8 wie üblich additiv geschrieben, aber 9 als 10 lal 1.

26,21	tab
31,23,30	tab
31,47,30	tab
23,15	tab
7,55	tab
11,57,30	lal
25,2,30	lal
31,20	lal
31,50	lal
25,48,30	lal
11,43,30	lal
9,9	tab

Die nachgestellten Zeichen tab und lal spielen dabei vollständig die Rolle von „Vorzeichen" + und —; trägt man die angegebenen Zahlen mit diesen Vorzeichen der Reihe nach auf, so sieht man, daß sie Interpolationspunkte für eine Wellenlinie bilden und so zur Beschreibung periodischer Vorgänge dienen können (vgl. Fig. 6). Wir werden gerade auf diese Beschreibungsmethode periodischer Erscheinungen im dritten Band dieser Vorlesungen einzugehen haben.

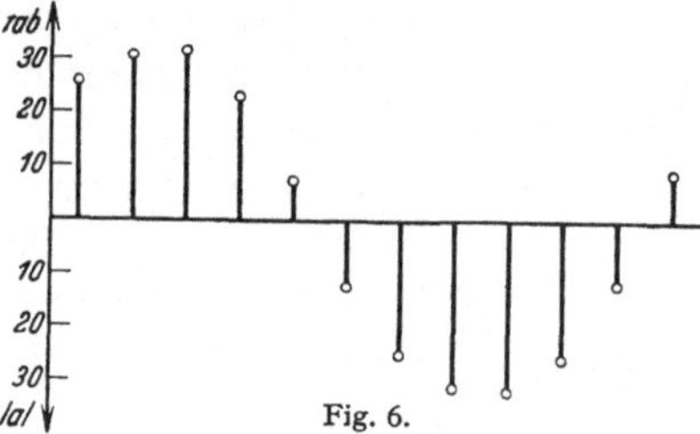

Fig. 6.

b) Multiplikation und Division.

Schon oben wurde gesagt, daß die Division $b:a$ in der Form einer Multiplikation $b \cdot \bar{a}$ ausgeführt wird, wobei $\bar{a}$ die aus einer Reziprokentabelle zu entnehmende Reziproke von a bedeutet. Bei einer solchen Zurückführung der Division auf Multiplikation ist es nicht weiter überraschend, daß uns eine große Anzahl von Texten erhalten ist, die offenbar die Rolle von „*Multiplikationstabellen*" spielen, indem sie in einer bald näher zu beschreibenden Weise die sukzessiven Multipla einer Zahl angeben.

Bevor wir auf den tatsächlichen Textbestand solcher Multiplikationstabellen eingehen, wollen wir uns ganz allgemein klarmachen, wie ein derartiges Tabellensystem anzulegen wäre. Offenbar hat man dazu nichts anderes zu tun, als entsprechend unserem kleinen „Einmaleins" sich eine Liste aller Produkte je zweier einstelliger Sexagesimalzahlen aufzuschreiben. Jede Multiplikation mit mehrstelligen Zahlen verlangt dann nur noch Additionen. Die kürzeste Form einer solchen Liste der 1770 verschiedenen Produkte je zweier einstelliger Sexagesimalzahlen gibt im Prinzip nachstehende Übersicht:

1	59	58
2	1,58	1,56
3	2,57	2,54

3	2	1
6	4	
9		

58	57,2	56,4
59	58,1	

Hat man es mit historischen Dingen zu tun, so wird man nicht gerade diese knappste Ausdrucksweise als die tatsächlich realisierte erwarten. Man wird etwa annehmen, daß man sich 58 Einzeltabellen nach dem folgenden Schema:

2	3
4	6
6	9

58	59
1,56	1,58
2,54	2,57

1,56	2,54
1,58	2,57

56,4	57,2
57,2	58,1

angelegt hat, deren jede einzelne also sämtliche Produkte der „*Kopfzahl*" (so soll immer die erste Zahl einer solchen Tabelle bezeichnet werden) mit den Zahlen von 1 bis 59 angibt.

Sehen wir uns nun die tatsächlichen keilschriftlichen Tabellen an, so zeigt etwa das Beispiel von Fig. 7 sofort, daß wir hier die Multiplikationstabelle der Kopfzahl 7 vor uns haben (das Keilschriftzeichen liest man a-rá; es ist aus dem angegebenen Beispiel evident, daß es die Funktion unseres Wortes „mal" hat[1]). Eine gewisse Variante gegen das obige Schema bietet unser Text

7 a-rá 1	7
a-rá 2	14
a-rá 3	21
usw.	
a-rá 19	2,13
a-rá 20	2,20
a-rá 30	3,30
a-rá 40	4,40
a-rá 50	5,50

Fig. 7.

dadurch, daß er nicht sämtliche 59 Multipla der Kopfzahl 7 anführt, sondern nur die ersten 20 vollständig und dann nur noch die Produkte mit 30, 40

---

[1] Für die Wortgeschichte dieses Terminus vgl. unten S. 67.

und 50. Dies bedeutet aber offensichtlich nicht mehr, als daß man den Umfang der Tabelle etwas reduzieren wollte und dafür in Kauf nahm, daß man für die Produkte mit Faktoren über 20 im allgemeinen noch eine Addition auszuführen hat. Wir hätten also an Stelle des Schemas von S. 19 nur eine etwas verkürzte Figur zu setzen (s. folgendes Schema) mit nur

1	2	3	59.
2	4	6	1,58
3	6	9	2,57

19	38	57	18,41
20	40	1	19,40
30	1	1,30	29,30
40	1,20	2	39,20
50	1,40	2,30	49,10

$23 \cdot 58 = 1334$ Fächern statt $59 \cdot 58 = 3422$ Fächern. Evtl. könnte man sich sogar auch bei den Kopfzahlen auf die 22 Zahlen von 2 bis 20 und 30, 40 und 50 beschränken und käme so auf nur 506 Produkte:

1	2	3	19	20	30	40	50
2	4	6	38	40	1	1,20	1,40
3	6	9	57	1	1,30	2	2,30

19	38	57	6,1	6,20	9,30	12,40	15,50
20	40	1	6,20	6,40	10	13,20	16,40
30	1	1,30	9,30	10	15	20	25
40	1,20	2	12,40	13,20	20	26,40	33,20
50	1,40	2,30	15,50	16,40	25	33,20	41,40

Es ist nun unsere Aufgabe, zu untersuchen, inwieweit die Gesamtheit der uns erhaltenen Texte mit diesem von uns aufgestellten Idealschema übereinstimmt. Es muß aber dazu noch eine kleine äußere Unterscheidung besprochen werden. Die Multiplikationstabellen kommen nämlich in zwei verschiedenen Textformen vor, entweder in sog. „*Einzeltabellen*" wie Fig. 7, die also nur eine einzige Kopfzahl betrifft, oder aber als „*kombinierte Tabellen*", die nicht nur e i n e derartige Tabelle, sondern eine ganze Anzahl aufeinanderfolgender Rechentabellen tragen. Die Anzahl der Tabellen eines solchen Textes schwankt, soweit wir jetzt sehen, ganz willkürlich zwischen 3 und ungefähr 40. Solche kombinierte Tabellen tragen übrigens oft nicht nur Multiplikationstabellen, sondern auch unter Umständen Reziprokentabellen und andere

Tabellentypen, worauf wir noch zurückkommen werden. „Einzeltabellen“ und „kombinierte Tabellen“ stehen dadurch in einem direkten Zusammenhang, daß des öfteren die Einzeltabellen mit einer „Anschlußzeile“ enden, d. h. mit einer Zeile, die angibt, wie die erste Zeile eines anderen Einzeltextes heißen soll, der auf den ersten folgen soll. Auf diese Weise werden einzelne Tafeln zu bestimmten „Serien“ aneinandergeschlossen (also sozusagen durch eine Art von Paginierung), und wir werden sehr bald sehen, daß auch unsere einzelnen Multiplikationstabellen eine solche wohlbestimmte Serie bilden, die nur bald in Einzeltabellen, bald in kombinierten Tabellen angeordnet ist.

Überprüft man nun die Gesamtheit der uns erhaltenen recht zahlreichen einzelnen oder kombinierten Multiplikationstabellen, so zeigt sich eine überraschende Abweichung von dem erwarteten Schema. Betrachten wir etwa die folgende Tabelle

16,40 a-rá	1	16,40
a-rá	2	33,20
a-rá	3	50
a-rá	4	1, 6,40
	usw.	
a-rá	19	5,16,40
a-rá	20	5,33,20
a-rá	30	8,20
a-rá	40	11, 6,40
a-rá	50	13,53,20
16 a-rá	1	16

Ihre Kopfzahl 16,40 gehört bereits nicht mehr dem Intervall der einstelligen Sexagesimalzahlen an, sondern ist zweistellig. Man könnte versucht sein, dies dadurch zu erklären, daß man annimmt, man hätte auch noch die zweistelligen Kopfzahlen tabelliert. Aber diese Annahme läßt sich sofort ad absurdum führen. Einerseits würde es nämlich bedeuten, daß man die ungeheure Anzahl von 3600 Tabellen angelegt hätte, bloß um eine einzige Addition zu sparen (obwohl man sich nicht scheute, eine solche Addition bei den anderen Faktoren zwischen 20 und 60 einzuschalten). Außerdem kennen wir aber noch Multiplikationstabellen mit der dreistelligen Kopfzahl 44,26,40. Und man wird doch kaum erwarten, daß man sogar 60^3 verschiedene Tabellen angelegt hat. Und schließlich widerlegt der zitierte Text selbst die Annahme einer mindestens ins Zweistellige fortgesetzten geschlossenen Reihe von Kopfzahlen. Unter dem Doppelstrich steht nämlich die „Anschlußzeile“ „16 mal 1 16“. Es besagt dies also, daß auf die Multiplikationstabelle für 16,40 nicht etwa die benachbarte für 16,41 folgen muß, sondern die Tabelle für 16.

Wir sehen also, daß der tatsächliche Textbestand unsere ganze schöne Theorie von der Liste aller Produkte $a \cdot b$ vollständig über den Haufen wirft. Fig. 8 zeigt dies aufs deutlichste. Betrachten wir zunächst den auf die Einzeltabellen bezüglichen linken Teil. In der linken Spalte sind nacheinander die Kopfzahlen angeführt, für die uns überhaupt Multiplikationstabellen erhalten sind. Man sieht daran bereits auf den ersten Blick: diese Kopfzahlen sind weit davon entfernt, die erwartete Reihe 2, 3, 4, . . ., 59 zu bilden, denn einerseits sind viel zuwenig Zahlen aus dieser Reihe angeführt, und andererseits ist mehr

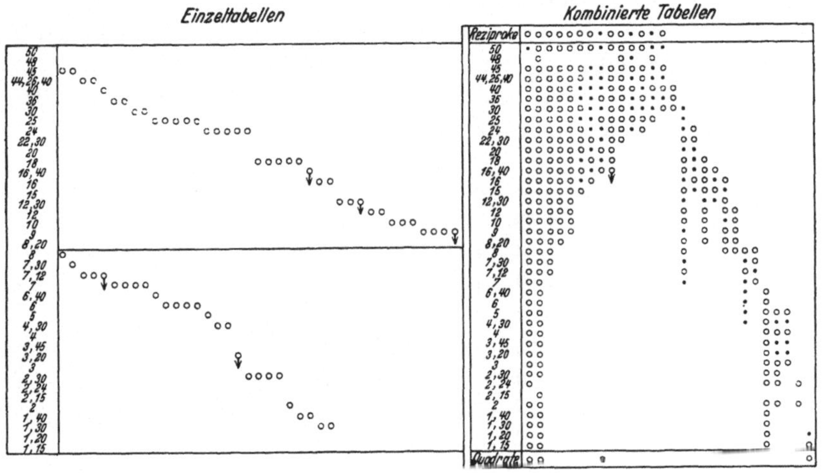

Fig. 8.

als die Hälfte von ihnen mehr als einstellig. Unser Material ist umfangreich genug, um dies nicht als Zufall erscheinen zu lassen. In der Übersicht von Fig. 8 ist durch die kleinen Kreise jeweils ein Tabellentext bezeichnet. Also beispielsweise: Ich kenne zwei Einzeltabellen für 45, für 44,26,40, für 36, für 30, je fünf für 25, für 24 bzw. 18 usw., zwei für 1,30. Eine weitere Bestätigung der Vollständigkeit dieser Anordnung bieten die Texte mit Anschlußzeile. So ist unsere obige Tabelle für 16,40 mit der Anschlußzeile für 16 in Fig. 8 repräsentiert durch den kleinen Kreis mit dem nach 16 weisenden Pfeil. Und in der Tat sind uns auch zwei Einzeltabellen für 16 erhalten. Analog in den anderen Fällen, z. B. bei 12,30 oder 9. Wir haben vier Tabellen für 9 und davon eine mit dem Hinweis auf 8,20. Dies berechtigt uns also, obwohl zufällig kein Text für 8,20 erhalten ist, doch die Existenz einer solchen Tabelle anzunehmen. So ist also bereits im Rahmen der Einzeltabellen eine ganze Anzahl von Texten serienmäßig aneinandergeschlossen, und zwar wie man sieht immer im Sinne von „abnehmender" erster Stelle.

Wir wenden uns nun zur Betrachtung der kombinierten Tabellen (rechte Seite von Fig. 8). In diesem Teil der Figur sehen wir links wieder genau dieselben Zahlenfolgen wie bei den Einzeltabellen — hinzugefügt ist nur an oberster Stelle das Wort „Reziproke", was so viel bedeutet, als daß die Tafel nicht nur Multiplikationstabellen trägt, sondern daß auch noch eine Reziprokentabelle (und zwar an erster Stelle) hinzukommt. Entsprechend unten das Wort „Quadrate" als Hinweis auf eine Quadratzahltabelle (s. u. S. 32). Die einzelnen vertikalen Punktfolgen bedeuten jeweils einen kombinierten Text, der diejenigen Tabellen trägt, die durch Kreise oder Punkte markiert sind (die Punkte bedeuten, daß die betreffenden Tabellen nicht mehr auf den oft arg beschädigten Texten erhalten sind, aber sicherlich dagestanden haben — wie man zu dieser Ergänzung kommt, wird unten [c 2, S. 30] auseinandergesetzt werden). Also: die erste Punktreihe bedeutet, daß wir einen umfangreichen Text haben, der mit einer Reziprokentabelle beginnt, dann eine Multiplikationstabelle für 50 trägt, dann eine für 45 usw., bis hinunter zu 1,20 und 1,15, und daß er mit einer Quadratzahltabelle schließt. Abgesehen von den Lücken 48 und 2,15 enthält dieser Text also überhaupt alle Multiplikationstabellen, die wir schon auf der linken Seite aus den Einzeltabellen kennen. Die anderen angeführten Multiplikationstabellen bestätigen dieses Bild vollständig. Wie man sieht, sind sie ausnahmslos Teilmengen dieses Gesamtschemas, und die Reihenfolge der einzelnen Tabellen ist immer genau die schon bekannte, abgesehen höchstens von der gelegentlichen Auslassung von 48 am Anfang und 2,24 bzw. 2,15 am Schluß [1]. Wir haben also folgendes Ergebnis erhalten: Die babylonischen Multiplikationstabellen stellen nicht das Idealschema von Tabellen für Produkte $a \cdot b$ dar, wohl aber bilden sie ein anderes eigentümliches und ganz festes Schema, das nach fallend geordneten Kopfzahlen fortschreitet.

Wir stehen also vor der Aufgabe, zu erklären, woher diese absolute Diskrepanz zwischen „Ideal"schema und tatsächlichem historischem Sachverhalt kommt. Wie man zur Lösung dieser Aufgabe vorzugehen hat, ist klar. Man muß versuchen, das gemeinsame Gesetz aufzudecken, daß die gegebene Folge von Kopfzahlen beherrscht und auszeichnet gegenüber der erwarteten Folge aller ganzen Zahlen von 2 bis 59. Um eine solche Eigenschaft zu finden, wird man natürlich in erster Reihe die zwei- und mehrstelligen Zahlen beachten müssen, also vor allem eine so auffallende Zahl wie 44,26,40. Aber gerade diese Zahl gibt uns den Schlüssel zur Lösung des Problems unmittelbar in die Hand. Wir brauchen nur an die Reziprokentabellen zurückzudenken und dort die „Normaltabelle" anzusehen (S. 10): diese schließt mit der Angabe,

---

[1] In Fig. 8 sind nicht alle mir bekannten kombinierten Multiplikationstabellen eingetragen, ebenso nicht alle Ergänzungen. Das hier Weggelassene widerspricht aber an keiner Stelle unserer Darstellung, wohl aber enthält es kleine Unregelmäßigkeiten, wie Lücken oder Wiederholungen (sog. „Schultexte"), die hier nebensächlich sind. Für die vollständige Liste s. MKT (I, 1) Kap. I § 3 c.

daß 1,21 und 44,26,40 reziproke Zahlen sind. 44,26,40 ist also nichts anderes als eine aus unseren Reziprokentabellen entnommene Zahl, und man überzeugt sich jetzt sofort, daß auch alle anderen Zahlen (mit einer einzigen gleich zu besprechenden Ausnahme) reguläre Zahlen sind. Oder mit anderen Worten: *die Kopfzahlen unserer Multiplikationstabellen können als Sexagesimalbrüche, d. h. als Reziproke von regulären Zahlen angesehen werden.*

Wir haben damit eine grundlegende Einsicht in die Struktur des gesamten bisher besprochenen Tabellensystems erreicht. Daß die Kopfzahlen der Multiplikationstabellen als Sexagesimalbruchentwicklungen gewisser einfacher Stammbrüche $1:a$ angesehen werden können, bedeutet offenbar folgendes: Das System der Multiplikationstabellen gibt nicht alle beliebigen Produkte $b \cdot a$, sondern es gibt die Sexagesimaldarstellungen von $b \cdot a$, d. h. die *Multipla der regulären Stammbrüche* (als „Stammbruch" bezeichnen wir immer die Brüche des Zählers 1). Oder schließlich: das Ausgangsproblem, das zur Anlegung der Multiplikationstabellen geführt hat, ist nicht das rein formale Problem der Erleichterung der gewöhnlichen Multiplikation, sondern unser Tabellensystem ist zugeschnitten auf die Erledigung eines speziellen Problems der Bruchrechnung, nämlich auf die Darstellung der Multipla von Stammbrüchen. In der babylonischen Mathematik bedeutet dies natürlich die Darstellung von $b \cdot \dfrac{1}{a} = b \cdot \bar{a}$ in Form von endlichen Sexagesimalausdrücken. Wir werden aber sehen, daß das vollkommen analoge Problem, nämlich die Darstellung der Vielfachen von Stammbrüchen, in ganz entsprechender Weise auch in der ägyptischen Mathematik eine fundamentale Rolle spielt, und von da erstreckt sich diese Fragestellung über die griechische und römische Rechentechnik hin bis weit in unser Mittelalter hinauf, d. h. in Wirklichkeit genau bis zu dem Zeitpunkt, in dem wieder eine systematische positionelle Zahlendarstellung, nämlich unsere dezimale, eingeführt wird. Aber ideengeschichtlich gesehen verbindet alle diese Prozesse die eine grundlegende Frage nach der Umformung der Multipla von Stammbrüchen im Rahmen eines bestimmten Zahlensystems. Es ist also ein wirklich zentrales Problem der ganzen antiken Rechentechnik, auf das wir durch unsere Betrachtungen geführt worden sind.

Mit diesen Bemerkungen ist aber die geschichtliche Bedeutung unseres Tabellensystems noch keineswegs vollständig beschrieben. Wir können in doppelter Richtung weitergehen. Wir wollen einerseits geschichtlich tiefer gehen und noch deutlicher die ursprünglichen Wurzeln des Systems der babylonischen Reziproken- und Multiplikationstabellen und ihres Zusammenhangs aufklären. Andererseits müssen wir uns aber auch Rechenschaft geben über den Zusammenhang unseres Tabellensystems mit der anfangs gestellten und naheliegendsten Frage, nämlich seiner

Verwendung für die gewöhnliche Multiplikation an sich, denn es ist ja auf Grund des positionellen Charakters aller babylonischen Zahlzeichen evident, daß man von der ursprünglichen Bruchbedeutung der Kopfzahlen unserer Tabellen gar nicht Kenntnis zu nehmen braucht, sondern sie unmittelbar als Liste von Multipla ganzer Zahlen fassen kann.

Wir wollen sogleich mit dem zweiten Punkt beginnen, schon deshalb, um eine wichtige Ergänzung unserer bisherigen Darstellung des Systems der Multiplikationstabellen zu geben. Es ist nämlich nicht richtig, daß alle Kopfzahlen in unserem System reguläre Zahlen seien, sondern es gibt darin eine Ausnahme, nämlich die Kopfzahl 7, die ja gewiß nicht als Sexagesimaldarstellung eines Stammbruches $1 : a$ aufgefaßt werden kann. Auf diesen einen Fall ist also unsere Darstellung der ursprünglichen Funktion der Tabellentexte nicht anwendbar. Durch die vorangehende Diskussion sollte aber auch gar nicht behauptet werden, daß die Multiplikation von Stammbrüchen mit ganzen Zahlen die einzige Aufgabe unseres Tabellensystems gewesen wäre. Das, worauf allein Gewicht zu legen ist, ist vielmehr, daß man aus seiner Struktur noch erkennen kann, welches Problem den Ausgangspunkt zu seiner Anlegung gebildet hat. In dem kanonischen Zustand, der uns in Fig. 8 repräsentiert ist, ist aber das Stadium, daß die Bruchrechnung eine irgendwie problematische Angelegenheit sei, längst überwunden. Aus den eigentlich mathematischen Texten folgt ja zur Genüge, daß man den Vorteil der Unbestimmtheit der Position der Sexagesimalzahlen voll auszunutzen verstanden hat und längst nicht mehr daran interessiert war, den einzelnen Zahlen eines Tabellentextes eine feste Position zuzuschreiben, indem man die Kopfzahl als Sexagesimalbruch und nicht ebensogut als irgendeine Zahl unbestimmter Position ansah. Der Grad von Überlegenheit, mit der man diesen Dingen gegenüberstand, zeigt sich gerade hier in besonders deutlicher Weise. Man hat nämlich verstanden, aus dem historisch gewordenen System von Bruchrechnungstabellen durch eine einzige Modifikation ein geschlossenes System von reinen Multiplikationstabellen zu schaffen. Die regulären Zahlen liegen ja zunächst sehr dicht; 2, 3, 4, 5, 6, 8, 9 und 10 sind regulär, ebenso 20, 30, 40, 50. Zwischen 1 und 10 ist also nur die einzige Zahl 7 nicht von selbst bereits unter den regulären Zahlen enthalten. Ergänzt man also das Tabellensystem noch durch eine Multiplikationstabelle für 7, und begnügt man sich für die Zahlen zwischen 10 und 60 damit, daß man unter Umständen noch eine Addition ausführen muß (die analoge Abkürzung war ja schon für die Zahlen zwischen 20 und 60 für die einzelnen Multiplikanden jeder Multiplikationstabelle eingeführt worden), so hat man durch diese einzige Ergänzung doch wieder ein handliches Schema von Produkten ab vor sich, das also der Sache nach vollständig auf das hinauskommt, was wir zu Anfang dieses Paragraphen uns als einfachstes Schema von Hilfstabellen zur Multiplikation gedacht hatten. Nachfolgendes Schema

1	2	3
2	4	6
3	6	9

9	10	20	30	40	50
18	20	40	1	1,20	1,40
27	30	1	1,30	2	2,30

19	38	57
20	40	1
30	1	1,30
40	1,20	2
50	1,40	2,30

2,51	3,10	6,20	9,30	12,40	15,50
3	3,20	6,40	10	13,20	16,40
4,30	5	10	15	20	25
6	6,40	13,20	20	26,40	33,20
7,30	8,20	16,40	25	33,20	41,40

ist ja nichts als eine nochmalige unwesentliche Verkürzung des zweiten Schemas von S. 20. Daß das aus der Bruchrechnung entwickelte Tabellensystem von sich aus noch einiges mehr enthält als vorstehendes Schema (nämlich z. B. noch eine Reihe von einstelligen Kopfzahlen zwischen 20 und 60, wie z. B. 25 und 45, und noch einige mehrstellige), ist ja nur ein Vorteil und wurde daher ohne weiteres beibehalten, um so mehr, als die alte Aufgabe der Sexagesimalentwicklung von Brüchen $\frac{a}{b}$ nach wie vor seine praktische Wichtigkeit behielt. So stellt unser Tabellensystem insgesamt ein äußerst praktisches Hilfsmittel sowohl zur Multiplikation wie zur Division dar[1]. Dieses System von etwa 40 Tabellen leistet also trotz seines relativ sehr geringen Umfanges alles, was man bei nicht allzu umfangreichen Rechnungen benötigt. Erst die späteste Periode der babylonischen Geschichte hat, wohl im Zusammenhang mit der Entwicklung der rechnenden Astronomie, mindestens für das Divisionsproblem[2] noch weitergehende Tabellen anlegen müssen, wie es uns schon aus den vielstelligen Reziprokentabellen in § 1c (S. 11) bekannt geworden ist.

Wir wollen uns jetzt wieder dem anderen Teil unserer Fragestellung zuwenden und die Beziehungen unserer „Multiplikationstabellen" zum Divisionsproblem weiter verfolgen, d. h. versuchen, möglichst viel über die älteste Gestalt und Betrachtungsweise unserer Tabellentexte zu erfahren. Die eine „echte" Multiplikationstabelle für 7 bleibt natürlich jetzt wieder aus dem Spiel, wo wir uns mit dem ursprünglichsten Zu-

---

[1] Auch äußerlich genommen darf man sich diese Multiplikationstabellen keineswegs als unhandlich vorstellen. Z. B. ist die große kombinierte Tabelle, die der zweiten Punktreihe in Fig. 8 rechts entspricht, nur 21 mal 28 cm groß, obwohl sie als vollständige Sammlung aller Einzeltabellen fast 1200 Zeilen enthält. Vgl. auch S. 192.

[2] Die Betonung des Divisionsproblems in der Astronomie ist leicht zu verstehen. Ein wesentliches Problem ist ja dort die genaue Bestimmung einer Periodenlänge auf Grund der bekannten Anzahl von solchen Perioden zwischen zwei gleichartigen Erscheinungen. Für solche umfangreichere Divisionen reichen aber die kleinen Reziprokentabellen nicht aus, während die Multiplikationstabellen immer anwendbar bleiben und höchstens mehr Additionen verlangen.

stand unseres Tabellensystems beschäftigen wollen. Wir beginnen wieder mit dem Hinweis auf die Existenz der Kopfzahl 44,26,40, die ja die Reziproke von 1,21 ist. Ferner wollen wir uns daran erinnern, daß die Reziprokentabellen, die wir in § 1 besprochen haben, in ihren ersten beiden Zeilen darauf hinweisen, daß auch bei diesem Tabellentypus zunächst an Zahlen mit absoluter Position gedacht war. Die beiden ersten Zeilen bezeichneten ja ausdrücklich in besonderer Weise „40" bzw. „30" als „Zweidrittel" bzw. „Hälfte" (s. oben S. 8). Dies deutet darauf hin, daß wir in einer älteren Phase den Zahlen einer Reziprokentabelle eigentlich nach folgendem Schema absolute Positionswerte zuzuordnen hätten:

$$\frac{2}{3} \qquad\qquad 0;40$$
$$\frac{1}{2} \qquad\qquad 0;30$$
$$(1:)3 \qquad\qquad 0;20$$
$$(1:)4 \qquad\qquad 0;15$$
$$\text{usw.}$$

Dann muß man aber sinngemäß den Schluß dieser Tabelle, nämlich

$$54 \qquad\qquad 1,6,40$$
$$1 \qquad\qquad 1$$
$$1, 4 \qquad\qquad 56,15$$
$$1,21 \qquad\qquad 44,26,40$$

interpretieren als

$$(1:)54 \qquad\qquad 0;1,6,40$$
$$(1:)1,0 \qquad\qquad 0;1$$
$$(1:)1,4 \qquad\qquad 0;0,56,15$$
$$(1:)1,21 \qquad\qquad 0;0,44,26,40 \;.$$

Nun haben wir aber gesehen, daß die Kopfzahlen der Multiplikationstabellen (50, 48, 45, 44,26,40 usw. bis 1,15) Reziprokentabellen entnommen sind. Sie haben also ursprünglich sicher denselben Absolutwert gehabt, der ihnen von den Reziprokentabellen her zukommt. Es ist also 50 als $\overline{1,12} = 0;0,50$ zu fassen, 48 als $\overline{1,15} = 0;0,48$, 45 als $\overline{1,20} = 0;0,45$, 44,26,40 als $\overline{1,21} = 0;0,44,26,40$ usw. bis 1,15 als $\overline{48,0} = 0;0,1,15$. Dies bedeutet also, daß wir die Kopfzahlen der Multiplikationstabellen ursprünglich als die Sexagesimaldarstellungen von $\overline{1,12} = \frac{1}{72}$, $\overline{1,15} = \frac{1}{75}$, $\overline{1,20} = \frac{1}{80}$, $\overline{1,21} = \frac{1}{81}$ usw. bis $\overline{48,0} = \frac{1}{2880}$ anzusehen haben. Andererseits liegt es nahe, die Faktoren der Multiplikationstabellen zunächst als ganze Zahlen anzusehen. Die in unserem Tabellensystem gegebenen Produkte wären dann die Produkte von ganzen Zahlen des Intervalles 1 bis 60 mit Stammbrüchen, deren Nenner sämtlich größer als 60 (und übrigens kleiner als 3600) sind.

Die Tatsache, daß diese Bruchrechnungstabellen so eingerichtet waren, daß sie nicht beliebige gemischte Brüche $\frac{b}{a}$ in Sexagesimalbrüche verwandeln sollten, sondern nur *echte* Brüche, bei denen also der Nenner immer größer als der Zähler sein mußte, ist geschichtlich von großer Bedeutung. Es wird nämlich dadurch auch für den babylonischen Kulturkreis erwiesen, daß der Begriff des Bruches ursprünglich der des wirklichen Bruchteiles kleiner als 1 ist. Wir werden insbesondere in Kap. IV noch ausführlich zu besprechen haben, daß auch die Struktur der ägyptischen Mathematik wesentlich dadurch bedingt ist, daß ihre Bruchrechnung diesen ursprünglichen anschaulichen Bruchbegriff besonders betont und ihn niemals zugunsten eines allgemeinen Zahlbegriffs, wie etwa den unserer Rationalzahl $\frac{b}{a}$, verlassen hat. Es könnte scheinen, daß die babylonische Mathematik diesen Schritt eben durch die Anlegung des Tabellensystems für $b \cdot \bar{a}$ getan hat. Aber gerade unsere letzten Betrachtungen erweisen die Unrichtigkeit dieses ersten Eindruckes. Ursprünglich waren es eben auch nur Vielfache von Stammbrüchen, die betrachtet wurden, und nur solche, die die Einheit nicht erreichten. Hier liegt also nur ein Vervielfachen kleiner Einheiten bis zu einer ganz bestimmten Schranke vor, d. h. nur ein Mehrfachnehmen wie bei anderen zählbaren Objekten auch. Mit einer Verallgemeinerung des Bruch- oder Zahlbegriffes hat dies nichts zu tun. Ein wesentlich neues Moment kommt aber dadurch hinzu, daß das Ziffernsystem, in dem sich diese Operationen abspielen, positionellen Charakter trägt. Dadurch erscheinen die ursprünglich absolut gemeinten Brüche in einer Form, die es erlaubt, von ihrer Absolutbedeutung ganz abzusehen. So kann man die Stammbrüche $\bar{a}$ auch einfach als irgendwelche Sexagesimalzahlen c ansehen und unsere Tabellen ohne weiteres als beliebige Multiplikationstabellen $b \cdot c$ auffassen. Daß man sich bewußt zu dieser Freiheit der Betrachtungsweise erhoben hat, zeigt nicht nur die Hinzufügung der Multiplikationstabelle für $c = 7$, sondern auf Schritt und Tritt die volle Souveränität in der Behandlung des sexagesimalen Positionssystems, die wir in den eigentlich mathematischen Texten beobachten können. So ist es also in letzter Linie nur die zufällige Struktur des Ziffernsystems, das durch seinen ganz einheitlichen Formalismus der babylonischen Mathematik eine besondere „Bruchrechnung" erspart hat und damit den Weg zu einer von rechentechnischen Umwegen freien Entwicklung eröffnet hat.

So ist also in unseren Multiplikationstabellen ein großes Stück Geschichte mathematischer Ideenbildung verkapselt. Ursprünglich eingerichtet sind sie, genau so wie die Reziprokentabellen, für Stammbrüche für die sukzessiven ganzen Zahlen als Nenner und für deren Multipla, sofern sie echte Brüche bleiben. Am anderen Ende der Entwicklung steht der volle und bewußte Verzicht auf jede Art von absolutem Stellenwert und die freie Benutzung dieser Elastizität für alle Aufgaben des Multiplizierens wie Dividierens. Wir werden später sehen, daß dieser Prozeß seine volle Parallele findet in der Entwicklungsgeschichte der Zahlzeichen als solcher. Auch dort werden wir zeigen, daß die volle Unbestimmtheit der Position keineswegs von Anfang an existiert hat, sondern auch nur als Endglied einer gewissen Entwicklungslinie des babylonischen Ziffernsystems zu verstehen ist (Kap. III § 2).

c) Einzelbemerkungen zum System der Multiplikationstabellen.

1. Auswahlprinzip der Kopfzahlen.

Wir haben erkannt, daß (immer abgesehen von 7) die Kopfzahlen unserer Multiplikationstabellen ursprünglich als Sexagesimaldarstellungen von Stammbrüchen aufzufassen sind, und wir haben ferner bemerkt, daß diese Stammbrüche alle zwischen $\frac{1}{60}$ und $\frac{1}{3600}$ liegen. Es erhebt sich natürlich die Frage, welche Stammbrüche aus diesem Intervall als Kopfzahlen ausgewählt sind. Um eine derartige Frage nach der Gesetzmäßigkeit einer Gruppe regulärer Zahlen zu beantworten, wird man sich natürlich wieder des Diagrammverfahrens (vgl. oben S. 12ff.) bedienen. Wir übertragen uns also die 39 regulären Kopfzahlen von Fig. 8 in unser Dreiecksnetz (vgl. Fig. 9). Die so erhaltene Punktmenge hat die Eigenschaft, daß sie alle Gitterpunkte eines regulären Sechsecks mit dem Nullpunkt als Mittelpunkt enthält[1];

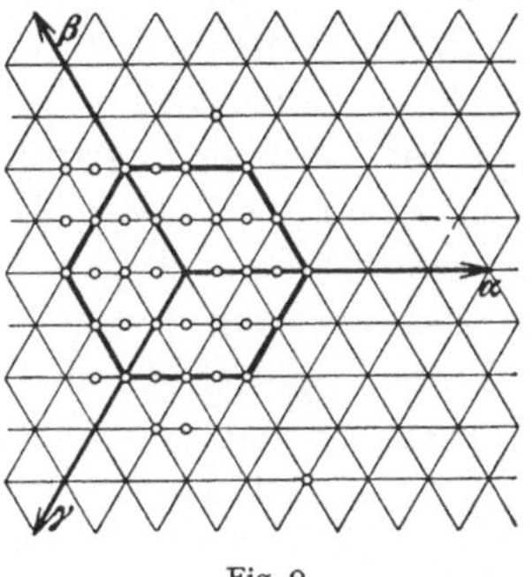

Fig. 9.

nur auf der Peripherie liegt ein Punkt ($\alpha = 3$, $\beta = 2$, $\gamma = 0$ oder, wie wir kurz schreiben wollen, (3,2,0), d. h. 1,12), für den keine Multiplikationstabelle belegt ist[2].

Die drei Tabellen, die auch manchmal in unserem Schema übergangen sind (vgl. Fig. 8), nämlich 48, 2,24 und 2,15, sind die beiden Randpunkte des Sechsecks (4,1,0) und (4,2,0) bzw. der außerhalb liegende Punkt (0,3,1). Außerhalb des Sechsecks liegen folgende Punkte: zunächst (0,—4,0), d. h. 44,26,40 — sein Auftreten wird uns nach der ganzen Struktur der Reziprokentabellen nicht weiter verwundern (vgl. Fig. 4 S. 14); ferner der Punkt (2,0,3), d. h. 8,20 und sein Spiegel-

---

[1] Der Nullpunkt selbst ist natürlich nicht mitzuzählen, denn ihm würde ja eine Multiplikationstabelle mit der Kopfzahl 1 entsprechen.

[2] 1,12 wäre die letzte Tabelle unseres Systems.

punkt 7,12, sowie der Punkt (3,0,3), aber nicht der Spiegelpunkt des letzteren. Die Punkte (2,0,3) und (3,0,3) sind vielleicht als Dezimalzahlen ausgezeichnet, da sie ja bzw. 500 und 1000 entsprechen. Die vier weiteren Punkte, die außerhalb des Sechsecks liegen, zeigen keine mir ersichtliche Gesetzmäßigkeit. Für alle Punkte aber, die innerhalb und auf dem Rand des Sechsecks liegen, liegt insofern ein gemeinsames Gesetz vor, als die Zugehörigkeit zu einem achsenparallelen Sechseck um den Nullpunkt ja nichts anderes besagt, als daß vollkommene Symmetrie bezüglich des Nullpunktes herrscht und dies damit äquivalent ist, daß zu jedem Punkt der Menge auch sein reziproker gehört. Diese letzte Eigenschaft ist aber für die praktische Verwendbarkeit unseres Systems natürlich sehr vorteilhaft, so daß man dies vielleicht als einen wesentlichen Grund für die Auswahl der entsprechenden Zahlen ansehen kann.

2. Ergänzung von Tabellentexten.

Die Tontafeln, die wir heute besitzen, sind oft in einem recht schlechten Erhaltungszustand. Häufig sind es nur kleine Bruchstücke einst großer Tafeln, die uns zur Verfügung stehen, und es ist daher von Wichtigkeit, daß man unsere Einsicht in das Anordnungsgesetz von Multiplikationstabellen, wie es durch Fig. 8 gegeben ist, dazu ausnutzen kann, auch kleine Fragmente wieder zu vollständigen Texten zu ergänzen oder jetzt getrennte Bruchstücke wieder richtig zusammenzusetzen und so unser Textmaterial zu ergänzen. Ein solches Ergänzungsverfahren wollen wir nun auseinandersetzen.

Hat man ein Fragment eines kombinierten Tabellentextes, der in mehreren Spalten beschrieben war, von dem aber nur noch ein Teil erhalten ist, so kann man ihn meist vollständig ergänzen dadurch, daß man ja weiß, welche Tabellen zwischen zwei noch erhaltenen einzuschalten sind. Da man außerdem die Länge der einzelnen Tabellen, d. h. den Platz, den sie beanspruchen, kennt, so läßt sich bei nicht zu ungünstigen Bruchstücken die ursprüngliche Tafelgröße mit großer Sicherheit rekonstruieren. Am günstigsten sind die Fälle, wo auch noch die Rückseite der Tafel beschrieben war. Ein mehrspaltig beschriebener Keilschrifttext ist nach dem Schema von Fig. 10 zu lesen, d. h. man hat auf der Vorderseite links in Kolonne I zu beginnen und von oben nach unten zu lesen. Dann kommt Kolonne II von oben nach unten usw. bis zur letzten Kolonne. Ist man in ihr an der rechten unteren Ecke der Vorderseite angekommen, so hat man die Tafel um die Unterkante der Vorderseite zu drehen und in der direkten Fortsetzung der letzten Kolonne der Vorderseite, d. h. also an der rechten oberen Ecke der Rückseite weiterzulesen. Auf der Rückseite ist also Kolonne I die rechteste Kolonne, Kolonne II die links anschließende

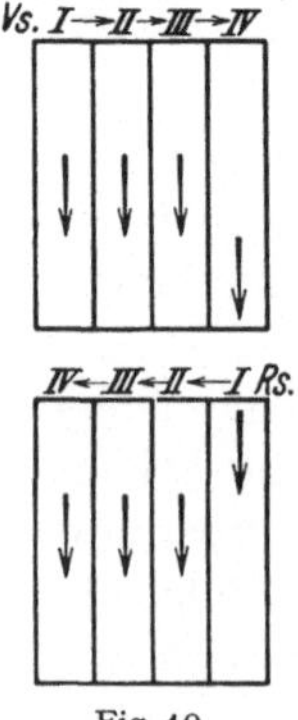

Fig. 10.

usw. (immer von oben nach unten zu durchlaufen)[1]. Hat man also die Vorderseite eines Tabellentextes rekonstruiert und wendet man ihn in der angegebenen Weise über seine Schmalseite um und setzt die Ergänzung auf die Rückseite fort, so müssen die auf der Rückseite stehenden erhaltenen Teile zwangläufig in diese Ergänzung hineinpassen. Dieses Verfahren funktioniert bei einigermaßen regelmäßig beschriebenen Texten ausgezeichnet (vgl. Fig. 11) und bildet eine schöne Bestätigung unserer Erfahrungen über die kombinierten Multiplikationstabellen.

In dieser Weise kann man z. B. ein kleines Bruchstück einer großen Tabelle, das eine Reziprokentabelle trägt, sofort zu einer kombinierten Multiplikationstabelle, die mit 50 beginnt, ausbauen. So ist mir beispielsweise ein derartiges Stück bekannt, das auf der Vorderseite eine Reziprokentabelle trägt, und auf der Rückseite gerade noch den Schluß der Tabelle für 1,15 und dann eine Quadratzahltabelle. Daraus folgt, daß es zu einem ganz großen Text gehören muß, der sämtliche Tabellen

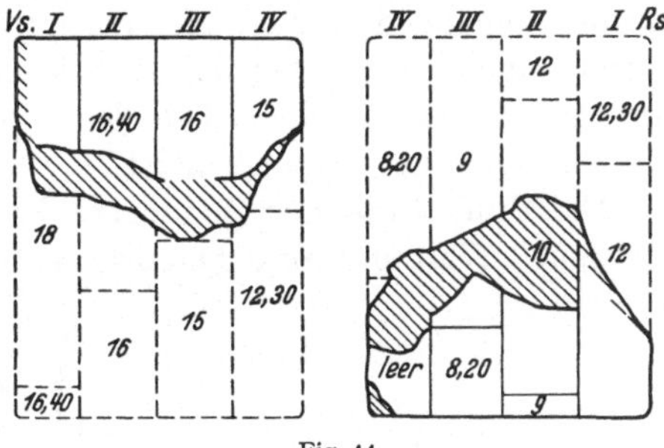

Fig. 11.

unseres Schemas enthält. So kam dieses in Berlin liegende Bruchstück bei der Ordnung meines Materials notwendig neben den großen Text aus Istanbul zu stehen, der durch die zweite Punktreihe in Fig. 8 repräsentiert ist. Bei näherem Betrachten der Photographien zeigte sich, daß die Ergänzung des Berliner Stückes auf Grund unserer Theorie vollständig korrekt war, denn die Bruchränder des kleinen Stückes in Berlin und des großen Textes in Istanbul paßten genau ineinander, so daß also auf diese Weise zwei Teile derselben Tafel (die übrigens in Assur gefunden war) wieder zusammengesetzt werden konnten, obwohl natürlich die Zusammengehörigkeit der beiden Stücke vorher nicht bekannt war. Ähnliche Zusammenfügungen auf Grund derselben Methode waren auch noch bei einer Reihe anderer Bruchstücke möglich.

In Fig. 8 entsprechen die Punkte derartigen mit voller Sicherheit zu ergänzenden Tabellen. In Wirklichkeit könnte man noch sehr viel mehr durch Ergänzung gewinnen, aber in unserer Fig. 8 sind nur die absolut sicheren Ergänzungen der Bruchstücke angegeben. (Die Unsicherheit bei manchen Ergänzungen kommt vor allem daher, daß bei nur einseitig beschriebenen oder erhaltenen Texten die Lage des seitlichen Randes nicht mehr zwangläufig festzulegen ist und dann zusätzliche Überlegungen über Tafelformat u. dgl. hinzukommen müssen, die ich hier natürlich übergehen muß.)

---

[1] Vgl. dazu auch später S. 52.

d) Andere Tabellentexte.

Außer den bisher besprochenen Reziproken- und Multiplikationstabellen gibt es z. B. auch noch Listen der Quadrate der sukzessiven
ganzen Zahlen etwa zwischen 1 und 60, z. B. in der Form

$$n \quad \text{a-rá} \quad n \quad \quad n^2$$

oder einfach

$$n \quad \quad n^2 \,,$$

wobei n die ganzen Zahlen $n = 1, 2, 3$ usw. durchläuft bis 1,0 oder
auch nur bis 30. Wie schon oben bemerkt, sind diese Quadratzahltabellen dem Schema der Reziproken- und Multiplikationstabellen am
Schluß angegliedert (vgl. die Übersicht von Fig. 8 rechts). Dem entspricht auch, daß mehrmals bei kombinierten Multiplikationstabellen
am Schluß der einzelnen Tabellen sowohl das Reziproke der Kopfzahl
wie ihr Quadrat angegeben ist.

Die Umkehrung der Quadratzahltabellen sind Tabellen für Quadratwurzeln. Während eine Quadratzahltabelle etwa lautet

$$1 \quad \text{a-rá} \quad 1 \quad \quad 1$$
$$2 \quad \text{a-rá} \quad 2 \quad \quad 4$$
$$3 \quad \text{a-rá} \quad 3 \quad \quad 9$$
$$\text{usw.,}$$

lauten die Tabellen für die Quadratwurzeln etwa so:

$$1\text{-e} \quad \quad 1 \text{ íb si}_8$$
$$4\text{-e} \quad \quad 2 \text{ íb-si}_8$$
$$9\text{-e} \quad \quad 3 \text{ íb-si}_8$$
$$\text{usw.}$$

bis

$$58{,}1\text{-e} \quad \quad 59 \text{ íb-si}_8$$

oder ähnlich. Dabei ist -e ein Nominativpartikel und íb-si$_8$ ein terminus technicus, der hier ersichtlich die Bedeutung von Quadratwurzel
haben muß, über den wir aber im einzelnen noch zu diskutieren haben
werden (vgl. S. 199 ff.). Im übrigen ist klar, daß die Quadratwurzeltabelle
nur eine formale Umkehrung der Quadratzahltabellen durch Spalten-
vertauschung darstellt.

Listen von Kubikzahlen fehlen einstweilen, wohl aber gibt es Kubikwurzeltabellen der Form

$$n^3\text{-e} \quad \quad n \text{ ba-si}$$

in voller Analogie zu den Quadratwurzeltabellen. Schließlich gibt es
noch ganz andere Tabellentypen. Zunächst eine Tabelle folgender
Bauart:

$$(n^2 + n^3)\text{-e} \quad \quad n \quad \text{ba-si} \,,$$

also um irgendeinen beliebigen Ausschnitt zu nennen:

$$5, \ 4,12\text{-}e \qquad 26 \quad \text{ba-si}$$
$$5,40,12\text{-}e \qquad 27 \quad \text{ba-si}$$
$$6,18,56\text{-}e \qquad 28 \quad \text{ba-si} \ .$$

Man bestätigt leicht, daß die linken Zahlen bzw. $26^2 + 26^3$, $27^2 + 27^3$, $28^2 + 28^3$ gleich sind. Auch hier durchläuft n alle ganzen Zahlen zwischen 1 und 1,0.

Schließlich kennen wir eine ganze Anzahl von Tabellen, die die sukzessiven Potenzen gewisser ganzer Zahlen aufzählen, z. B. Tabellen für alle Potenzen 9^n oder $1,40^n$ oder $3,45^n$ für $n = 2, 3, \ldots, 10$. Auf die Funktion aller dieser weiteren Tabellentypen werden wir noch zurückkommen, wenn wir uns mit den eigentlich mathematischen Keilschrift-Texten beschäftigen werden (Kap. V). Im gegenwärtigen Zusammenhang legen sie nur ein beredtes Zeugnis dafür ab, wie ungeheuer weit entwickelt das System der babylonischen Rechentechnik gewesen sein muß, wenn derartige Funktionen tabuliert worden sind. Nur ein Problem soll jetzt schon etwas näher besprochen werden, weil es ganz unmittelbar zur Rechentechnik gehört, nämlich die Frage, wie man sich benimmt, wenn sich im Lauf von Rechnungen Quadratwurzeln einstellen, deren Radikand keine Quadratzahl ist. Wie wir gesehen haben, geben für diesen Fall die „Quadratwurzeltabellen" keine Auskunft über den Wert der Wurzel, da sie ja nur formal von reinen Quadratzahllisten unterschieden sind. Das Problem, das sich also erhebt, ist das Interpolationsproblem. Es sei schon jetzt bemerkt, daß die Berechnung irrationaler Quadratwurzeln nur ein erster Fall dieses allgemeinen Problems ist, daß wir aber jetzt noch nicht imstande sind, es in anderen Fällen auch nur einigermaßen ausreichend zu beantworten. Auch im Falle der Berechnung irrationaler Quadratwurzeln sind es nur erste Schritte zu einer vollen Beantwortung dieser Frage, die wir an Hand des heute bekannten Materials tun können.

e) Berechnung irrationaler Quadratwurzeln.

In den eigentlich mathematischen Texten treten bisher nur an sehr wenigen Stellen Quadratwurzeln aus Nichtquadratzahlen auf — das hat natürlich seinen Grund darin, daß die meisten Beispiele sicherlich von ihrem Resultat aus hergerichtet sind. So ist es eigentlich eine einzige Type von Beispielen, die ich im folgenden kurz skizzieren kann.

Ein heute in Berlin befindliches Bruchstück eines großen Textes (vgl. Fig. 12) enthält auf der Rückseite die Aufgabe, die Diagonale eines Rechtecks zu berechnen. Die Einkleidung der Aufgabe ist eine solche, daß dieses Rechteck als Bild eines „Tores" bezeichnet wird, dessen Höhe $h = 0;40$ GAR und dessen Weite $w = 0;10$ GAR ist (wobei GAR ein gewisses Längenmaß von etwa 6 m Länge ist[1]). An den Figuren fällt auf, daß sie ein „Tor' liegend zeichnen statt aufrecht stehend. Aber auch sonst in mathematischen Texten läßt sich bemerken, daß die in den Figuren links liegenden Teile als die „oberen" bezeichnet werden. Wir werden im nächsten Kapitel auf diese Er-

Fig. 12.

scheinung in viel allgemeinerem Rahmen zurückkommen, nämlich sehen, daß die Keilschriftzeichen der Schrift ursprünglich auch Bildzeichen waren und als solche nicht in Horizontal-, sondern in Vertikalzeilen zu lesen waren, so daß also die mathematischen Figuren die nachträgliche Umlegung der Schriftrichtung um 90° ignorieren[2].

---

[1] Das Tor hat demnach die Höhe von etwa 4 m und die Breite von etwa 1 m, ist also eine schmale hohe Pforte.

[2] Man könnte meinen, daß auch noch die späteren Keilschriftzeichen in vertikalen Zeilen zu lesen seien, indem man eben die Texte anders hält. Daß dies nicht richtig ist, beweist aber der Wechsel der Schriftrichtung von vertikal in horizontal auf Bauinschriften und Denkmälern.

Die Aufgabe wird in doppelter Weise gelöst (in Fig. 12 steht das erste Beispiel rechts unten, das zweite links oben[1]). In ganz freier Wiedergabe verfährt der Text das erstemal folgendermaßen: Es soll 0;10, die Weite, quadriert werden. Das gibt 0;1,40. Dann soll das Reziproke von 0;40 mit 0;1,40 multipliziert werden, das gibt 0;2,30 und 0;1,15 als Hälfte davon. Dieses 0;1,15 ist zu 0;40, der Höhe, zu addieren, das gibt 0;41,15 als Wert der Diagonale. In Formeln hieße dies, daß die Diagonale d berechnet wird aus

$$(1) \qquad\qquad d = h + \frac{w^2}{2h}.$$

Die zweite Lösung der Aufgabe besteht darin, daß in entsprechender Weise d berechnet wird aus

$$(2) \qquad\qquad d = h + 2w^2 h.$$

Es ergibt sich daraus $d = 0;42,13,20$.

Irgendeine Erklärung dieser Formeln gibt der Text natürlich nicht, mir scheint aber, daß man sie in folgendem Verfahren finden kann. Auf Grund des Pythagoreischen Lehrsatzes, dessen Kenntnis aus verschiedenen Stellen der mathematischen Keilschrift-Texte einwandfrei für die babylonische Mathematik gesichert ist, folgt, daß d zu berechnen ist durch

$$d = \sqrt{h^2 + w^2} = \sqrt{0;28,20}.$$

Nehmen wir nun an, es sei irgendein Näherungswert α_1 einer irrationalen Quadratwurzel $\sqrt{a}$ bekannt (etwa die Wurzel aus der nächstliegenden Quadratzahl, die man ja aus einem Tabellentext kennt). Dann ist offenbar die Zahl $\beta_1 = \dfrac{a}{\alpha_1}$ wieder eine Approximation von $\sqrt{a}$, und zwar so, daß β_1 kleiner als $\sqrt{a}$ ist, wenn α_1 größer als $\sqrt{a}$ war und umgekehrt. Aus den beiden Näherungswerten α_1 und β_1 erhält man also einen neuen und außerdem günstigeren Näherungswert dadurch, daß man das arithmetische Mittel

$$\alpha_2 = \frac{\alpha_1 + \beta_1}{2}$$

aus den beiden ersten Näherungen bildet. Zu diesem α_2 gehört wieder ein auf der anderen Seite von $\sqrt{a}$ liegender günstigerer Näherungswert

$$\beta_2 = \frac{a}{\alpha_2}.$$

Setzt man in β_2 den Wert von α_2 ein, so ergibt sich, daß β_2 nichts anderes ist als das sog. „harmonische" Mittel

$$\beta_2 = \frac{2\alpha_1\beta_1}{\alpha_1 + \beta_1}$$

zwischen den ersten Näherungen α_1 und β_1.

---

[1] Vgl. das auf S. 30 über die Kolumnenfolge einer Textrückseite Gesagte.

Dieses Verfahren läßt sich natürlich fortführen und liefert sehr bald sehr gute Approximationen von $\sqrt{a}$. Es ist aus dem klassischen Altertum bekannt, und ich glaube, daß es auch den obigen Rechnungen zugrunde liegt.

Soll nämlich

$$d = \sqrt{h^2 + w^2}$$

berechnet werden und ist, wie in unserem Beispiel, $h > w$, so ist offenbar $\alpha_1 = h$ ein naheliegender erster Näherungswert. Dazu gehört als β_1

$$\frac{h^2 + w^2}{h} = h + \frac{w^2}{h}.$$

Als arithmetisches Mittel zwischen diesen beiden Näherungswerten ergibt sich dann sofort

$$\alpha_2 = h + \frac{w^2}{2h},$$

d. h. Formel (1) unseres Textes.

Formel (2) des Textes ist nicht so unmittelbar zu erklären, denn offenbar kann sie nicht **korrekt** sein, da ja $w^2 h$ ein Ausdruck dritter statt erster Dimension ist. Wenn wir es aber trotzdem mit unserer Hypothese von arithmetischem und harmonischem Mittel versuchen wollen, so ergibt sich zu $\alpha_1 = h$, $\beta_1 = h + \frac{w^2}{h}$ als harmonisches Mittel der Ausdruck

$$\beta_2 = \frac{2h^3 + 2w^2 h}{2h^2 + w^2} = \frac{2h^3}{2h^2 + w^2} + \frac{2w^2 h}{2h^2 + w^2}.$$

Da $h > w$, ist $2h^2$ sehr viel größer als w^2, so daß sich also $2h^2 + w^2$ von $2h^2$ nicht sehr wesentlich unterscheidet (vgl. auch schon $\alpha_1 = h$). Ersetzen wir also im Nenner des ersten Summanden von β_2 das $2h^2 + w^2$ durch $2h^2$, so erhalten wir für β_2 den Ausdruck

$$\beta_2 \approx \frac{2h^3}{2h^2} + \frac{2w^2 h}{2h^2 + w^2} = h + \frac{2w^2 h}{2h^2 + w^2}.$$

Damit ist wenigstens so viel erreicht, daß wir einen Ausdruck gewonnen haben, der der Formel des Textes insofern entspricht, als der Wurzelwert erscheint als h plus einem gewissen Korrekturglied. Wir müssen nun noch die speziellen Zahlwerte unseres Textes berücksichtigen. Dann ergibt sich nämlich auf Grund unserer Formeln

$$\beta_2 \approx h + 2w^2 h \cdot \frac{1}{0;55}.$$

Nun ist eine rein rechentechnische Angelegenheit zu bedenken: 55 ist keine reguläre Zahl, also $\frac{1}{0;55}$ nicht aus einer Reziprokentabelle entnehmbar. Aber andererseits ist 0;55 fast gleich 1. Führt man also diese rein rechentechnische Approximation ein, so ergibt sich für β_2 schließlich

$$\beta_2 \approx h + 2w^2 h,$$

d. h. also genau die Formel (2) des Textes.

Gewiß ist diese zweite Approximation nicht so günstig, wie sie es bei korrekter Rechnung sein müßte[1], aber man muß bedenken, daß einerseits die Absicht derartiger Texte nicht die ist, einen bestimmten konkreten Fall auszurechnen, sondern vielmehr die, die allgemeine Methode zu schildern, obwohl dies mangels einer allgemeinen Buchstabensymbolik natürlich immer nur an Hand konkreter Zahlen geschehen kann. Andererseits ist durch die Formel (1) der Weg im allgemeinen schon deutlich genug vorgezeichnet, so daß, wenn man die spezielle Bauart der Formel (2) erklären will, nicht gut ein anderer Weg übrigbleibt als der von uns eingeschlagene. Man muß sich eben klarmachen, daß immer noch als besonderes Problem das rein numerische hinzukommt, da ja die Tabellentexte doch nur eine bestimmte Gruppe von Rechnungen direkt auszuführen erlauben. Dieses Ineinandergreifen zweier Fragen erschwert uns auch sonst manchmal das Verständnis der Texte, die gewiß in Wirklichkeit nur als Stützen zu einer mündlichen Überlieferung der dahinterstehenden allgemeinen Methoden gedient haben.

Gelegentlich der Berechnung der Quadratdiagonale sind uns noch die Approximationen von $\sqrt{2}$ und $\dfrac{1}{\sqrt{2}}$ erhalten, nämlich

$$\sqrt{2} \approx 1;25 \quad \text{und} \quad \frac{1}{\sqrt{2}} \approx 0;42,30 \, .$$

Beide Approximationen erhält man leicht als Näherungswerte α_2 unseres obigen Verfahrens, wenn man bei $\sqrt{2}$ von $\alpha_1 = \dfrac{3}{2}$ bzw. bei $\dfrac{1}{\sqrt{2}}$ von $\alpha_1 = \dfrac{2}{3}$ ausgeht:

$$\sqrt{2} = \sqrt{1;30^2 - 0;15} \approx 1;30 - \frac{0;15}{2 \cdot 1;30} = 1;25$$

bzw.

$$\frac{1}{\sqrt{2}} = \sqrt{0;40^2 + 0;3,20} \approx 0;40 + \frac{0;3,20}{2 \cdot 0;40} = 0;42,30 \, .$$

Die zu diesen Rechnungen nötigen Werte $1;30^2 = 2;15$ und $0;40^2 = 0;26,40$ sind unmittelbar aus den üblichen Quadratzahltabellen zu entnehmen. Zu beachten ist aber, daß die Approximation von $\dfrac{1}{\sqrt{2}}$ nicht als Reziproke von $1;25 \approx \sqrt{2}$ gewonnen werden kann, denn 1,25 ist keine reguläre Zahl.

Damit ist eigentlich alles erschöpft, was unser gegenwärtig bekanntes Textmaterial über die Approximation irrationaler Quadratwurzeln zu erkennen erlaubt. Noch ein Fall ist mir bekannt, wo die Wurzel aus

---

[1] Bei genauer Rechnung würde sich ergeben $\beta_2 = 0;41,12,41, \ldots$ (das α_2 des Textes ist ja korrekt) und schließlich $d \approx 0;41,13,51, \ldots$

einer Nichtquadratzahl gezogen werden soll. Der Text hilft sich dort aber in ganz anderer Weise dadurch, daß er die Daten des Problems nachträglich so modifiziert, daß der Radikand zu einer Quadratzahl wird. Daß man in diesem Fall das Approximationsproblem als solches völlig umging, liegt, glaube ich, daran, daß in diesem zweiten Text die eigentliche Aufgabe gar nicht auf das Bestimmen einer irrationalen Quadratwurzel gerichtet war, sondern ausschließlich auf gewisse Volumberechnungen. In diesem Zusammenhang wird also das rein numerische Problem etwas modifiziert, um nicht auf das dort nicht zur Sache gehörige Approximationsproblem eingehen zu müssen. In den oben besprochenen Fällen war es dagegen gerade umgekehrt. Da waren die Aufgaben ausdrücklich dazu bestimmt, eine gewisse Quadratwurzel auszuwerten, während das rechentechnische Problem der Division durch eine irreguläre Zahl einfach beiseitegeschoben werden konnte durch Ersetzung von 0;55 durch 1. Erst eine sehr genaue Kenntnis eines sehr umfangreichen Textmaterials ist also ausreichend, uns wirklich sichere Auskünfte über die mathematischen Methoden der Keilschrifttexte zu geben. Ein Einzelfall wird immer eine große Menge von Unsicherheit der Interpretation bestehen lassen. Trotzdem glaube ich, daß die oben gegebene Darstellung im wesentlichen das Richtige trifft.

f) Schlußbemerkung.

Wir haben in diesem Kapitel, ohne zunächst auf irgendwelche Einzelzüge in der Entwicklungsgeschichte der babylonischen Rechentechnik einzugehen, doch schon eine Fülle der verschiedenartigsten Erscheinungen kennengelernt, deren Ineinandergreifen nur historisch zu verstehen ist. Wir haben gesehen, wie das wunderbar schmiegsame positionelle Rechnen zurückweist auf eine Periode, in der eine bewußte Ausnutzung des Positionscharakters der Zahlzeichen noch nicht existiert hat. Andererseits hat uns das voll entwickelte System der Tabellentexte gezeigt, wie weit man schließlich in der mathematischen Beherrschung dieser Methode gelangt ist. Trotzdem bleibt eine Reihe von Fragen offen. Das Interpolationsproblem haben wir nur in sehr beschränkter Weise im Fall der Quadratwurzelapproximation erörtern können. Die Frage nach der Division durch irreguläre Zahlen ist gegenwärtig noch fast ganz ungeklärt. Schließlich haben wir eine ganze Klasse von Tabellentexten kennengelernt, wie z. B. Tabellen für $n^2 + n^3$, deren Funktion im Rahmen der babylonischen Mathematik wir erst im letzten Kapitel an Hand einer eingehenderen Diskussion der eigentlich mathematischen Texte werden verstehen können. Bevor wir uns diesen rein mathematischen Texten zuwenden können, müssen wir aber erst erörtern, woher die babylonische Mathematik zu ihrem positionellen Zahlensystem gekommen ist, das ja die ganze Rechentechnik entscheidend beeinflußt und dessen Existenz somit die wesentliche Voraussetzung für eine weiterreichende Mathematik bildet. Wir werden später sehen, wie stark algebraisch diese Mathematik orientiert ist, und wir werden andererseits in der ägyptischen Mathematik einen völlig abweichenden Typus mathematischer Entwicklungsmöglichkeiten kennenlernen. Will man von all diesen Dingen nicht nur die alleräußerlichsten Tatsachen kennen, so muß man sehr tief in die geschichtlichen Vorbedingungen eindringen, die allen diesen Erscheinungsformen zugrunde liegen. So müssen wir im folgenden Kapitel weit ausgreifen und eine große Anzahl völlig unmathematischer Fragen erörtern, die aber trotzdem absolut wesentlich sind für eine wirkliche Einsicht in die Kräfte, die wirksam waren, um ein so mannigfaltiges Bild, wie es uns schließlich die antike Mathematik darbietet, hervorzubringen. Es scheint mir gerade ein besonderer Reiz der Geschichte des antiken mathematischen Denkens zu sein, daß es sich hier noch nicht bloß um die Geschichte einer Einzeldisziplin handelt, sondern daß in ihr noch der Zusammenhang mit anderen Prozessen von entscheidender Bedeutung ist.

Literaturverzeichnis zu Kapitel I.

Dieses, wie sämtliche Literaturverzeichnisse an den Enden der Kapitel, soll keineswegs ein vollständiges Verzeichnis aller einschlägigen Arbeiten geben. Wohl aber habe ich alle Arbeiten angeführt, die mir für die betreffenden Abschnitte wesentlich erscheinen oder die zum weiteren Auffinden der Literatur geeignet sind.

Die den Arbeiten vorangestellten Ziffern sind durch das ganze Buch durchgezählt. Stehen solche Ziffern in runden Klammern hinter Abkürzungen, so bedeutet dies, daß die betreffende Abkürzung in dem Literaturverzeichnis zu dem Kapitel erklärt ist, dem die römischen Ziffern entsprechen.

a) Zu Kapitel I als Ganzem.

(I, *1*) MKT (V, *4*) Kap. I. Dort sind sämtliche mir bekannten Tabellentexte in sachlicher Anordnung in allen Einzelheiten publiziert und besprochen.

b) Zu § 1.

Zu **c** (I, *2*): NEUGEBAUER: Sexagesimalsystem und babylonische Bruchrechnung IV. QS B **2** (V, *1*), 199ff.

Zu **d** (I, *3*): NEUGEBAUER: Sexagesimalsystem und babylonische Bruchrechnung III. QS B **1** (V, *1*), 458ff.

c) Zu § 2.

Zu **b** (I, *4*): NEUGEBAUER: Sexagesimalsystem und babylonische Bruchrechnung I und II. QS B **1** (V, *1*), 183ff. bzw. 452ff.

Zu **e** (I, *5*): NEUGEBAUER: Über die Approximation irrationaler Quadratwurzeln in der babylonischen Mathematik. AfO (V, *2*) **7**, 90ff. [Die dort über eine babylonische Notenschrift gemachten Bemerkungen sind indessen von LANDSBERGER, Oppenheimer-Festschrift, Ergänzungsband **1** zu AfO (V, *2*) als unrichtig nachgewiesen worden.]

II. Kapitel.

Allgemeine Geschichte. Sprache und Schrift.

§ 1. Chronologische und geographische Übersicht.

Es soll im folgenden in den allerknappsten Umrissen der geographische und zeitliche Rahmen skizziert werden, in dem sich die Kulturen entwickelt haben, deren mathematisches Denken wir hier zu verfolgen suchen. Es kann dabei nicht mehr erreicht werden als eine ungefähre Erklärung der historischen Begriffe, die wir im folgenden öfters zu erwähnen haben werden. Jedes Studium von Einzelfragen verlangt selbstverständlich ein sehr viel genaueres Eingehen auf die äußeren geschichtlichen Vorgänge, als es hier geboten werden kann.

Durch die archäologische Forschung des letzten Jahrhunderts ist uns eine ungeheure Fülle von interessantesten historischen Prozessen in der Geschichte des vorderen Orients bekannt geworden, die fast volle vier Jahrtausende umfassen. Wenn man versucht, auch nur die wichtigsten Begriffe aus der Geschichte Mesopotamiens und Ägyptens zu erörtern, so hätte man eigentlich das Ineinandergreifen der verschiedensten Strömungen und Erscheinungen zu behandeln. Und wollte man gar die Geschichte irgendeiner großen geistigen Strömung in diesem Zeitraum schreiben, so müßte man, um sie wirklich zu verstehen, all dies mit heranziehen. Aber unsere Kenntnis des mathematischen Textmaterials ist heute noch eine so zufällige und unvollständige, daß von einer wirklich geschlossenen geschichtlichen Darstellung gar nicht die Rede sein kann. Alles, was erreichbar ist, ist höchstens, daß man die allgemeinen Richtungen der Entwicklung und die wichtigsten sie bestimmenden Kräfte ungefähr verständlich machen kann. Bei diesem Stand der Dinge ist es gerade noch zu rechtfertigen, die äußeren geschichtlichen Dinge nur in so roher, schematischer Form darzustellen, wie es im folgenden allein geschehen ist.

Andererseits muß doch auch gesagt werden, daß die Erscheinungen, die wir in diesen Vorlesungen verfolgen, auch von weiterreichender grundsätzlicher Bedeutung für die Geschichte menschlicher Ideenbildungen überhaupt sind. Es liegt im Wesen des Mathematischen, daß sich dort schärfer angeben läßt, um welche Begriffe und um welche Ausdrucksmittel derselben es sich handelt, als bei anderen geistigen Strömungen. Ich bin aber fest davon überzeugt, daß dieselben Erscheinungen, die wir hier in großen Zügen für die Geschichte der mathematischen Begriffsbildungen verfolgen werden, grundsätzlich jeder geschichtlichen Entwicklung zugrunde liegen. In diesem tief begründeten Parallelismus sehe ich mit eine Rechtfertigung einer Beschäftigung mit der Geschichte mathematischer Ideenbildungen.

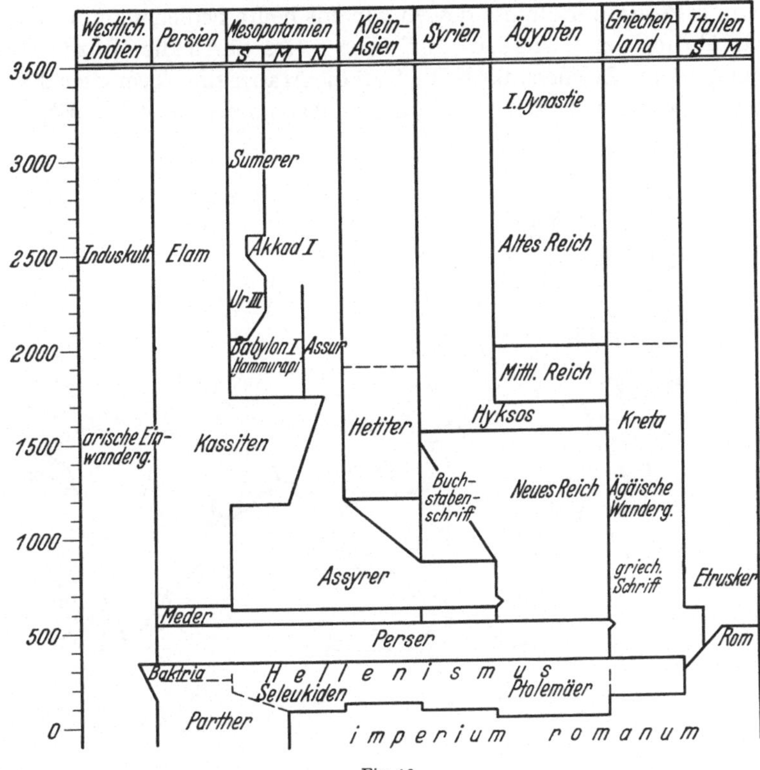

Fig. 13.

Die Zeitskala der uns beschäftigenden Periode ist in der Übersicht von Fig. 13 dargestellt, während Fig. 14 den geographischen Schauplatz dieser Ereignisse andeutet. Die Zuordnung der Ereignisse zur zeitlichen Skala ist in Fig. 13 selbstverständlich auch nur schematisch zu verstehen und nur so weit ausgeführt, wie sie für die ungefähre Festlegung der wichtigsten Abschnitte nötig ist.

Wir beginnen die Diskussion von Fig. 13 mit der links stehenden Spalte, die andeuten soll, daß durch die Grabungen von Sir JOHN MARSHALL an den Orten Harappa und Mohenjo-daro in den letzten Jahren eine Kulturperiode aufgedeckt worden ist, die dem dritten und vierten Jahrtausend angehören dürfte (die also vor der Zeit der klassischen altindischen Kultur liegt) und deren Zusammenhang mit dem Zweistromland vielleicht einmal von Bedeutung werden kann für die Frage der Bezie-

hungen zwischen den westlichen und östlichen asiatischen Kulturen[1].
Gerade für die Geschichte des Mathematischen liegt hier ein noch vollständig unangegriffener großer Fragenkreis vor. Immer wieder tritt In-
dien gebend und nehmend in den Bereich der Entwicklung der Mittelmeerkulturen ein, zuletzt und am entscheidendsten durch die Erfindung
des echten Positionssystems, dessen wir uns heute bedienen, d. h. durch
die Einführung eines absoluten Stellenwertes durch die Hinzunahme
eines besonderen Zeichens für Null. Daß die Araber die Vermittler dieser
Neuerung gewesen sind, ist bekannt. Aber noch unsicher ist, wie

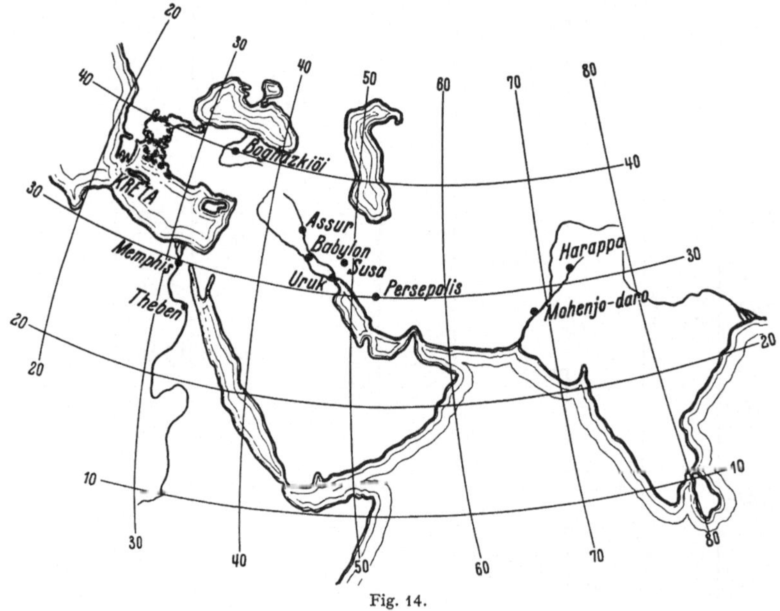

Fig. 14.

weit diese indische Erfindung zurückzudatieren ist. (Man denkt jetzt
meist etwa an die Mitte des ersten nachchristlichen Jahrtausends.)
Ganz ungeklärt ist, ob das babylonische Positionssystem, etwa in seiner
astronomischen Verwendung, die Anregung dazu geboten hat. Welche
Rolle in diesen Prozessen den hellenistischen Staatengebilden, d. h. vor
allem Baktrien, zugefallen ist, läßt sich noch gar nicht sagen. Und völlig
unbekannt ist alles, was die Beziehungen zwischen Mesopotamien und
Indusgebiet vor dem ersten vorchristlichen Jahrtausend betrifft. Es

---

[1] Aus der Kultur von Harappa und Mohenjo-daro sind uns auch schriftliche
Denkmäler (vor allem Siegel) erhalten, zu deren Entzifferung aber erst Ansätze vor-
liegen. [Vgl. dazu P. MERIGGI: Zur Indus-Schrift, Zeitschr. D. Morg. Ges. NF 12
(1934) 198ff. Wichtigste Publikation: Sir JOHN MARSHALL: Mohenjo-daro and the
Indus Civilization, Vol. 1—3. London 1931.] Die Datierung beruht auf Funden
gleichartiger Siegel in Mesopotamien in Schichten, die der Mitte des dritten Jahrtausends angehören.

wird vor allem erst nötig sein, die Geschichte und Kultur *Elams*, d. h. des Gebietes des jetzigen südwestlichen Persiens, genauer zu durchforschen, als es bisher geschehen ist. Was wir kennen, ist gegenwärtig höchstens die Relation Elams zu den benachbarten mesopotamischen Staatengebilden[1].

Das Stromgebiet des Euphrat und Tigris ist wohl seit frühester Zeit von zwei verschiedenen Bevölkerungselementen bewohnt gewesen, im südlichen Teil von dem Volk der *Sumerer*, weiter nördlich von semitischen Bevölkerungsgruppen, die immer wieder Zuzug aus den semitischen Gebieten Arabiens erhalten haben. Daß die Sumerer weder Semiten noch etwa Indogermanen gewesen sind, zeigt am deutlichsten ihre Sprache, deren Bau von einem von den beiden genannten Sprachgruppen vollständig verschiedenen Typus ist. Wir werden gerade auf diesen Punkt noch im folgenden ausführlich eingehen. Als sumerisches Gebiet ist eigentlich nur der Unterlauf und das Delta der beiden Ströme Euphrat und Tigris zu bezeichnen, d. h. etwa das Gebiet vom heutigen Bagdad bis zum Persischen Meerbusen, also etwa ein Bereich von $^3/_4$ der Größe Dänemarks. Wir wissen vor allem durch die archäologische Forschung der letzten Jahre, daß in diesem Gebiet um etwa 3000 v. Chr. (I. Dyn. von Ur, genannt nach ihrer Hauptstadt[2]) eine ungeahnte Hochblüte von Kultur bestanden hat, die dann die Basis für alle weitere Entwicklung der Kultur des Zweistromlandes abgegeben hat[3]. Diese weitere Entwicklung ist bedingt durch das wechselvolle Spiel zwischen Sumerern und Semiten. Im Lauf des vierten Jahrtausends hat nämlich eine immer stärkere Semitisierung Babyloniens[4] eingesetzt, die sich auch in wechselnder politischer Herrschaft der beiden Volksgruppen ausspricht und die etwa um 2000 mit einem vollständigen Sieg der Semiten und dem Verschwinden des sumerischen Bevölkerungselements endet. Man nennt diesen semitischen Bevölkerungsteil die *Akkader* nach der Stadt Akkad, unweit Babylon, in der eine erste semitische Dynastie (Begründer: Sargon) herrscht. Den Höhepunkt dieser „altbabylo-

---

[1] Wieviel hier noch von systematischer Ausgrabungstätigkeit zu erhoffen ist, wird z. B. dadurch beleuchtet, daß bei den jüngsten Grabungen des Oriental Institutes der Universität Chicago in Persepolis in zwei kleinen Kammern der Befestigungsmauer 30 000 Keilschrifttafeln gefunden wurden, davon $^2/_3$ völlig oder fast völlig unbeschädigt. Es bedarf selbstverständlich jahrelanger Arbeit, bis ein so riesiges Material wissenschaftlich ausgewertet ist.

[2] Siehe die Karte Fig. 15 von S. 48.

[3] Auf die Frage, wie weit der Begriff „Sumerer" etwas wirklich Einheitliches bedeutet oder ob nicht etwa auch hier verschiedene ethnische Schichten übereinanderliegen, brauchen wir in unserem Zusammenhang nicht einzugehen. Alle derartigen Prozesse liegen jedenfalls weit vor jener Periode, die für die Entwicklung einer eigentlich mathematischen Literatur von Interesse sind.

[4] „Babylonien" und „babylonisch" wird hier und meist im folgenden als rein geographischer Begriff gebraucht.

nischen" Periode bildet die berühmte erste Dynastie von Babylon, deren hervorstechendste Herrschergestalt Hammurapi ist. Beispielsweise bildet der „Kodex Hamurapi" einen Angelpunkt in der Geschichte des altorientalischen Rechtes. Mit dem Aufgehen des sumerischen Bevölkerungsteiles in den semitischen ist aber die Rolle des Sumerischen keineswegs beendet. Die Sumerer sind die Erfinder eines Schriftsystems, das man als „Keilschrift" bezeichnet und das durch drei Jahrtausende das Schriftsystem Mesopotamiens geblieben ist und, wenn auch mit gewissen Modifikationen, von den östlichen, nördlichen und westlichen Nachbarn übernommen worden ist. Berühmt geworden ist die sog. Amarnakorrespondenz, d. h. ein in El Amarna in Ägypten gefundenes Archiv einer Korrespondenz zwischen babylonischen und ägyptischen Herrschern um die Mitte des zweiten Jahrtausends, die zeigt, daß man selbst in Ägypten keilschriftliche Aufzeichnungen zu lesen verstand.

Die politische Selbständigkeit hat das Zweistromland für eine längere Periode verloren an die *Kossäer* oder *Kassiten*, das sind Bevölkerungsgruppen aus den östlich benachbarten Gebirgsgegenden. Die letzte Phase der Geschichte Mesopotamiens wird bestimmt durch die *Assyrer*. Ihre Sprache ist nur eine dialektliche Variante des Akkadischen. In mehr oder minder reger Beziehung zu Babylonien läßt sich die Geschichte einer selbständigen assyrischen Staatenbildung (um die Stadt Assur am mittleren Tigris, aber auch weit hineinreichend in das armenische Bergland) etwa bis 2000 zurückverfolgen. Es ist bekannt, wie in der letzten Zeit der assyrischen Geschichte das assyrische Reich eine politische Großmachtstellung errungen hat, die zeitweilig über Syrien und Palästina weg bis an die Grenzen Ägyptens und an das Schwarze Meer gereicht hat.

Für die Geschichte des vorderen Orients sind zwei Bewegungsrichtungen verschiedenster Bevölkerungsgruppen wesentlich; einerseits die Semitisierung von Arabien her, die in frühester Zeit Ägypten, Palästina-Syrien und das Zweistromland betraf, später die Aramäer und in sehr viel späterer Zeit die Araber nordwärts führte. Andererseits strömen von Norden her teils auf dem Umweg über das persische Hochland, teils über Kaukasus und Kleinasien und die ägäischen Inseln immer neue Völkermassen aus Zentralasien gegen Mesopotamien und das Mittelmeer vor. Dieses immerwährende Ineinandergreifen verschiedenster Kulturen gibt der Geschichte Vorderasiens und des östlichen Mittelmeerbeckens ihr charakteristisches Gepräge. Eines der wichtigsten Staatengebilde, das durch aus dem Norden kommende indogermanische Bevölkerungselemente entstanden ist, ist das der *Hetiter*. Durch die Verwendung der Keilschrift haben sie in hervorragendem Maße dazu beigetragen, daß die mesopotamische Kultur bis weit nach Westen hin, d. h. bis ins westliche Kleinasien hinein, wirken konnte. In den Rahmen dieser großen aus dem Norden kommenden Völkerbewegungen gehören auch die *ägäischen Wanderungen*, die das Ende der kretischen Kultur bedeuten und von der die dorische Wanderung, die die Dorer um 1200 auf den Peloponnes brachte, eine Teilerscheinung ist.

Merkwürdig unberührt von all diesen großen Bewegungen bleibt nur *Ägypten*. Nur etwa zwischen 1700 und 1600 v. Chr. gelingt es aus Syrien kommenden „Fremdvölkern", den „Hyksos", für eine relativ kurze Zeit Ägypten politisch zu beherrschen. Auf die Vertreibung der Hyksos folgt dann die weite Expansion Ägyptens im sog. „Neuen Reich", die die ägyptische Macht zeitweilig bis an den Oberlauf des Euphrat heranführt. Der Kampf um den Besitz des syrischen Küstengebiets bestimmt dann die weitere äußere Geschichte Ägyptens. Einen Teil dieser Ereignisse spiegeln die biblischen Berichte wider mit dem charakteristischen Schwanken der palästinensischen Kleinstaaten zwischen Versuchen zur politischen Selbständigkeit und der Unterwerfung bald unter die Ägypter, bald unter die assyrische Herrschaft.

Nach einem schon aus dem Altertum übernommenen Brauch gliedert man die ägyptische Geschichte nach Dynastien, beginnend mit der I. Dynastie, die die beiden Landesteile Ober- und Unterägyptens zuerst unter einheitlicher Führung vereinigt. Die III. Dynastie ist die Hochblüte des „Alten Reichs", die Zeit der Pyramidenbauer. Durch innere Umgestaltungen ist das Alte Reich von dem „Mittleren Reich" (XII. und XIII. Dyn.) geschieden. Dann kommen die Dynastien der Hyksos, während die XVIII. Dynastie die erste des „Neuen Reichs" ist.

Das Schriftsystem, dessen man sich in Ägypten bis in die Zeiten des römischen Kaiserreichs hinein bedient hat, ist, wenigstens soweit es die monumentalen Inschriften betrifft, die Hieroglyphenschrift. Nur wenig früher ist auch im sumerischen Gebiet, etwa um die Mitte des vierten Jahrtausends, eine Bilderschrift entstanden, aus der sich durch allmähliche Linearisierung der Zeichen das als „Keilschrift" bezeichnete Schriftsystem entwickelt hat. Der wesentliche Fortschritt in der Schriftgeschichte überhaupt, nämlich der Übergang von den sehr zeichenreichen Schriftsystemen des ägyptischen bzw. babylonischen Kulturkreises zu einer reinen Buchstabenschrift mit nur ganz wenigen konventionellen Buchstabenzeichen, ist etwa in der zweiten Hälfte des zweiten Jahrtausends im syrischen Küstengebiet entstanden. Etwa zwischen 1000 und 800 ist dieses hauptsächlich von den Phöniziern getragene Schriftsystem von den Griechen übernommen worden und ist somit der Ausgangspunkt für alle weiteren Buchstabenschriften geworden[1].

In der Mitte des ersten vorchristlichen Jahrtausends beginnt sich die Verschiebung des Schwerpunktes der Entwicklung der antiken Ge-

---

[1] Vgl. dazu auch unten S. 74.

schichte nach Westen, in das eigentliche Mittelmeergebiet, vorzubereiten. Der vorangehende Zeitabschnitt ist einerseits bestimmt durch die beiden Kulturzentren in Ägypten und Mesopotamien, andererseits durch die große Völkerbewegung, die teils von Arabien her, teils von Zentralasien aus gespeist werden. In dem neuen Abschnitt der Entwicklung, den wir jetzt kurz zu skizzieren haben, verlieren sowohl Ägypten wie Mesopotamien ihre ausgezeichnete Bedeutung zugunsten neuer Staatenbildungen. Andererseits hört auch der Zustrom immer neuer Bevölkerungsgruppen gegen Vorderasien auf, ja es setzt sogar eine expansive Entwicklung der Mittelmeerstaaten ein, die schließlich zu einem so stabilen Gebilde führt, wie dem Imperium romanum.

Der erste Ansatz zu dieser Entwicklung zeigt sich im Gebiet des heutigen Persiens. Die Vorherrschaft der Assyrer wird um 600 gebrochen durch die indogermanischen Meder, deren Machtsphäre sich bereits weit nach Kleinasien hin erstreckt. Sie werden bald abgelöst durch die ebenfalls indogermanischen *Perser*, die nun ihrerseits fast das ganze Gebiet der alten orientalischen Kulturen, d. h. das ganze assyrische Reich und selbst Ägypten unter ihre Herrschaft bringen. Der Versuch, auch bis in das griechische Inselgebiet vorzustoßen, ist bekanntlich in den „Perserkriegen" gescheitert. Für die weitere Entwicklung ist die etwa zwei Jahrhunderte dauernde Herrschaft der Perser über den vorderen Orient von der allergrößten Bedeutung. Durch eine systematische administrative und politische Organisation ist ein riesiges internationales Staatengebilde entstanden, das eine wesentliche Vorbedingung für die Alexanderzüge und damit für den Hellenismus und das Römische Reich gegeben hat. Alexander der Große hat bewußt das Erbe dieses großen Staatengebildes übernommen, als er auf den Teilungsvorschlag des Darius zwischen einem makedonischen westlichen und einem persischen östlichen Reich nicht einging. Er selbst hat noch die Hauptstadt seines Reiches nach Babylon verlegen wollen. Bei der Teilung seines Reiches, bald nach seinem Tode, hat sich diese Sachlage allerdings immer mehr verschoben. Zwar hat ein griechischer Staat, Baktrien, noch lange im iranischen Hochland bestanden, trotzdem hat aber das mesopotamische Reich der Seleukiden (benannt nach Seleukos, einem der Generale Alexanders) bald die östliche Grenze der hellenistischen Staatsysteme gebildet. Auch Ägypten hat wieder unter den Ptolemäern eine selbständige Rolle zu spielen begonnen, und rein äußerlich gesehen wiederholt sich in den Kriegen zwischen Ptolemäern und Seleukiden die politische Situation zur Zeit des „Neuen Reichs". Trotzdem ist kulturell gesehen die Einheit durch die gemeinsame griechische Kultur jetzt das eigentlich Bestimmende für die weitere Entwicklung.

Die letzte Phase der antiken Geschichte wird beherrscht durch das Eingreifen Roms. Auch hier reichen die bestimmenden Kräfte weit zurück in die Zeit des alten Orients. Die phönikische Organisation, die in der zweiten Hälfte des zweiten Jahrtausends einsetzt und über Sizilien und Carthago weit nach Spanien und Südfrankreich reicht, bezieht allmählich das ganze Mittelmeerbecken in den Bereich der Entwicklung ein. Die über Kleinasien weggehende Völkerbewegung des zweiten Jahrtausends hat ihre letzten Ausläufe in der Einwanderung der Etrusker in Italien. Es ist bekannt, wie ungefähr seit 500 Rom allmählich die Herrschaft über Mittel- und Süditalien ausdehnt, dann zum Konflikt mit den Carthagern kommt und schließlich die Herrschaft der Ptolemäer und Seleukiden übernimmt. Erst die Parther haben einer weiteren Ausdehnung der römischen Herrschaft nach Osten ein Ende gesetzt, so daß schließlich durch Mesopotamien die Grenze zwischen dem Römischen Reich und dem fernen Orient gezogen worden ist. Diese Grenze hat für die weitere geschichtliche Entwicklung die Trennungslinie zwischen der europäischen Mittelmeerkultur und der selbständigen asiatischen Entwicklung gebildet. Erst nach fast einem vollen Jahrtausend hat sich durch die Araber diese Trennungslinie wieder wesentlich verschoben durch die Entstehung eines Staatensystems, das Nordafrika, Vorderasien, das persische Hochland und Vorderindien zu einer Einheit zusammengefaßt hat, die durch die geschichtliche Entwicklung des zweiten vorchristlichen Jahrtausends angebahnt gewesen ist.

Für die Geschichte des vorgriechischen Zeitabschnittes werden wir uns im folgenden in erster Linie mit Babylonien zu beschäftigen haben, weil dort das Zusammentreffen von Sumerern und Semiten gerade zu jenen Erscheinungen Anlaß gegeben hat, die den Typus der ganzen vorgriechischen Mathematik entscheidend beeinflußt haben. Unser diesbezügliches Quellenmaterial entstammt den verschiedensten Perioden der babylonischen Geschichte, hauptsächlich der Hammurapi- und Kassitenzeit, und reicht bis in die Seleukische Zeit hinein.

Das gegenwärtig bekannte Textmaterial führt vor allem hinsichtlich der eigentlichen mathematischen Texte kaum vor die Hammurapidynastie zurück. Gerade die interessantesten und wichtigsten Texte gehören diesem Zeitintervall an, ohne daß wir irgendwelche vorangehenden Entwicklungsstufen überliefert hätten. Eine wirkliche Entwicklungsgeschichte dieser Textgattung läßt sich daher heute noch nicht aufstellen. Trotzdem wird man sie annehmen dürfen, ähnlich wie in der Entwicklung des babylonischen Rechtes das System der Hammurapidynastie, also vor allem der ,,Kodex Hammurapi" selbst nur als Abschluß der Entwicklung des altbabylonischen Rechtes, etwa von der ersten Dynastie von Akkad an, anzusehen ist.

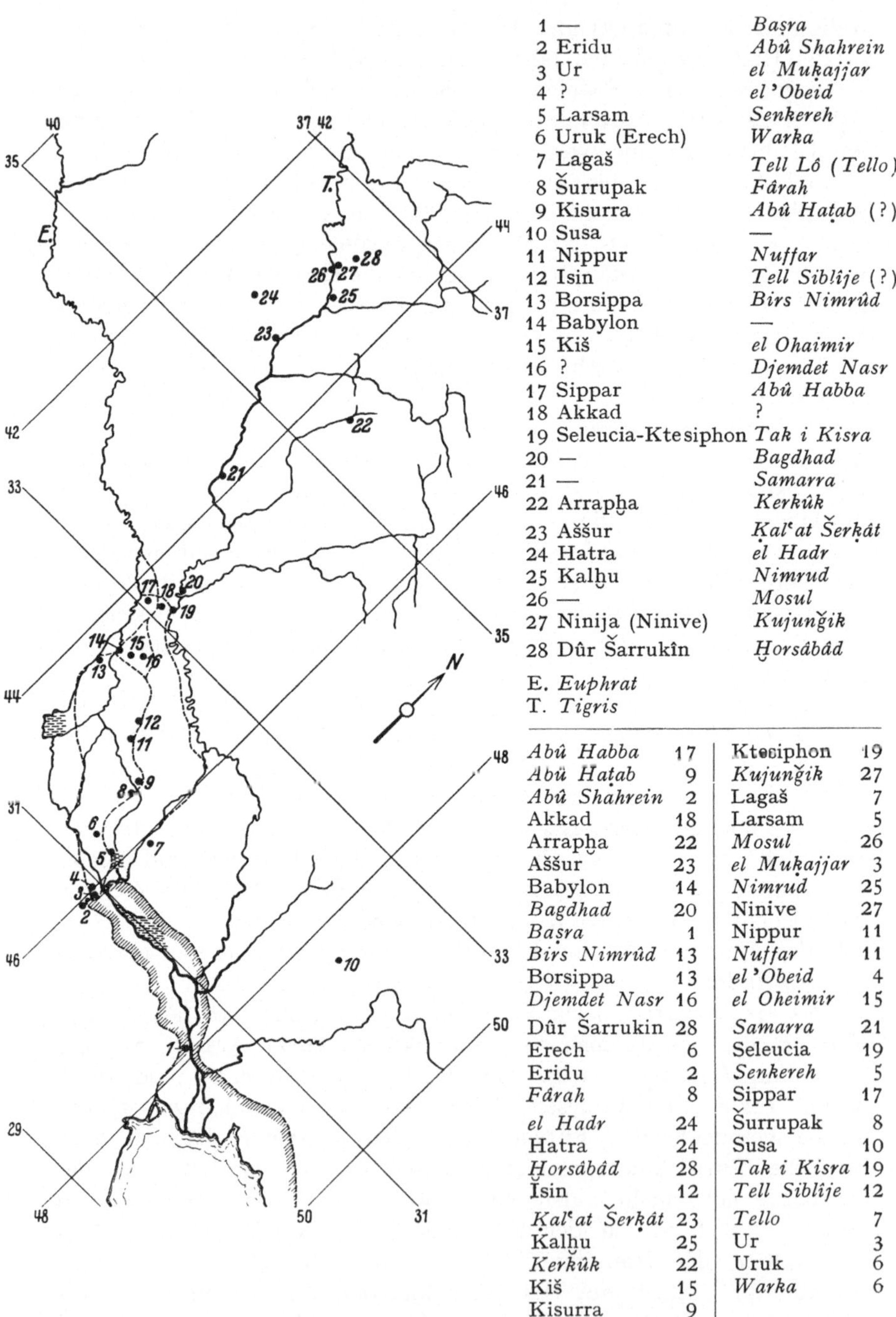

1	—	Baṣra
2	Eridu	Abû Shahrein
3	Ur	el Muḳajjar
4	?	el 'Obeid
5	Larsam	Senkereh
6	Uruk (Erech)	Warka
7	Lagaš	Tell Lô (Tello)
8	Šurrupak	Fârah
9	Kisurra	Abû Haṭab (?)
10	Susa	—
11	Nippur	Nuffar
12	Isin	Tell Siblîje (?)
13	Borsippa	Birs Nimrûd
14	Babylon	—
15	Kiš	el Ohaimir
16	?	Djemdet Nasr
17	Sippar	Abû Habba
18	Akkad	?
19	Seleucia-Ktesiphon	Tak i Kisra
20	—	Bagdhad
21	—	Samarra
22	Arrapḫa	Kerkûk
23	Aššur	Ḳal'at Šerḳât
24	Hatra	el Hadr
25	Kalḫu	Nimrud
26	—	Mosul
27	Ninija (Ninive)	Kujunǧik
28	Dûr Šarrukîn	Ḫorsâbâd

E. Euphrat
T. Tigris

Abû Habba	17	Ktesiphon	19
Abû Haṭab	9	Kujunǧik	27
Abû Shahrein	2	Lagaš	7
Akkad	18	Larsam	5
Arrapḫa	22	Mosul	26
Aššur	23	el Muḳajjar	3
Babylon	14	Nimrud	25
Bagdhad	20	Ninive	27
Baṣra	1	Nippur	11
Birs Nimrûd	13	Nuffar	11
Borsippa	13	el 'Obeid	4
Djemdet Nasr	16	el Oheimir	15
Dûr Šarrukin	28	Samarra	21
Erech	6	Seleucia	19
Eridu	2	Senkereh	5
Fârah	8	Sippar	17
el Hadr	24	Šurrupak	8
Hatra	24	Susa	10
Ḫorsâbâd	28	Tak i Kisra	19
Isin	12	Tell Siblîje	12
Ḳal'at Šerḳât	23	Tello	7
Kalḫu	25	Ur	3
Kerkûk	22	Uruk	6
Kiš	15	Warka	6
Kisurra	9		

Mutmaßliche antike Flußläufe und Küstenlinien punktiert. Die Nummern der Orte sind von S nach N geordnet. Moderne Ortsnamen *kursiv*.

Fig. 15.

Die beigefügte Karte soll die wichtigsten Orte zeigen, an denen sich diese Geschichte abgespielt hat (s. Fig. 15). Sämtliche mathematischen Keilschrifttexte stammen aus Mesopotamien, hauptsächlich aus Uruk, Kiš und Nippur, sind aber auch sonst fast bei jeder Grabung gefunden worden. Ein einziger Text (ein Tabellentext) stammt aus Susa, aber es kann kein Zweifel sein, daß mindestens die babylonische Rechenmethode (d. h. also auch Tabellentexte) ebenso weit verbreitet gewesen ist wie die Keilschrift und das sexagesimale Zahlensystem, also nicht nur bis Elam, sondern auch weit nach Armenien, Kleinasien und Syrien hinein[1].

§ 2. Prinzip der Keilschrift.

Das Ziel, dem wir mit den folgenden Erörterungen zustreben wollen, ist eine Schilderung der charakteristischen Eigenschaften der Terminologie der mathematischen Keilschrift-Texte. Wir werden aber dazu einen weiten Umweg zu machen haben, nämlich das Keilschriftsystem als solches schildern müssen. Wir werden zunächst kurz die äußere Frage der Schreibtechnik behandeln, dann die Entwicklungsgeschichte des Schriftsystems, also vor allem die Zeichenbedeutungen diskutieren und schließlich untersuchen, wie diese Dinge mit dem Bau der beiden Sprachen, dem Sumerischen und Akkadischen, zusammenhängen. Erst dann werden wir uns der mathematischen Terminologie selbst zuwenden können. Um allen Mißverständnissen vorzubeugen sei aber ausdrücklich gesagt, daß alle folgenden Abschnitte nicht aufgefaßt werden dürfen als ein äußeres Anhängsel, das nur in mehr oder weniger dilettantischer Weise den Außenstehenden etwas über Keilschrift berichten will. Die Situation ist vielmehr eine vollständig andere. Wir

---

[1] Die große Unsicherheit der Zuordnung des Textmaterials der mathematischen Texte ist dem Umstand zuzuschreiben, daß sie zum größten Teil nicht aus systematischen Grabungen stammen, sondern aus Raubgrabungen der Araber (man bezeichnet dies als Antikenhandel). Die Zerstreuung ursprünglich zusammengehörigen Materials auf die verschiedensten Museen hat den ursprünglichen Sachverhalt noch mehr verwirrt. Dazu kommt, daß man über die Bestände der wenigsten großen Museen irgendwelche Arten von Sachinventaren besitzt. Was das bedeutet bei den Massen von oft mehreren Zehntausenden von Texten eines solchen Museums ist klar. Im großen und ganzen beruht also unser Quellenmaterial auf Zufallsfunden in Museen.
Die Texte selbst sind oft in einem ziemlich traurigen Zustand. Sollen sie außerhalb der klimatischen Verhältnisse Mesopotamiens erhalten werden, so müssen sie chemisch gereinigt werden, um zu verhindern, daß die Salzausblühungen die Texte vollständig zerstören. Nichtkonservierte Texte verwandeln sich in wenigen Jahren in Staub; so sind beispielsweise eine große Anzahl von Texten in Istanbul heute vollständig unlesbar geworden. Ungenügende Notizen der ersten Grabungspublikation ist dann gewöhnlich alles, was von ihnen übrigbleibt. Wenn dann bei einzelnen Museen noch ein ängstliches Geheimhalten ihrer Bestände hinzukommt, so wird man sich über die große Lückenhaftigkeit unserer Kenntnisse nicht so sehr wundern.

werden nämlich sehen, daß die in dem Keilschriftsystem liegenden Ausdrucksmöglichkeiten ganz wesentlich in den Gang der mathematischen Entwicklung eingreifen, und die folgende Diskussion gehört daher genau so in den Rahmen unserer Darstellung wie die Schilderung der Entstehung einer mathematischen Zeichensprache in irgendeiner anderen Epoche. Andererseits muß aber bemerkt werden, daß die spezielle Zielsetzung es uns gestattet, uns darauf zu beschränken, nur das absolut Wesentliche an einzelnen typischen Beispielen schematisch auseinanderzusetzen. Der tatsächliche Sachverhalt liegt dann oft noch sehr viel komplizierter und ist das Thema rein assyriologischer Forschung, die natürlich hier außer Betracht bleiben kann.

a) Schreibtechnik.

Die Hunderttausende von Texten, die die Ausgrabungen etwa der letzten 70 Jahre zutage gefördert haben, sind Tontafeln, manchmal auch Tonprismen, in die die Keilschriftzeichen mit einem angeschärften Griffel (wohl meist aus Bambus oder Bein) eingedrückt worden sind. Die Texte wurden nach der Beschriftung teils luftgetrocknet, teils gebrannt. Wir können heute die Entwicklung übersehen, die diesem Schriftsystem den eigentümlichen Charakter gegeben hat, der durch das Wort „Keilschrift" bezeichnet werden soll. Die ältesten uns bekannten Texte, die etwa aus der Mitte des vierten Jahrtausends stammen dürften, zeigen noch einen rein bilderschriftlichen Charakter. Die Figuren sind in Umrissen in den Ton eingeritzt. Einzelheiten, wie das Gefieder von Vögeln usw., sind durch Schraffuren bzw. andere Innenzeichnungen angedeutet. Allmählich setzt eine immer stärkere Linearisierung dieser Bilder ein, die Innenzeichnungen werden nur noch durch konventionelle Abkürzungen angedeutet. Alle Umrisse bestehen schließlich nur noch aus geradlinigen Stücken. Jede einzelne dieser geraden Linien ist naturgemäß am Einsatz stärker eingedrückt und wird gegen das Ende hin dünner. Damit sind diese Bilder in einzelne „Keile" aufgelöst. Die Übernahme der sumerischen Schrift durch die Akkader führt einerseits zu einer Verringerung der Zeichenanzahl, andererseits zu einer konsequenten konventionellen Regelung in der Setzung der Einzelkeile. Damit ist der ursprüngliche Bildcharakter endgültig verloren und die Schrift vollständig in ein System von Zeichen aufgelöst, die ihrerseits nur noch aus Keilen und aus einem schrägen Griffeleindruck bestehen, den wir „Winkelhaken" nennen (Fig. 16)[1].

---

[1] Abbildungen von Griffeln s. z. B. LANGDON: Excavations at Kish, Vol. 1, Paris 1924, Plate XXIX. Unsere Fig. 16 ist selbstverständlich nur schematisch gemeint, ebenso Fig. 17. — Die ältesten Formen der „Keilschrift", die wirklich noch „Bilderschrift" im engsten Sinn war (auch „pictographische" Schrift genannt), benutzt keinen Griffel mit keilförmigem Querschnitt, sondern einen scharf angespitzten Stift, mit dem die Umrisse in den Ton eingeritzt wurden.

Keil und Winkelhaken sind, wie wir schon zu Anfang bemerkt haben, die Elemente zur Schreibung der Zahlzeichen. Auch diese Zahl-zeichen haben eine lange Entwick-lungsgeschichte hinter sich. In den sumerischen Texten werden näm-lich die Zahlzeichen nicht mit dem angeschärften Griffel geschrieben, sondern mit einem runden Stift ein-gedrückt. Hält man ihn in der natürlichen schrägen Schreiblage, so entsteht ein Eindruck, der links ver-tieft ist und nach rechts durch einen halben Ellipsenbogen begrenzt wird (Fig. 17a). In dieser Weise werden die Zahlen bis 9 geschrieben (vgl. Fig. 18 mittlere Spalte, wo von unten nach oben die Einer von 1 bis 9 stehen[1]). Die Zehner werden durch vertikalen Eindruck eines runden Griffels erzeugt, haben also kreisförmigen Rand (vgl. Fig. 17b sowie

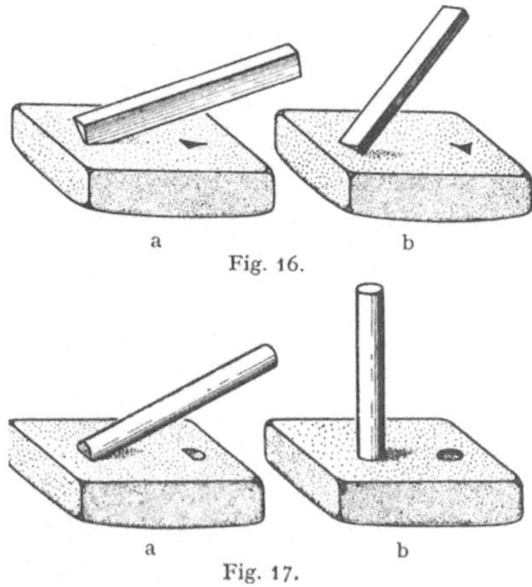

Fig. 18.

Fig. 18 rechte obere Ecke). Allmählich werden auch diese Zeichen mit dem üblichen angeschärften Griffel geschrieben, und zwar die Einer

---

[1] Dieser Text stammt aus Fara, dem alten Šurupak; er wird etwa auf −3000 zu datieren sein.

4*

als liegende oder stehende Einzeleindrücke, d. h. „Keile" (vgl. Fig. 16a), und die Zehner entweder als Vertikaleindruck, was Zeichen wie Fig. 19

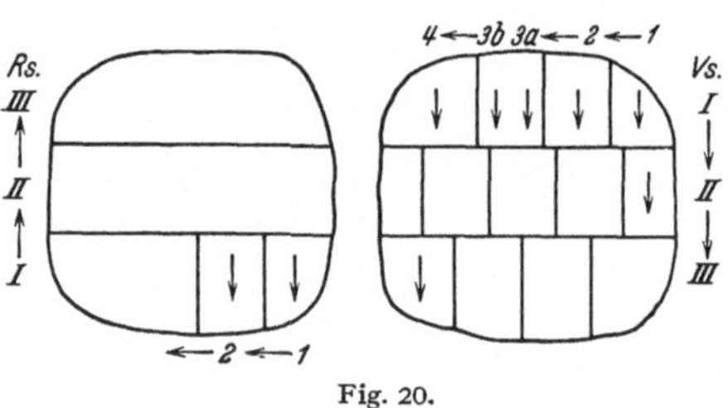

Fig. 19.

ergibt, oder dann durch den schräg gestellten Griffel, d. h. durch den „Winkelhaken" (Fig. 16b[1]).

Wir haben schon oben bemerkt (S. 34), daß die ursprünglichen Bildzeichen eine Drehung um 90° (im entgegengesetzten Sinne des Uhrzeigers) erfahren haben, wie dies ja auch Fig. 22 S. 53 deutlich erkennen läßt. Dies kommt daher, daß die ursprünglich mit Bildzeichen geschriebenen Texte in Vertikalzeilen von rechts nach links beschrieben wurden, wobei dann die einzelnen Bildzeichen sinngemäß aufrecht stehen (vgl. das Schema von Fig. 20 sowie Fig. 21[2]). Das Beschreiben eines Textes in Vertikalzeilen, die also auf den Schreiber zulaufen, ist aber für die schreibende Hand sehr unbequem, so daß man den Text beim Schreiben so gedreht hielt, daß man in Wirklichkeit Horizontalzeilen von links nach rechts mit liegenden Bildern beschrieb. Diese Schreibrichtung wurde dann schließlich auch zur Lesrichtung der Texte, als der Bildcharakter der Einzel-

Fig. 20.

Rs.   *Vs.*

I

II

III

Fig. 21.

---

[1] Dieser Winkelhaken für 10 ist z. B. deutlich erkennbar in Fig. 12 S. 34 an den linken Schmalseiten der beiden Rechteckszeichnungen.

[2] Die einzelnen Vertikalzeilen solcher alten Texte sind ganz kurz, bestehen sogar oft nur aus einem Zeichen. Je eine oder zwei Zeilen werden dann in ein Fach zusammengefaßt, und diese Fächer reihen sich von rechts nach links aneinander und bilden horizontale Bänder. Bei der Drehung der Schreibrichtung um 90° ergibt dies dann die Vertikalkolumnen (auf der Vorderseite links beginnend) mit horizontalen Zeilen, die von links nach rechts geschrieben werden (die Drehung von Fig. 21 um 90° gegen den Uhrzeiger ergibt also das Schema von Fig. 10 S. 30).

zeichen schon verloren war. Wie schon bemerkt, ist der Wechsel der Lesrichtung aus der Beschriftungsweise der Denkmäler unmittelbar zu erkennen.

b) Das Schriftsystem der Keilschrifttexte.

Wie man an zahlreichen archaischen Zeichenformen mit aller Deutlichkeit erkennen kann, sind die Keilschriftzeichen allmählich aus Bildzeichen entstanden (Fig 22). Von den ersten Anfängen einer einigermaßen systematisierten Bilderschrift etwa um die Mitte des vierten Jahrtausends bis zur Erreichung einer konventionellen Zeichenschrift

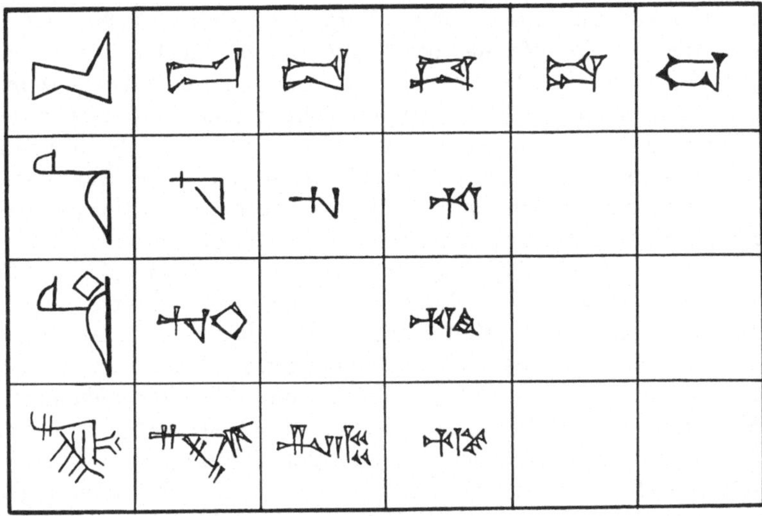

Fig. 22.

haben nicht nur die Zeichenformen, sondern auch ihre Bedeutung und ihre Rolle im Rahmen des Schriftsystems eine lange und mannigfaltige Entwicklung durchgemacht. Das Ergebnis ist, daß das Schriftsystem etwa der ersten babylonischen Dynastie und entsprechend das ganze spätere Keilschriftsystem einen sehr komplizierten Bau aufweist. Im folgenden soll auseinandergesetzt werden, woher der große Formen- und Bedeutungsreichtum der Zeichen gekommen ist und welche charakteristischen Eigentümlichkeiten für die schriftlichen Ausdrucksmöglichkeiten daraus resultieren.

Wir werden zu diesem Zweck eine Anzahl verschiedener ineinandergreifender Erscheinungen zu schildern haben. Sie gliedern sich in zwei Gruppen: die erste (die wir in diesem Abschnitt an Hand der Übersicht von S. 55 behandeln werden) betrifft das Schriftsystem als solches. Wir werden sehen, daß dieselbe Gesamtheit von Zeichen (eben die sogenannten „Keilschriftzeichen") zu drei grundsätzlich verschiedenen

Schriftsystemen ausgenutzt worden ist: 1. als sumerisches Schriftsystem, 2. als akkadische Silbenschrift und 3. als akkadische Ideogrammschrift. Die zweite Gruppe betrifft die geschichtlichen Voraussetzungen für diese Entwicklung des Schriftsystems (Abschnitt c). Wir werden dann darauf zurückkommen, daß nicht die Akkader die ersten Schrifterfinder gewesen sind, sondern daß sie die „Keilschrift" von den Sumerern übernommen haben. Es wird sich dabei zeigen, daß es nur der tiefgehenden Strukturverschiedenheit zwischen der Sprache der Sumerer und der der semitischen Akkader zu verdanken ist, daß das sumerische Schriftsystem schließlich eine so eigentümliche Verwendungsweise zuließ, wie wir sie jetzt auseinandersetzen werden.

1. Das erste Ziel unserer Darstellung ist es, eine Erscheinung zu erklären, die die Entzifferung der Keilschrift so ungeheuer mühevoll und schwierig gestaltet hat, nämlich die Tatsache, daß den einzelnen Zeichen oft eine sehr große Anzahl von Werten zukommt, etwa in dem Sinne, daß dasselbe Zeichen ebenso DU wie RA usw. gelesen werden kann, d. h. daß einem Zeichen oft bis zu 20 und mehr Aussprachemöglichkeiten zuzuordnen sind. Und umgekehrt kann es vorkommen, daß für einen Lautwert, etwa DU, eine große Anzahl von verschiedenen schriftlichen Ausdrucksmöglichkeiten existieren. Es wird bei dieser Gelegenheit auch auseinandergesetzt werden, nach welchen Gesichtspunkten bei der Transkription von Keilschrifttexten verfahren wird und welche Bedeutung unseren modernen Umschreibungen bald durch große, bald durch kleine Buchstaben und den Indices und Akzenten zukommt.

Wir beginnen die Diskussion der auf S. 55 stehenden Übersicht (Fig. 23) mit dem rechten oberen Teil. Dort ist ein ganz bestimmtes Keilschriftzeichen angegeben, nämlich ein Zeichen, das ursprünglich einen menschlichen Kopf mit Bart und Hals darstellte. Die rein graphische Verwandlungsgeschichte dieses Zeichens interessiert uns im gegenwärtigen Zusammenhang nicht. Es genügt daher, zu sagen, daß es in keilschriftlicher Form und nach der Drehung der Lesrichtung um 90° (was durch den geknickten Pfeil angedeutet sein soll) schließlich die konventionelle Zeichenform annimmt, auf die die Pfeile hinweisen[1].

Alles, was wir im folgenden zu besprechen haben werden, bezieht sich zunächst nur auf dieses eine Zeichen. Wir wollen verstehen, wieso einem einzigen solchen Zeichen eine Reihe von Bedeutungen und Lautwerten zukommen. Wir haben dazu selbstverständlich von der ursprünglichen Bildbedeutung auszugehen. Aus ihr ist unmittelbar verständlich, daß dieses Zeichen für die Begriffe „Gesicht, Mund" stehen kann. Das entsprechende sumerische Wort heißt ka, das akkadische *pûm*. Dies ist so zu verstehen, wie etwa die Zeichnung eines Pferdes von einem Engländer als „horse", von einem Franzosen als „cheval" gelesen

---

[1] Das erste Keilschriftzeichen gehört etwa der letzten sumerischen Zeit an (III. Dyn. von Ur), die letzte Form ist die der Hammurapizeit.

(Topf mit Essen)
(Kopf mit Hals u. Bart)
(Kopf + Speise)
limmu
(vier)
arba'u
ninda
(Speise)
akâlum
kú
(essen)
akâlu
ŠÁ NÍK NÌ GAR GA4
GU7 KÚ KUR
ka
(Gesicht Mund)
pûm
KA
su11 ↔ zú
(Zahn)
šinnu
ZUG ZÚ SU11
dug4 → du11
(sprechen)
qabû
DUG4 DU11
(singen)
zamâru
GUG6
gù
(schreien)
sâsu
GÙ
enim
(Wort Befehl)
amâtum
ENIM EN4 INU...
E – NIM
a-ma-a-tum
ka
gà
DU DÚ DÙ DU4 .... DU11 ...... DU22
(Fuß)
(gehen)
du
rá
alâku
DIR
GÁ
TE
di
DIB
a-rá
mal
šutâkulu
mit sich multipliz.

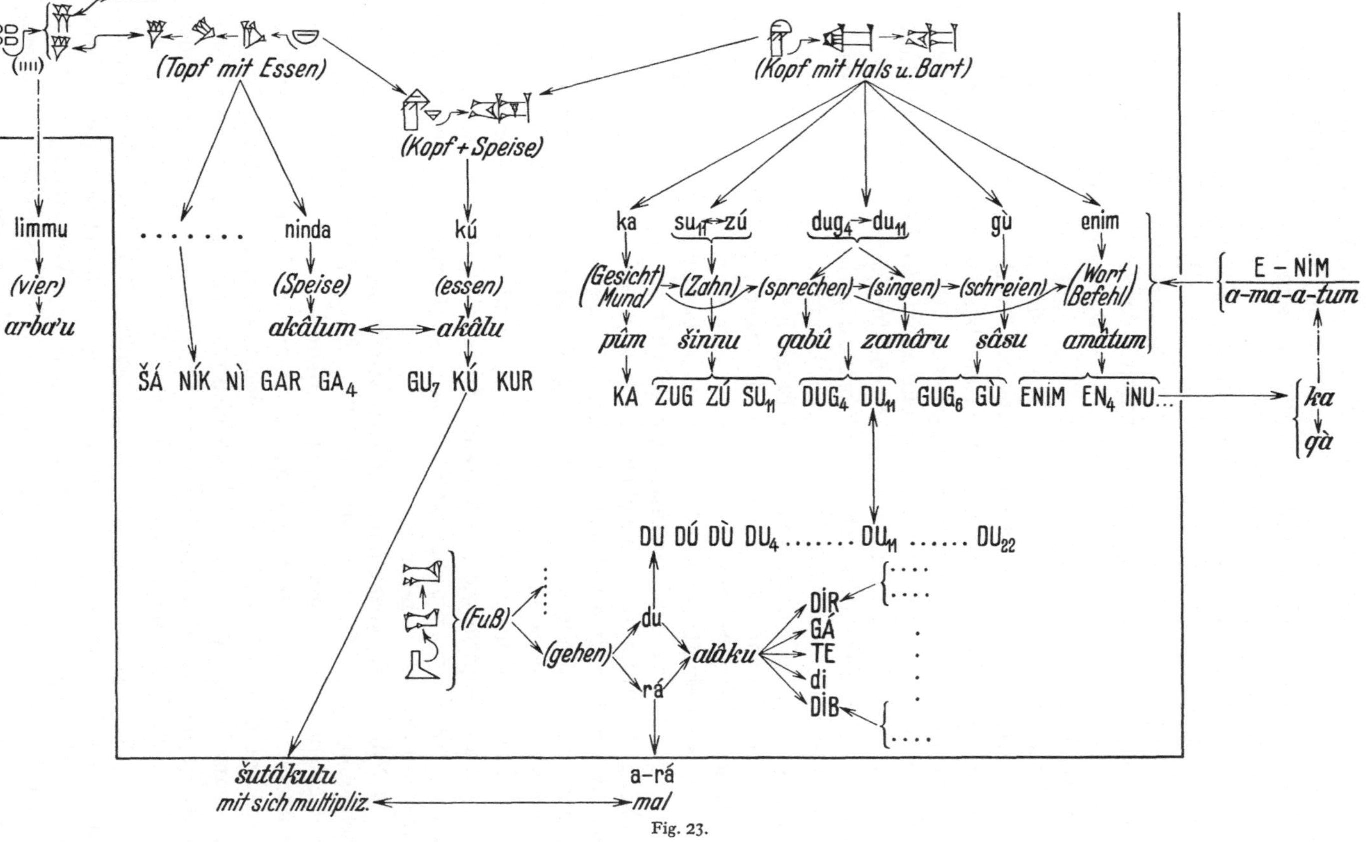

Fig. 23.

werden würde. Entsprechend sind die drei ersten Zeilen unserer Übersicht gemeint: der in der Mittelzeile angegebene Begriff heißt im Sumerischen so, wie es die erste Zeile angibt, im semitischen Akkadisch so, wie es die dritte Zeile besagt.

Wir verfolgen nun zunächst den rein inhaltlichen Bedeutungswandel unseres Zeichens. Zunächst ist von „Gesicht, Mund" durch eine Art von pars-pro-toto-Bildung „Zahn" abgeleitet, sodann durch eine Wendung ins Abstrakte der Begriff „sprechen", der seinerseits wieder modifiziert ist in „singen" und „schreien" bzw. weiter idealisiert ist zu „Wort, Befehl".

Die entsprechenden sumerischen Worte sind aus unserer Übersicht zu entnehmen. Dabei sind noch einige rein lautliche Varianten zu beachten. Beispielsweise sind su$_{11}$ bzw. zú offenbar nur Aussprachevarianten desselben Wortes (auf die Bedeutung der Indices und Akzente kommen wir sogleich zu sprechen). Ebenso entspricht der Übergang von dug$_4$ zu du$_{11}$ nur einem naturgemäßen Verschleifungsprozeß des Endkonsonanten. Der Bedeutungsgehalt des Wortes dug$_4$ ist dabei ein so weiter, daß er sowohl „sprechen" wie „singen" umfaßt.

Die dritte Zeile unseres Schemas gibt der Reihe nach die den darüberstehenden Bedeutungen entsprechenden akkadischen Wörter an.

Das bisherige Schema ist also immer noch so zu verstehen, daß dem einen Keilschriftzeichen, dessen Schriftentwicklung oben angegeben worden ist, eine gewisse Anzahl sumerischer sachlich eng zusammengehöriger Interpretationsmöglichkeiten zugeordnet worden sind und daß diesen Begriffen selbstverständlich auch gewisse akkadische Worte entsprechen. Um in unserem alten Vergleich zu sprechen, bedeutet dies etwa so viel, als wenn man einer gewissen konventionellen Zeichnung eines Pferdes nicht nur das Wort „Pferd", sondern auch einerseits nahe verwandte Begriffe wie „Roß, Gaul", andererseits Begriffe wie „reiten, galoppieren" usw. zuordnen würde und diese Begriffe entweder englisch oder französisch bezeichnet.

2. Nun kommt aber ein wesentlicher Schritt der Entwicklung, der ausschließlich darauf beruht, daß dieselben Zeichen für zwei vollständig verschiedene Sprachen verwendet worden sind. Wenn nämlich ein Sumerer unser Keilschriftzeichen schreibt und es als „ka" ausspricht, so bedeutet dies rein äußerlich genommen, daß einem solchen Zeichen ein ganz bestimmtes Klangbild, nämlich eben ka, zugeordnet wird. Da aber die Akkader den Begriff „Mund" durch ein Wort ausdrückten, das keinerlei Beziehungen zu dem sumerischen Wort ka hat (nämlich *pûm*), ergibt sich für den Akkader eine doppelte Betrachtungsmöglichkeit dieses Zeichens: entweder er denkt an seine sachliche Bedeutung, dann hat er es in seiner Sprache mit dem zugehörigen Wort (also *pûm*, *šinnu* usw.) zu bezeichnen. Oder aber er hält an dem sumerischen Wort fest, das aber für ihn sozusagen nur ein reines Klangphänomen ist, so daß unter diesem Gesichtspunkt dem Zeichen noch ein rein akustischer Lautwert zukommt. Allerdings hat dies zur Voraussetzung, daß die Zuordnung von sumerischem Begriff (etwa ,,Mund" = ka) zu dem zugehörigen Laut eine wirklich eindeutige und feste ist, und nicht etwa von casus oder tempus abhängig ist, in dem der Begriff gebraucht wird. Daß dies in der Tat eine Eigentümlichkeit des sumerischen Sprachtypus ist, werden wir im nächsten Abschnitt auseinandersetzen (s. u. S. 63 ff.). Dies hat nun zu der ungeheuer wichtigen Methode geführt, den Keilschriftzeichen die ursprünglich sumerischen Wortbedeutungen einfach als reine Lautwerte zuzuordnen, so daß also unser Zeichen beispielsweise den Lautwert KA erhält und dazu verwendet werden kann, z. B. die zweite Silbe des akkadischen Wortes *akâlu* zu schreiben. So werden also die sumerischen Worte, die einem Zeichen entsprechen, ganz formal als Silbenwerte dieses Zeichens verwendet und ihrerseits als Bausteine zur Schreibung akkadischer Worte gebraucht, ohne daß irgendeine Beziehung zur ursprünglichen Sachbedeutung der Einzelzeichen bestehen bleibt. Dieser Prozeß wird nur noch unterstützt durch die oben besprochene rein graphische Umwandlung der Bildzeichen zu gewissen konventionellen Keilgruppen. Das Endergebnis ist daher, daß eine reine Silbenschrift sich gewisser konventioneller Symbole bedient, deren ursprüngliche Entstehungsgeschichte vollständig ausgelöscht erscheint.

So äußert sich diese Entstehungsgeschichte also schließlich dadurch, daß dem einen Keilschriftzeichen, das wir unserer Betrachtung zugrunde gelegt haben, eine ganze Reihe von Lautwerten zugeordnet ist. In unserem Falle kann man also, wie in unserer Übersicht angegeben, das an den Anfang gestellte Zeichen in sehr mannigfaltiger Weise lesen, nämlich als KA, ZUG, ZÚ usw., wobei unsere Tabelle noch gar nicht alle Möglichkeiten erschöpft. Sofern also die ursprünglichen sumerischen Worte einsilbig waren, (und das trifft für eine sehr große Anzahl zu), ist damit für die Akkader das Material für eine Silbenschrift gegeben.

Es ist hier ein Wort über unsere heutige Transkriptionsweise einzuschalten. Hat man einen Keilschrifttext und kommt darin das Zeichen vor, das wir hier betrachten, so ist zunächst ganz offen, welcher der verschiedenen Lautwerte ihm zuzuordnen ist. Hat man keinen Grund, einen bestimmten darunter auszuwählen, so nimmt man irgendeinen und schreibt ihn mit großen Buchstaben. Durch diese Schreibung soll nur angegeben werden: im Text steht jenes Keilschriftzeichen, das unter anderem auch so gelesen werden kann, wie es die großen Buchstaben angeben. Handelt es sich aber um einen sumerischen Text, den man im Zusammenhang versteht, so ist selbstverständlich ein Unterschied zwischen dem Wort für ,,Gesicht" und dem Wort für ,,schreien" zu machen. Dann ist also durch den Sinn die Lesung des

Zeichens im wesentlichen bestimmt und wird einmal ka, einmal gù usw. heißen müssen. In solchen Fällen benutzt man kleine (nicht kursive) Buchstaben. Ebenso ist die Lesung vollkommen bestimmt, wenn das Zeichen als bloßes „Silbenzeichen" zur Schreibung einer Silbe eines bekannten akkadischen Wortes, etwa *a-ka-lu*, verwendet wird. Wir benutzen dann kleine kursive Buchstaben.

3. Schließlich ist aber noch eine sehr wichtige andere Gebrauchsmöglichkeit unserer Zeichen zu besprechen, nämlich die, daß sie ein akkadischer Text zwar als Einzelzeichen verwendet, aber nicht als Lautsymbole, sondern ihrem alten Begriffswert nach. Diese Verwendung nennt man eine Verwendung der Zeichen als „Ideogramme". Steht also in einem akkadischen Text das Zeichen KA und ist es ideographisch gemeint (d. h. also nicht als bloßes Silbenelement), so ist es als *pûm* auszusprechen, wenn es in der Bedeutung „Mund" verwendet wird, oder als *sâsu*, wenn es die Bedeutung von „schreien" haben soll (selbstverständlich sind bei solchen ideographischen Schreibungen immer diejenigen Kasus- bzw. Verbalformen einzusetzen, die von der Stellung im Satzgefüge gefordert werden). Von dieser Möglichkeit machen die akkadischen Texte reichlich Gebrauch, indem sie willkürlich zwischen syllabischen Schreibungen und ideographischen abwechseln.

4. Gehen wir nochmals zu den verschiedenen Lautwerten eines Zeichens zurück. Das Endergebnis des hier geschilderten Prozesses ist also zunächst das, daß einem Keilschriftzeichen im allgemeinen eine sehr große Anzahl von Lautwerten entspricht. Dies bedeutet natürlich vom Standpunkt der silbenschriftlichen Ausdrucksweise eine große Komplikation und Mehrdeutigkeit der Schrift. Dies hat dazu geführt, daß man allmählich auf eine ganze Anzahl von Lautwerten eines Einzelzeichens verzichtete[1] und es nur für einen, zwei oder drei besonders wichtige Lautwerte verwendete, beispielsweise unser Zeichen in erster Linie für die Silbe *ka*. In gewissen Fällen (und gerade im vorliegenden) kommt allerdings wieder eine neue Vervielfachung dadurch zustande, daß sich der Lautbestand des Sumerischen mit dem des Akkadischen nicht genau deckt. Dies führt dazu, daß man einigen Zeichen für die Schreibung akkadischer Worte noch Lautwerte zuschrieb, die dem Sumerischen gar nicht angehört haben können, aber wenigstens eine gewisse Verwandtschaft mit den sumerischen Lauten besessen haben. In unserem Falle erhält das Zeichen KA im Akkadischen nicht nur den bevorzugten Wert *ka*, sondern auch oft den Wert *qà*, wobei der aspirierte *k*-Laut *q* nur dem Akkadischen angehört.

Das Endergebnis dieses Prozesses ist, daß man das Akkadische mit Hilfe von Zeichen schreiben kann, die in zwar mehrdeutiger, aber streng konventioneller Weise mit gewissen Laut- oder Silbenwerten verbunden sind. Auf diese Weise werden die Akkader nun ihrerseits

---

[1] Diese orthographischen Regeln sind nicht zeitlich vollkommen konstant, so daß gewisse Schreibungen in verschiedenen Perioden verschieden üblich sind.

in den Stand gesetzt, die Aussprache sumerischer Worte dadurch zu überliefern, daß sie sie in Silben zerlegen. Da die sumerische Sprache in allen Zeiten der babylonischen Kultur als Sprache des Kultus, der juridischen, medizinischen, mathematischen Terminologie eine wichtige Rolle gespielt hat (man hat diese Rolle sehr treffend verglichen mit der Rolle des Lateinischen im Mittelalter), so hat man noch zu einer Zeit, als das Sumerische als lebendige Sprache schon längst ausgestorben war, doch immer die Notwendigkeit empfunden, Sprache und Schrift der Sumerer zu lernen und zu lehren. Man hat daher große Sammlungen von Vokabulartexten angelegt, die einerseits die Aussprache, andererseits die sachliche Bedeutung der einzelnen Keilschriftzeichen angeben. Selbstverständlich sind auch diese Texte in Keilschrift geschrieben, so daß man des Akkadischen kundig sein muß, um sie benutzen zu können. Diese Texte sind so angelegt, daß sie, wenn wir etwa den Fall unseres Zeichens KA betrachten, in der einen Spalte das Keilschriftzeichen KA angeben, in der anderen Spalte Umschreibungen der sumerischen Lesungen, also beispielsweise E-NIM schreiben mit Hilfe der Keilschriftzeichen für E bzw. NIM. Entsprechendes gilt für die anderen Aussprachewerte, so daß ein solcher Text mit der ersten bzw. letzten Zeile in unserer Übersicht gleichwertig ist. Andererseits gibt es auch Listen, die die ideographische Bedeutung der einzelnen Zeichen in akkadischen Worten angeben, also etwa beim Zeichen KA unter Benutzung der Silbenzeichen A, MA und TUM schreiben *a-ma-a-tum*, was so viel heißt, als daß das Zeichen KA als Ideogramm für den Begriff *amâtum* („Befehl") verwendet werden kann. Diese Texte entsprechen also der vorletzten Zeile im rechten oberen Teil unserer Übersicht[1].

5. Schon die bisherige Diskussion unserer Übersicht macht es leicht verständlich, daß für einen Begriff, d. h. ein sumerisches Wort, oft eine Reihe von verschiedenen bilderschriftlichen Ausdrucksmöglichkeiten existiert hat, so daß nicht nur einem Bild verschiedene Aussprachewerte zugeordnet werden können, sondern auch umgekehrt ein Aussprachewert durch mehrere Bilder geschrieben werden kann. Hinzu kommt, daß hier, wie in allen Sprachen, auch gänzlich verschiedene Begriffe gleich oder sehr ähnlich lauten können, insbesondere wenn

---

[1] Diese auch Syllabare genannten Vokabulartexte haben nicht nur für die Erschließung des Sumerischen wichtige Dienste getan, sondern waren auch für die Entzifferung der Keilschrift an sich von großem Nutzen, da sie ja, wenn man bereits eine gewisse Anzahl von Silbenzeichen kennt, eine große Anzahl weiterer Aussprachemöglichkeiten erschließen lassen. Für die allererste Entzifferung mußten natürlich andere Hilfsmittel hinzukommen. Diese waren einerseits eine gewisse Kenntnis des allgemeinen Baus der semitischen Sprachen aus dem Hebräischen und Arabischen, andererseits zweisprachige Texte, die babylonische Inschriften mit altpersischen Texten (also einer bereits bekannten indogermanischen Sprache) in Parallele setzten. Für das Verständnis derartiger Bilinguen war das Vorkommen von bekannten Königsnamen ein wichtiges Hilfsmittel.

man noch die verschiedenen Verschleifungsprozesse der Aussprache mit berücksichtigt. So ist es zu erklären, daß zu einem bestimmten Silbenwert eine oft recht große Anzahl von Zeichen gehören können, die alle (neben anderen) diesen Silbenwert, beispielsweise DU, repräsentieren. Um in den modernen Transkriptionen zwischen diesen verschiedenen Möglichkeiten unterscheiden zu können, hat man die Konvention getroffen, daß man die einzelnen Schreibweisen eines Lautwertes durch Akzente und Indices kennzeichnet. Das am häufigsten verwendete Zeichen erhält keinerlei Zusatz, dann schreibt man acutus, dann gravis, und die weiteren Möglichkeiten zählt man mit Indices von 4 an. Wenn also in einer Transkription das Zeichen DU_{11} vorkommt, so bedeutet dies, daß es mit dem Zeichen KA geschrieben ist, steht aber nur DU da, so wird dadurch angedeutet, daß ein Zeichen im Texte steht, das in unserer Übersicht unten (links) angegeben ist. Es wiederholt sich also bei jeder dieser Schreibweisen von DU bis DU_{22} das, was wir für das Zeichen KA $= DU_{11}$ ausführlich diskutiert haben, also beispielsweise beim Zeichen DU folgender Prozeß: Aus dem Bildzeichen des Fußes entwickelt sich das darüber angegebene Keilschriftzeichen. Eine der Sachbedeutungen ist „gehen", was sumerisch du bzw. rá heißt. Als Silbenwerte sind daher unter anderem dem angegebenen Keilschriftzeichen sowohl DU wie RÁ zuzuordnen. Als Ideogramm gefaßt kann DU als *alâku* (akkadisch „gehen") gelesen werden. Andererseits ist wieder DU nicht das einzige Ideogramm, mit dem der Begriff *alâku* geschrieben werden kann, denn es gibt eine Reihe anderer Keilschriftzeichen, wie DIR, GÁ usw., deren Bedeutungsentwicklung auch auf den Begriff *alâku* hinführt. Man sieht also, daß es ein ganzes Gewebe von Relationen ist, das Keilschriftzeichen, Lautbedeutungen und ideographische Sachbedeutungen untereinander verknüpft. Selbstverständlich hat sich im Lauf der Entwicklung wieder vieles aus dieser Mannigfaltigkeit von Möglichkeiten vereinfacht, indem gewisse Schreibungen und Zusammensetzungen sich mehr eingebürgert haben als andere.

6. Wir setzen nun die Diskussion unserer Übersicht von S. 55 in der linken oberen Ecke fort. Dort ist die oben (S. 51) besprochene alte Form des Zahlzeichens 4 angegeben, dessen keilschriftliches Äquivalent bald in zwei übereinandergestellten Paaren von Keilen besteht, bald in einem Zeichen aus 3 + 1 Keilen. Beide Zeichen sind nun auch als reine Lautzeichen in Verwendung, ohne daß diese zunächst irgend etwas mit der Zahl 4 zu tun gehabt hätten. Betrachten wir etwa das Bildzeichen des Napfes mit Inhalt[1], das in unserem Schema links oben

---

[1] Diese Interpretation des Bildzeichens scheint mir mit Sicherheit das Richtige zu treffen, im Gegensatz zu der Auffassung, daß der Strich eine Verzierung des Gefäßes andeuten soll. Die Interpretation dieses Striches als Inhalt entspricht ganz dem, was SCHÄFER über die Darstellungsweise primitiver Zeichenkunst aufgedeckt hat (Lit.-Verz. II, *15*).

angegeben ist. Durch Bilddrehung und Linearisierung entsteht das aus zwei parallelen Strichen und zwei rechts angefügten konvergenten Strichen aufgebaute Zeichen. Der Wechsel in der Keilrichtung bei den beiden letzteren ist beim Schreiben unbequem, so daß drei Keile parallel gesetzt werden und einer als Schrägeindruck darunter. Diese Gruppe wird nun noch geradegestellt, so daß schließlich genau das vierkeilige Zeichen 3 + 1 entsteht, das durch nichts von dem Zahlzeichen 4 zu unterscheiden ist[1]. Als Schriftzeichen hat es aber auf Grund von Prozessen, die dem oben bei KA geschilderten durchaus analog verlaufen, eine Reihe von Lautwerten erhalten, deren gebräuchlichster GAR[2] ist. Eine der naturgemäßen Sachbedeutungen ist „Speise", sumerisch ninda, akkadisch *akâlum*.

Wir sehen daraus, daß auf rein graphischer Basis die Mehrdeutigkeit der Zeichen noch dadurch erhöht worden ist, daß gewisse ursprünglich verschiedene Zeichen im Lauf der Schriftentwicklung zu gleichen Endformen gelangt sind. Eine weitere Umgestaltungsmöglichkeit von Zeichen besteht schließlich in der Möglichkeit von Zeichenkombinationen. So ist in unserer Übersicht die Kombination der beiden Zeichen KA und GAR angegeben. Bilderschriftlich bedeutet dies soviel als Kopf + Speise, d. h. also soviel wie „essen" (sumerisch kú, akkadisch *akâlu*). Das Keilschriftzeichen ist gebildet aus den Zeichen KA mit einem kleinen eingeschriebenen GAR. Als Silbenzeichen erhält dieses kombinierte Zeichen vor allem den Lautwert KÚ.

c) Die Sprachen der Keilschrifttexte.

Wir gehen nun dazu über, die Strukturverschiedenheit des Sumerischen und des Akkadischen auseinanderzusetzen, auf der die bisher geschilderten Umwandlungsprozesse bei der Übernahme der sumerischen Keilschrift durch die Akkader beruht.

Man faßt bekanntlich verschiedene Sprachen zu größeren Gruppen zusammen. So gehört beispielsweise das Akkadische dem Bereich der semitischen Sprachen an, dem auch das Hebräische, das Aramäische und das Arabische angehören, um nur die wichtigsten Glieder dieser Familie zu nennen. Für die semitischen Sprachen ist charakteristisch, daß jede Wortwurzel aus drei Konsonanten besteht, mit denen die

---

[1] Ein analoges Geschick hat auch das andere Zeichen (2 + 2; vgl. Fig. 1 von S. 4) für 4 erfahren. Es ist mit dem Silbenzeichen ZA identisch.

[2] Dieses Zeichen GAR ist uns schon oben S. 34 als Bezeichnung für ein Längenmaß begegnet. Seine formale Identität mit dem Zahlzeichen 4 ist oft unbequem beim Bearbeiten mathematischer Texte, weil man leicht zweifeln kann zwischen einer Lesung 20 GAR oder 20,4 (kaum 24 nach dem S. 5 Anm. 1 Gesagten). GAR gestattet außerdem noch die Lesung ŠÁ, das als akkadisches Relativpronomen *šá* („welches", „des") oft verwendet wird. Bei der Bearbeitung stark ideographisch geschriebener Texte bedeutet auch diese weitere Möglichkeit oft eine Erschwerung.

Bedeutung des Wortes fest verknüpft ist[1]. Dagegen dienen die Vokale zur Bildung der grammatischen Formen, sind also (wenn auch nur nach bestimmten Gesetzen) variabel. Um dies näher auseinanderzusetzen, sei etwa das Beispiel des akkadischen Wortes für „schneiden" gewählt. Die drei Konsonanten, die das feste Gerüst des Wortes „schneiden" bilden, sind p, r, s. Vor den ersten und zwischen ersten und zweiten bzw. zweiten und dritten Konsonanten werden Vokale gestellt, die Zeit, Aktionsart usw. angeben, so daß also das Schema eines akkadischen Verbums ausgedrückt werden kann durch eine Funktion von drei Parametern, den Konsonanten des Stammes c_1, c_2, c_3, an denen der Sinn des Verbums hängt, und drei Variabeln x_1, x_2, x_3, den Vokalen, die zum Ausdruck der bestimmten Verbalform dienen[2]. So heißt z. B. „ich schneide" *aparas*, dagegen „er schneidet" *iparas*. Die erste Person des Präsens ist also immer durch die Vokalfolge $x_1 = a$, $x_2 = a$, $x_3 = a$, die dritte Person durch $x_1 = i$, $x_2 = a$, $x_3 = a$ ausgedrückt. Die dritte Person des Präteritums hat die Vokalfolge $x_1 = i$, $x_2 = 0$, $x_3 = u$, wobei durch $x_2 = 0$ ausgedrückt werden soll, daß zwischen die beiden Konsonanten c_1 und c_2 kein Vokal eingesetzt werden darf. „Er hat geschnitten" heißt demnach *iprus*.

Die bisher angegebenen Formen beziehen sich auf den sog. „Grundstamm" des akkadischen Verbums (auch Stamm „I" genannt oder unter Anlehnung an einen entsprechenden Terminus der hebräischen Philologie, von der die Semitistik ihren Ausgangspunkt genommen hat, Stamm „Qal"). Neben diesem Grundstamm gibt es auch den sog. Intensivstamm (Stamm II oder Paal), der sich von dem Grundstamm dadurch unterscheidet, daß der Mittelkonsonant c_2 verdoppelt wird, ohne daß aber dazwischen ein weiterer Vokal eingeschaltet werden dürfte. Wenn wir also den Grundstamm durch das Schema

$$f(c_1, c_2, c_3; \; x_1, x_2, x_3)$$

charakterisieren konnten, so heißt das Schema des Intensivstammes

$$f(c_1, c_2 c_2, c_3; \; x_1, x_2, x_3).$$

Die Vokale für die dritte Person Präsentis heißen nun $x_1 = u$, $x_2 = a$, $x_3 = a$, für die dritte Person des Präteritums $x_1 = u$, $x_2 = a$, $x_3 = i$, also *uparras* bzw. *uparris* (vgl. die nachstehende Übersicht).

In dieser Übersicht sind noch zwei weitere Stämme angegeben, nämlich der Kausativstamm (oder Stamm III oder Schafel), der aus dem ursprünglichen Begriff einen Begriff schafft, der etwa durch „veranlassen, daß" zu beschreiben ist („schneiden lassen"), und der Passiv-

---

[1] Dieser Dreikonsonantismus (auch „Trilitteralismus" genannt) ist am reinsten beim Verbum erhalten, während er beim Nomen stärkere Ausnahmen aufweist („zweikonsonantige" Wurzeln).

[2] STEINTHAL-MISTELLI: Sprachwissenschaft II, S. 427, zitiert den griechischen Vergleich τὰ φωνήεντα τῇ ψυχῇ ἐοίκασι τὰ δὲ σύμφωνα τῷ σώματι.

Stamm		Präsens	Prät.
I Grundstamm (Qal)	$c_1 c_2 c_3$	i a a (i*paras*)	i 0 u (i*prus*)
II Intensiv (Paal)	$c_1 (c_2 c_2) c_3$	u a a (u*parras*)	u a i (u*parris*)
III Kausativ (Schafel)	$š (c_1 c_2) c_3$	u a a (u*šapras*)	u a i (u*šapris*)
IV Passiv (Nifal)	$\begin{matrix}(n c_1)\\(c_1 c_1)\end{matrix} c_2 c_3$	i a a (i*pparas*)	i a i (i*pparis*)

stamm (IV oder Nifal), der etwa unserem Passivum entspricht. Das Charakteristikum des Kausativstammes ist die Vorausstellung des festen Konsonanten $š$. Um das Schema des Dreikonsonantismus aufrechtzuerhalten, treten dafür die Konsonanten c_1 und c_2 unmittelbar aneinander, so daß wieder nur Platz für drei Vokale übrigbleibt. Diese lauten für die dritte Person Präsentis **u, a, a**, für das Präteritum **u, a, i**, so daß die in unserer Übersicht gegebenen Formen entstehen. Entsprechend wird für den Passivstamm immer ein n an die erste Stelle gesetzt und der Dreikonsonantismus dadurch erhalten, daß dieses n mit dem ersten Konsonanten zusammengezogen wird (dabei tritt oft als rein phonetische Umwandlung die Angleichung dieses n an den ersten Konsonanten auf, so daß aus $n c_1$ ein $c_1 c_1$ wird, wie gerade in unserem Beispiel *prs*). Über die anzuwendenden Vokale und ihre Stellung gibt wieder unsere Übersicht Auskunft.

Diese hier gegebene Schilderung von akkadischen Verbalformen betrifft selbstverständlich nur ein typisches und vollkommen regelmäßiges Beispiel. Der wirkliche Sachverhalt ist naturgemäß ein viel komplizierterer, indem einerseits nicht nur diese vier Stämme, sondern noch eine ganze Anzahl weiterer Stämme des akkadischen Verbums existieren[1], ferner der Dreikonsonantismus einerseits oft zu einem Vierkonsonantismus erweitert ist, andererseits durch Verschleifungserscheinungen (n an erster Stelle oder auch andere sog. „schwache Wurzeln") zusätzliche Prozesse auftreten, die natürlich nicht mehr in den Rahmen unserer Betrachtungen gehören.

Einen absoluten Gegensatz zu diesem Wechselspiel zwischen festen Konsonanten und beweglichen Vokalen des Akkadischen bildet der Sprachtypus des Sumerischen. Hier hängt der Begriff eines Wortes nicht nur am Konsonantengerippe, sondern an den vollständigen, aus Konsonant und Vokal bestehenden Silben. Das Wort gar heißt „legen", und sämtliche grammatische Variationen, die dieses Verbum erfahren

---

[1] Auch die Tempora und Modi entsprechen nicht so unmittelbar, wie wir es hier der Einfachheit halber geschildert haben, unseren Kategorien.

kann, lassen das Gesamtwort gar unverändert. Aus dieser Vokalkonstanz folgt, daß sich sämtliche grammatische Prozesse außerhalb
der eigentlichen Wortwurzel abspielen müssen, d. h. also, daß die
Grammatik des Sumerischen notwendig aufgebaut sein muß auf der
Anhängung von Präfixen und Suffixen und auf der relativen Stellung
dieser Bildungselemente untereinander und gegenüber dem Wortstamm.
Wie der Ausdruck der verschiedenen verbalen Formen gestaltet wird,
können schon einige wenige Formenbeispiele des Verbums gar zeigen,
etwa die Wunsch- und Befehlsformen gagar, ḫegar, garra, oder die
Behauptungsform igaren, oder die Kausativbildung abgar, die Intensiv-
bildung gargar usw. Schon diese Beispiele werden genügen, um den
Kontrast gegen den Formenbau des akkadischen Verbums (man vgl.
die obige Tabelle von S. 63) mit aller Deutlichkeit hervortreten zu
lassen: an eine unveränderliche Wortwurzel werden die ebenfalls starren
Bildungselemente angefügt, ohne mit der Wortwurzel zu einer höheren
Worteinheit zu verschmelzen. Um dies noch in unserer mathematischen Symbolik auszudrücken, kann man etwa sagen, daß das sumerische Verbum nicht durch ein Bild, wie wir es oben für das akkadische Verbum gebraucht haben, nämlich eine von drei Parametern
abhängende Funktion dreier Argumente, beschrieben werden kann,
sondern nur dadurch, daß man den Begriff an einen einzigen Parameter C knüpft und die grammatischen Funktionen als übereinander-
geschachtelte Operationen $\varphi_1(\varphi_2(\ldots(C)))$ faßt. Was wir hier für die
Verba etwas näher skizziert haben, gilt mutatis mutandis auch für alle
anderen Elemente der beiden Sprachen.

Der hier geschilderte Gegensatz zwischen dem Bau des Akkadischen
und dem des Sumerischen geht noch wesentlich tiefer. Das Akkadische
gehört, wie schon gesagt, zu der Gruppe der semitischen Sprachen, die
unter sich sehr nahe verwandt sind, viel näher als die Sprachen der
verschiedenen indogermanischen Familien. Trotzdem bilden auch noch
die semitischen und indogermanischen Sprachen zusammen eine Einheit höherer Stufe hinsichtlich ihrer grammatischen Struktur: beide
sind nämlich „*flektierende*" Sprachen. Die hier geschilderte Bildungs-
weise des akkadischen Verbums ist ein besonders extremes Beispiel
eines „flektierenden" Verfahrens: die Formelemente werden durch
stärksten Wechsel des Vokalbestandes des Wortinnern sowie durch
zusätzliche Elemente (Prä-, In- und Suffixe), die dem Wortstamm ganz
enge angefügt werden, gebildet.

Den schärfsten Gegensatz zu diesem Verfahren bilden die „*isolierenden*" Sprachen (denen z. B. das Chinesische angehört). Die Unter-
scheidungen „Verbum", „Nomen", „Präposition" usw. verlieren dort
fast ganz ihren Sinn. Die Worte sind einsilbige absolut unveränderliche Objekte, deren grammatische Beziehung erst durch die Ordnung
innerhalb des Satzes gegeben wird. Um wieder unser mathematisches

Bild zu benutzen, ist also der Typus einer isolierenden Sprache durch eine gesetzmäßige Anordnung völlig unabhängiger Konstanten $C_1 C_2 \ldots C_k$ zu repräsentieren.

Das Sumerische gehört einem Sprachtypus an, der zwar nicht streng „isolierend" ist, aber ihm logisch doch sehr viel näher steht als dem einer flektierenden Sprache; man bezeichnet ihn als *„agglutinierend"* (oder „anfügend"). Wie schon hervorgehoben, sind die sumerischen Wurzeln völlig unveränderlich. Die grammatischen Funktionen werden aber durch Elemente erzeugt, die dem Wortstamm, der der Träger der Bedeutung ist, (vorne oder hinten) angefügt werden. Diese Bildungselemente verbinden sich aber keineswegs organisch mit dem Wort selbst, sondern sind ihm lose angefügt, ganz so, wie das Operationssymbol des Funktionszeichens nach gewissen konventionellen Regeln zu den Größen hinzugesetzt wird, auf die es angewandt werden soll. Dabei ist es auch im Sumerischen gleichgültig, welcherart die grammatischen Objekte sind, auf die diese Operationen angewandt werden, genau so, wie ein Operator auf irgend ein Argument angewandt werden kann, ganz gleichgültig, wie dieses Argument nun seinerseits aufgebaut ist. So kann beispielsweise ein ganzer Satz mit in sich wohlbestimmter Anordnung (Substantiv — Adjektiv — ... — Verbum) an Stelle des Subjektes eines ebensolchen Satzbaues treten. Man nennt diese fest bestimmte Anordnung die „Kettenbildung" des Sumerischen. Wären die einzelnen Funktionszeichen noch Worte selbständiger Bedeutung (oft ist dies noch nahezu der Fall wie bei Plural- oder Richtungselementen usw.), so würde das Sumerische unmittelbar isolierenden Charakter annehmen. Ob der agglutinierende Typus eine spätere Form einer ursprünglich isolierenden Form ist (oder, wie man auch gemeint hat, umgekehrt), läßt sich kaum mehr sagen, da eine schriftliche Überlieferung des Sumerischen erst im letzten Stadium der Existenz dieser Sprache einsetzt.

Dieser tiefgreifende Gegensatz zwischen Sumerisch und Akkadisch, der sich sowohl im Bau der einzelnen Worte wie in der gesamten Syntax äußert, ist die eigentliche Basis für das ganze Keilschriftsystem. Die bloße Tatsache des allmählichen Wechsels der beherrschenden Bevölkerungselemente allein würde nicht ausreichen, um gerade die wesentlichsten Züge zu erklären: Nur der absolute Gegensatz der beiden Sprachgruppen in allen ihren Teilen hat zu der zweifachen Schreibweise des Akkadischen führen können: einerseits der ideographischen, andererseits der syllabischen. Unserer Beschreibung der Entwicklung der Lautwerte der Keilschriftzeichen liegt wesentlich die Voraussetzung zugrunde, daß die Lautwerte fest mit den Bildern der Objekte verbunden sind, also etwa das Bild des „essens" immer dem Lautwert „ku" zugeordnet ist. Aus einer Sprache vom Typus des Akkadischen hätte sich nie eine solche feste Zuordnung entwickeln können, denn dem bloßen Bild z. B. einer Tätigkeit entspricht kein einzelnes unveränderliches Wort, sondern nur ein Verbum, dessen Lautbild wesentlich abhängt von seiner grammatischen Form im Rahmen des Satzbaues. So ist die **Vokalkonstanz** des Sumerischen eine wesentliche Voraussetzung für das Verfahren der syllabischen Schrift, die alten Bildzeichen als reine Lautsymbole zu verwenden. Andererseits hat dies zur Folge, daß die Akkader damit zu einer „vokalisierten" Schreibweise ihrer Sprache gelangt sind, also ganz anders schreiben als etwa das Hebräische oder Arabische, das nur die Konsonanten bezeichnet (wenn man von den sekundären Vokalisationszeichen dieser Schriftsysteme absieht)[1].

Eine weitere Voraussetzung einer Silbenschrift ist selbstverständlich die, daß schon die ursprünglichen Worte im wesentlichen silbenartig sind. Daß dies für das Sumerische zutrifft, ist im Sinne dieser ganzen Entwicklungsmöglichkeit ein ungeheuer glücklicher Zufall. Wären die ursprünglichen sumerischen Bildzeichen die Schriftzeichen einer Sprache gewesen, deren Worte im allgemeinen vielsilbig gewesen wären, so wären sie zur Entwicklung einer Silbenschrift grundsätzlich unbrauchbar gewesen. Hier kommt also nochmals wesentlich die spezielle Bauart des Sumerischen zur Geltung. Eine Sprache, deren grammatische Prozesse sich innerhalb der Wortwurzeln abspielen, bedarf naturgemäß mehrsilbiger Grundelemente, um für den Vokalwechsel zum Ausdruck der Formenmannigfaltigkeit genügend Raum zu bieten. Das Sumerische enthält zwar auch eine ganze Anzahl mehrsilbiger Worte. Wohl aber ist der allergrößte Teil der sumerischen Worte einsilbig, und aus ihnen sind naturgemäß die akkadischen Silbenzeichen abgeleitet. Es

---

[1] Dies hat für uns die äußerst interessante Folge gehabt, daß wir den vollen Vokalismus einer altsemitischen Sprache und außerdem noch den Vokalismus des Sumerischen überliefert haben (selbstverständlich abgesehen von solchen phonetischen Feinheiten, die sich in keinem Schriftbild mit voller Exaktheit abbilden — man denke etwa an die verschiedenen Nuancen des durch den einen Buchstaben *a* wiedergegebenen Lautes irgendeiner lebenden europäischen Sprache).

Die tatsächliche Reihenfolge in der Erschließung dieser Dinge verlief natürlich den historischen Prozessen entgegengesetzt. Aus dem Hebräischen, dem Arabischen und anderen semitischen lebenden Dialekten war man seit langem über den Bau und den Vokalismus der semitischen Sprache gut orientiert. Wie oben erwähnt, stützte sich die erste Entzifferung der Keilschrift auf Bilinguen bzw. das indogermanische Altpersisch und auf die Kenntnis von Eigen- und Ortsnamen, deren Aussprache wieder aus dem Griechischen, dem Hebräischen und anderen Sprachen bekannt war. Zusammen mit den allgemeinen Gesetzen der semitischen Sprachen ergab sich daraus sehr bald die volle Einsicht in den Sprachbau des Akkadischen. Die Syllabare lieferten schließlich die Brücke zum Sumerischen. Heute ist das Gewebe dieser gegenseitigen Relationen zwischen den verschiedenen Sprachen und Sprachgruppen bereits so eng, daß man schon zu sehr viel feineren phonetischen Untersuchungen fortschreiten kann, als es in der ersten Epoche der Orientalistik möglich war.

gibt verschiedene Anzeichen, die zeigen, daß dieser Zustand der sumerischen Sprache nicht der ursprüngliche war, sondern daß sie in der Periode ihrer Geschichte, in der sie uns gerade noch durch schriftliche Überlieferung entgegentritt und in der sie die Semiten angetroffen haben, bereits eine sehr abgeschliffene Sprache war. Eine Reihe von derartigen Verschleifungserscheinungen sind noch erkennbar, etwa der Übergang von kug zu kù oder šag₄ zu šà und eine Reihe ähnlicher Vorgänge. So ist also der besondere sprachliche Typus des Sumerischen zusammen mit seinem großen Alter die Voraussetzung für den ganzen Bereich von Erscheinungen, den wir oben in großen Zügen geschildert haben.

d) Die mathematische Terminologie.

Wenn wir uns nunmehr der Terminologie der mathematischen Keilschrifttexte zuwenden, so haben wir zwei grundsätzlich verschiedene Fragestellungen zu unterscheiden. Die eine ist die nach der Bedeutungsgeschichte einzelner Termini; diese Frage tritt selbstverständlich im Bereich der keilschriftlichen Literatur genau so auf wie bei jeder anderen geschichtlichen Periode. Daneben existiert aber in der babylonischen Mathematik noch eine zweite und sehr viel wichtigere Frage, nämlich die nach der Entstehung des algebraischen Charakters der babylonischen Mathematik. Wir werden in Kap. V sehen, wie erstaunlich weit das algebraische Operieren entwickelt war. Wie für die Entwicklung der modernen Algebra, so ist auch für die babylonische algebraische Mathematik die Existenz einer geeigneten Bezeichnungsweise entscheidend, da sich ja immer wieder bestätigt, daß die Kräfte einer Symbolik immer sehr viel weiter reichen, als es ursprünglich beabsichtigt war. Unsere zweite Fragestellung betrifft also das Fundament der gesamten mathematischen keilschriftlichen Literatur.

Bezüglich der Geschichte einzelner Termini muß leider gesagt werden, daß wir eine solche heute noch in keiner Weise erschöpfend geben können. Es ist dies aber auch gar nicht verwunderlich, wenn man bedenkt, wie ungeheuer verwickelt an und für sich die Geschichte einer mathematischen Terminologie ist. Ist ja auch die Entwicklungsgeschichte vieler Termini unserer heutigen Mathematik noch keineswegs ganz geklärt, also um so weniger die Geschichte der antiken Terminologie, für deren Erschließung unser Textmaterial im allgemeinen noch viel zu dürftig ist. Nur bei wenigen terminis technicis ist die Herkunft mehr oder minder unmittelbar klar. So beispielsweise bei dem charakteristischen Wort der Multiplikationstabellen a-rá, das wir der Sachbedeutung nach unmittelbar mit „mal" übersetzt haben (vgl. S. 19). Die Geschichte des Keilschriftzeichens rá haben wir in unserer großen Übersicht von S. 55 kurz angegeben, und aus ihr folgt offenbar, daß die Bedeutung dieses Wortes mit „Gang", „gehen" zusammenhängen muß, also am besten wiedergegeben ist durch eine Vorstellung, wie sie dem dänischen „tre gange" für „dreimal" entspricht. Aber wie gesagt, liegen die Verhältnisse bei anderen Termini keineswegs so einfach. Von dem Terminus des Reziprokenbildens (igi „Auge") haben wir schon oben S. 7 und 16 gesprochen. Ebenso unklar ist beispielsweise ein anderes mit Multiplikation zusammenhängendes Wort, das nicht von a-rá abgeleitet ist, sondern von kú = *akâlu* „essen" (*šutâkulu* — s. unsere Übersicht von S. 55). Mehr oder minder ähnlich liegen die Verhältnisse bei einer großen Anzahl mathematischer Begriffe. Auf einige von ihnen werden wir noch zurückkommen. Eine wirklich systematische Untersuchung der Terminologie muß aber späterer Zeit vorbehalten bleiben und hängt wesentlich von der Erschließung weiteren Textmaterials ab.

Die zweite Frage, die nach der Ausbildung einer algebraischen Symbolik, führt nun auf alle die Erscheinungen zurück, die wir in den vorangehenden Abschnitten so ausführlich auseinandergesetzt haben. Jedes algebraische Operieren setzt voraus, daß man sowohl für die mathematischen Operationen wie für die Größen gewisse feststehende Symbole besitzt. Erst die Existenz einer solchen Begriffsschrift macht es möglich, daß man Größen, die nicht numerisch benannt sind, miteinander kombiniert und neue Kombinationen aus ihnen herleitet.

Eine solche Symbolschrift ist aber von selbst beim Schreiben akkadischer Texte gegeben. Wie wir gesehen haben, hat man nämlich dabei zweierlei Ausdrucksmittel zur Verfügung: entweder bedient man sich der silbenschriftlichen Schreibweise, oder aber man schreibt mit Ideogrammen. Beide Schreibweisen wechseln in den meisten akkadischen Texten ununterbrochen und ganz willkürlich miteinander ab. Dieses rein geschichtlich entstandene Verfahren ist nun für die mathematische Terminologie von grundsätzlicher Bedeutung. Es hat sich nämlich dort ganz entsprechend das Verfahren eingebürgert, die mathematischen Begriffe, d. h. sowohl Operationen wie Größen, ideographisch zu schreiben. Das bedeutet also, daß in einem akkadisch geschriebenen Text gerade die entscheidenden Begriffe immer mit Hilfe konventioneller Einzelsymbole geschrieben werden können. So hat man also von Anfang an über die wichtigste Grundlage für eine algebraische Entwicklung, nämlich eine geeignete Symbolik, verfügt. Zunächst bedeutet dies sicherlich nichts anderes als die auch sonst in der Schrift übliche Art, willkürlich zwischen Ideogrammen und syllabischen Schreibungen zu wechseln. Gerade für das Mathematische muß aber die Existenz von konventionellen Einzelsymbolen nach Art der Ideogramme ganz von selbst von größter praktischer Bedeutung für die leichte Übersehbarkeit der Operationen werden. So muß alles zu einer reinen Formelschrift treiben, und wir werden sogleich unten an Beispielen sehen, daß dies in der Tat eingetreten ist[1].

Diese Tatsache ist nun beim Lesen mathematischer Keilschrifttexte von größter Bedeutung. Kennt man nur eine gewisse Anzahl immer wiederkehrender Ideogramme für die einzelnen Operationen, für Termini wie Summe, Differenz usw., für Länge, Breite, Durchmesser, so läßt sich ein solcher Text direkt in unsere Formelsprache umschreiben, ohne daß man dabei zu wissen braucht, wie im Akkadischen diese Ideogramme ausgesprochen worden sind. So wird beispielsweise ein gewisses Ideogramm RI immer für den Begriff einer Linie in einer Figur verwendet, die zwei Teilbereiche voneinander trennt (z. B. die Sehne eines Kreises); ohne daß die akkadische Lesung dieses Ideogramms bekannt war, konnte man immer die mathematische Funktion dieser Größe in den Rechnungen richtig verstehen. Erst viel später haben syllabisch geschriebene Parallelstellen gezeigt, daß RI als *pi-ir-kum* gelesen wurde, was soviel wie „Riegel" bedeutet. Damit ist dann gleichzeitig ein Einblick in die Bedeutungsgeschichte dieses Terminus gewonnen, aber für das Verständnis seiner Rolle in den mathematischen Texten ist die Kenntnis der Aussprache ebenso gleichgültig, wie man heute nicht zu wissen braucht, wie die mathematischen Symbole z. B. in einer russisch geschriebenen Arbeit ausgesprochen werden.

Wir wollen diese Erscheinungen nun an zwei Einzelbeispielen aus mathematischen Texten besprechen. Das erste entstammt einem alten, relativ wenig ideographisch geschriebenen Text. Das zweite ist rein ideographisch geschrieben und wird zeigen, daß es sich hier nur noch um eine reine Formelsprache handelt[2]. Ein besonders extremes Beispiel der Verwendung von Ideogrammen als mathematische Symbole haben wir bereits im Anfang an einem kleinen Ausschnitt eines astronomischen Textes kennengelernt (vgl. S. 18), aus dem hervorging, daß die Ideogramme tab und lal, die ursprünglich „hinzufügen" und „wegnehmen" bedeuten, genau die Rolle unserer Vorzeichen $+$ und $-$ spielen.

Der erste Textabschnitt lautet:

$$3 \text{ a-rá } 2 \quad 6 \text{ igi } 6 \text{ gál } 10 \; \textit{i-na-di-kum}$$
$$10 \; \textit{i-na } 7 \; \textit{ki-im-ra-ti-i-ka} \text{ uš } \textit{ù} \text{ sag}$$
$$\textit{a-na-sà-ah-ma } 6{,}50 \; \textit{ša-pi-il}_5\textit{-tum.}$$

---

[1] Einige Texte zeigen übrigens, daß man noch auf eine andere Weise bewußt zu solchen konventionellen Vereinfachungen hinstrebte, nämlich durch Verwendung wirklicher Abkürzungen für akkadische Worte, dadurch, daß man nur eine Silbe schrieb. Schriftgeschichtlich gesehen werden hier also als Silben verwendete Ideogramme an Stelle von Ideogrammen verwendet!

[2] Übrigens werden in den mathematischen Texten sumerische Bildungen oft in grammatisch vollständig unkorrekter Weise verwendet, was zeigt, daß sie wirklich nur noch reine Symbole für Begriffe waren, deren ursprüngliche Ableitung aus einer anderen gesprochenen Sprache vollständig ignoriert worden ist.

Nr. 5   a-šà uš a-rá 2 e-tab
         daḫ-ma 5,11,40

Nr. 6   a-šà uš ba-zi 4,26,40

Nr. 7   a-rá 2 e-tab
         ba-zi-ma 4,11,40

Es ist schwer, ihn „wörtlich" zu übersetzen, denn er enthält eigentlich keinerlei grammatische Struktur mehr, sondern fast nur noch Ideogramme, deren Wiedergabe durch ein Wort in unserer Sprache insofern inkorrekt ist, als wir notwendigerweise eine bestimmte grammatische Form wählen müssen, während sie in Wirklichkeit nicht mehr in einem solchen Text liegt. Man kann unseren Text ungefähr folgendermaßen reproduzieren:

Nr. 4   Länge mit 3 vervielfacht
         Breite mit 2 vervielfacht
         addiert quadratisch
         Fläche (der) Länge addiert und so 4,56,40

Nr. 5   Fläche (der) Länge mit 2 vervielfacht
         addiert und so 5,11,40

Nr. 6   Fläche (der) Länge subtrahiert 4,26,40

Nr. 7   mit 2 vervielfacht
         subtrahiert und so 4,11,40

Man kann diese Aufgaben sehr viel sachgemäßer direkt in eine Formelsprache übersetzen. Wir brauchen nur für die Ideogramme der Unbekannten uš „Länge" bzw. sag „Breite" die Zeichen x bzw. y einzusetzen und Entsprechendes für die Operationen. Man erhält dann, wenn man die Reihenfolge beibehält, die folgende „Übersetzung", die dem wirklichen Textzustand am nächsten kommt:

Nr. 4 $x \cdot 3$
         $y \cdot 2$
         $+\,^2$
         $x^2 + = 4,56,40$

Nr. 5 $x^2 \cdot 2$
         $+ = 5,11,40$

Nr. 6 $x^2 - 4,26,40$

Nr. 7 $\cdot 2$
         $- = 4,11,40$

In diesen Formeln sind immer zunächst die zu kombinierenden Größen genannt und dann die Operationen, die mit ihnen auszuführen sind — ganz entsprechend wie wir in dem Beispiel von S. 18 gesehen haben, daß die „Vorzeichen" den Zahlen nachgestellt werden. Sieht man von dieser Äußerlichkeit ab, so entsprechen unsere Beispiele genau den folgenden Formeln:

$$\text{Nr. 4} \quad (3x + 2y)^2 + \quad x^2 = 4,56,40$$
$$\text{Nr. 5} \qquad\qquad\quad + 2x^2 = 5,11,40$$
$$\text{Nr. 6} \qquad\qquad\quad - \quad x^2 = 4,26,40$$
$$\text{Nr. 7} \qquad\qquad\quad - 2x^2 = 4,11,40.$$

Wir sehen also, daß es sich hier um eine im Grunde vollständig algebraische Ausdrucksweise handelt, in der also vor allem Kombinationen der unbekannten Größen gebildet werden. Über die sachliche Eingliederung dieser Aufgaben vgl. Kap. V, S. 190.

§ 3. Ägyptische Schrift.

Die ägyptische Schrift hat immer als Musterbeispiel einer Bilderschrift gegolten. In der Tat sind die Schriftzeichen, die sich zu allen Zeiten ägyptischer Kultur auf zahllosen Denkmälern aller Art finden, Zeichnungen von Menschen, Tieren und Gegenständen. Diese „Bilderschrift" ist aber keineswegs ohne Kenntnis der Sprache als rein bildmäßige Mitteilung zu verstehen. Vielmehr ist es schon ein richtiges Schriftsystem, nur sind die einzelnen Zeichen nicht irgendwelche an sich bedeutungslose Strichgruppen, sondern einzelne Figuren, ohne daß aber die Sachbedeutung der Figuren im allgemeinen mit dem Inhalt des Geschriebenen zu tun hat. Bevor wir etwas näher auf diese Art des Schreibens eingehen, wollen wir noch kurz die äußere Geschichte dieser Schrift besprechen.

Wir haben bei der babylonischen Schrift erörtert, wie durch allmähliche kursive Umbildung aus Bilderzeichen, die den Hieroglyphen ganz analog sind, rein konventionelle Schriftzeichen entstanden sind. Da diese babylonischen Zeichen aber auch in die Tontafeln einzeln eingedrückt worden sind, hat sich das Schreibsystem der Denkmäler nie wesentlich von der Schrift der gewöhnlichen Texte entfernt, da die Technik des Eindrückens oder Einmeißelns von Schriftzeichen nicht zu grundsätzlich verschiedenen Zeichenformen Anlaß gegeben hat. Ganz anders liegen die Verhältnisse im Ägyptischen, wo man bereits seit dem Alten Reich für den täglichen Gebrauch eine ganz andere Schreibart entwickelt hat, als sie für die großen Denkmäler gebraucht würde, nämlich das Schreiben (mit roter und schwarzer Tusche) auf Papyrus. Man bezeichnet diese kursive Handschrift als die *„hieratische* Schrift". Die althieratischen Texte sind ganz ähnlich wie die alten sumerischen Inschriften in Vertikalkolumnen von rechts nach links geschrieben.

Ebenso wie im keilschriftlichen Bereich hat sich dieses Schreiben auf den Schreiber zu als unbequem erwiesen. Hier wie dort ist man daher zum Schreiben in Horizontalzeilen übergegangen. Bei der Keilschrift hat dies, wie wir oben (S. 52) gesehen haben, zur Drehung der Einzelzeichen um 90° und damit zu Horizontalzeilen, die von links nach rechts laufen, geführt. Im Hieratischen war aber der Bildcharakter der Zeichen noch keineswegs vergessen, um so weniger, als ja gleichzeitig die bilderschriftliche Schreibweise des Ägyptischen auf den Denkmälern immer existiert hat. Das Verlassen der vertikalen Schreibweise konnte daher nicht durch einfaches Umlegen des Textes erfolgen, denn dann würden ja alle Bildzeichen liegen, statt aufrecht zu stehen. Man beließ daher den einzelnen Zeichen ihre richtige Stellung, schrieb sie aber nicht untereinander, sondern nebeneinander von rechts nach links.

Die Schriftrichtung der hieroglyphischen Denkmäler ist meist die in Vertikalkolumnen von rechts nach links. Aus dekorativen oder Raumgründen sind aber auch sehr oft Horizontalzeilen im Gebrauch. Man wechselt bei Inschriften aus Symmetriegründen sehr oft auch die Schriftrichtung, da die Bildzeichen ohne Schaden für ihre Verständlichkeit auch gespiegelt werden können. Die Zeichen sind immer so gestellt, daß die Menschen- und Tierfiguren den Lesenden anblicken. Irgendein Zweifel, ob man eine hieroglyphische Inschrift rechts- oder linksläufig zu lesen hat, kann daher nicht entstehen. Aus rein praktischen Gründen schreibt man heute hieroglyphische Texte mit Drucktypen von links nach rechts. Beim Vergleich einer solchen hieroglyphischen Transkription mit dem hieratischen Text muß man also darauf achten, daß das Hieratische von rechts nach links geschrieben ist, während unsere Transkription im allgemeinen entgegengesetzt verläuft.

Die ältesten hieratischen Inschriften folgen dem hieroglyphischen Vorbild noch sehr genau. Allmählich aber entstehen eine große Anzahl konventioneller Abkürzungen und Verschleifungen, so daß das Hieratische den Charakter einer eigenen Schrift annimmt (vgl. Fig. 24 S. 75 sowie Fig. 42 S. 129). Die weitere Fortsetzung dieses Prozesses führt schließlich zur sog. „demotischen" Schrift, bei der fast alle Ähnlichkeiten mit den Hieroglyphen verlorengegangen sind. Parallel läuft selbstverständlich auch eine allmähliche Umgestaltung der Sprache von „Altägyptisch" über „Mittel-" und „Neuägyptisch" ins „Demotische".

Die letzte Phase der ägyptischen Sprache nennt man bekanntlich „Koptisch". Es ist die Sprache der christianisierten Ägypter des beginnenden Mittelalters (ca. 300 n. Chr.). Diese Sprache wird nicht mehr mit irgendeiner Ableitung aus dem Hieroglyphischen geschrieben, sondern mit griechischen Buchstaben oder, besser gesagt, mit einer etwa so geringfügigen Abänderung des griechischen Alphabets, wie sie auch in den russischen Buchstaben vorliegt. Diese Erhaltung des spätesten Ägyptisch durch eine ohne weiteres lesbare Schrift hat übrigens eines der wesentlichsten Hilfsmittel für die methodische Entzifferung des Altägyptischen gebildet[1].

Wir wollen nun eine kurze Übersicht über das Prinzip der ägyptischen Schrift geben, natürlich nur so weit, als es für das Verständnis gewisser Fragen innerhalb der mathematischen Texte notwendig ist. Ebenso genügt selbstverständlich die Beschränkung auf die hieroglyphischen Zeichenformen, denn die Umbildung ins Hieratische und Demotische ist ja nur eine rein schriftgeschichtliche Angelegenheit, wobei im Gegensatz zur Keilschrift immer das Prinzip, das der hieroglyphischen Ausdrucksweise zugrunde liegt, aufrechterhalten blieb.

---

[1] Es sei anhangsweise eine schematische Skizze der Schriftentwicklung innerhalb der uns hier beschäftigenden Kulturen angefügt.

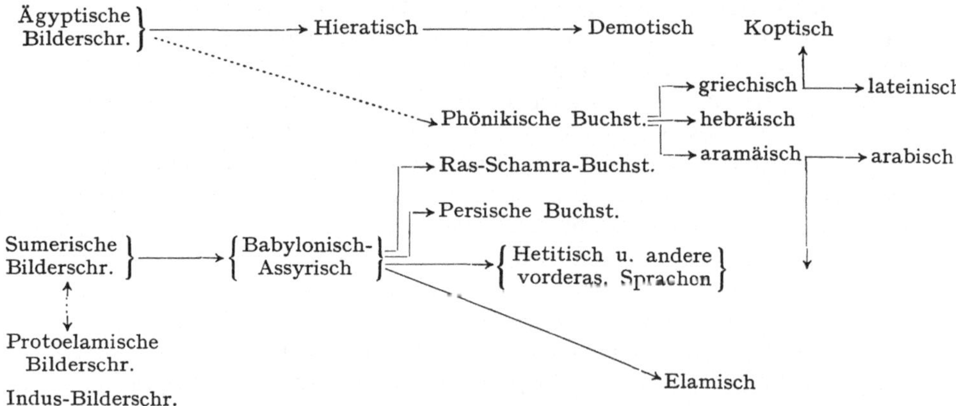

Sie soll zeigen, wie aus analogen Anfängen ganz verschiedene Schriftsysteme entstanden sind. Die Entwicklung der ägyptischen Sprache und Schrift ist vollständig stetig vor sich gegangen mit dem Erfolg, daß sich ohne jede wesentliche Diskontinuität aus der hieroglyphischen Schrift ein äußerlich ganz selbständiges Schriftsystem, nämlich das Demotische, entwickelt hat. Im Babylonischen wird zunächst auch die Bilderschrift stetig modifiziert. Dann aber tritt die Umwandlung des Sumerischen ins Semitische ein, so daß nunmehr die Schrift als solche im wesentlichen unmodifiziert bleibt, aber die Sprache absolut wechselt, so daß die Schrift keine direkte Beziehung zur Sprache mehr hat. In der letzten Phase sind, vermutlich sowohl aus dem Ägyptischen wie aus dem Keilschriftlichen, Buchstabenschriften abgeleitet worden (aus der Keilschrift die persische Buchstabenkeilschrift und die neuerdings entdeckte Buchstabenschrift von Ras Schamra, einem Ort des syrischen Küstengebietes östlich von Cypern, die etwa dem 14. Jahrhundert angehört; vielleicht von ägyptischen Vorbildern beeinflußt und ungefähr gleichzeitig oder wenig jünger die phönikische Buchstabenschrift, die sich dann in die griechische und somit in die unsere fortsetzt). Sie sind die Erfindung von Bevölkerungsschichten, die sowohl die ägyptische wie die Keilschrift nur als fremdes und für sie künstliches Schriftsystem gebraucht haben.

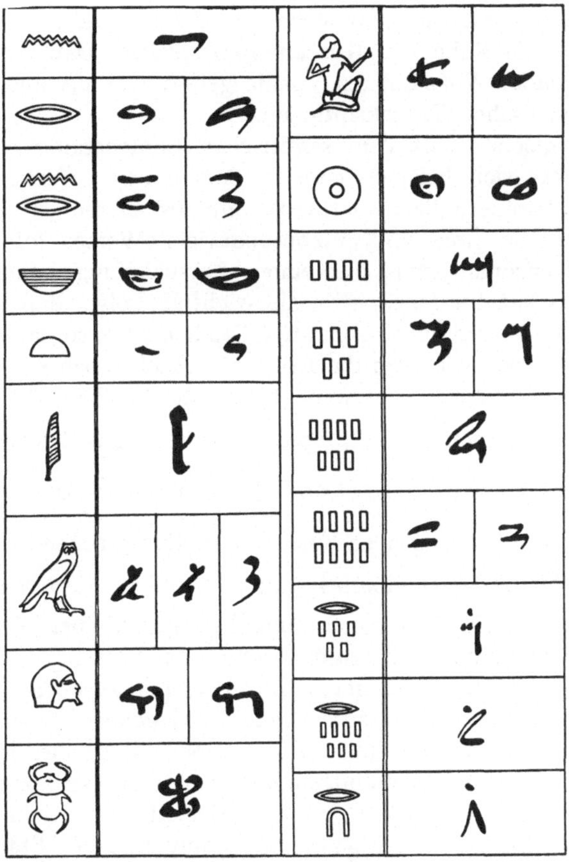

Die linke Spalte enthält die hieroglyphischen Formen, die rechte die hieratischen.
Dabei entspricht die linke hieratische Form meist dem Schriftduktus etwa der V.
und VI. Dyn. (Ende des Alten Reichs), die rechte der Schreibweise des Mittleren
Reichs, ist also im wesentlichen auch die Schrift der mathematischen Texte.

Fig. 24.

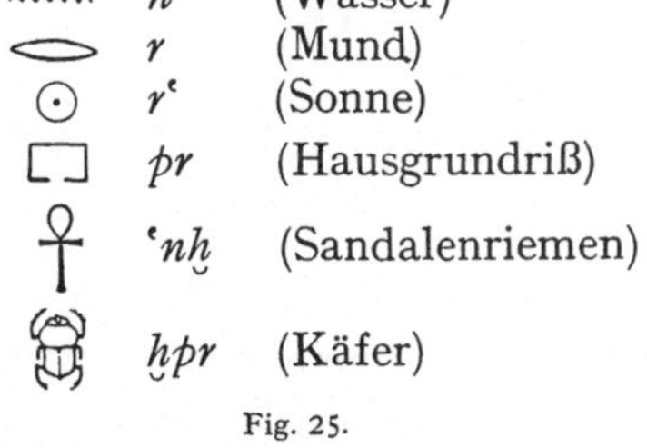

Im folgenden sind einige Zeichen zusammengestellt (vgl. Fig. 25), die zeigen, wie gewisse Gegenstände bildlich dargestellt werden, und es ist angegeben, wie diese Zeichen im Ägyptischen heißen. Dabei ist zu beachten, daß uns aller Vokalismus unbekannt ist; man hilft sich heute, wie schon erwähnt, durch willkürliches Einschalten von Vokalen, meistens von „e". Außerdem liest man die „Halbvokale" ꜣ (Aleph), ʿ (Ain), $i = j$ (Jod), w (Waw) der Einfachheit halber bzw. als *a, a, i* und *u*. In Wirklichkeit sind es jene eigentümlichen Laute, die auch

∿∿∿	*n*	(Wasser)
⬯	*r*	(Mund)
☉	*rʿ*	(Sonne)
⌂	*pr*	(Hausgrundriß)
☥	*ʿnḫ*	(Sandalenriemen)
🪲	*ḫpr*	(Käfer)

Fig. 25.

in den anderen semitischen Sprachen vorkommen und im Schema des Wortaufbaues die Rolle von Konsonanten spielen. Daß sie aber (mit den nachfolgenden Vokalen) als Vokale gehört worden sind, beweisen z. B. die griechischen Transkriptionen.

Das Ägyptische steht dem semitischen Sprachstamm mindestens sehr nahe, was sich beispielsweise in dem starken Vorkommen des Dreikonsonantismus äußert[1]. Daneben gibt es aber auch eine relativ große Anzahl von zwei- und einkonsonantigen Worten (oft ist dieser mangelnde Konsonantismus nur einem Verschleifungsprozeß zu verdanken). Das hat für die Schrift die wichtige Folge, daß eine Reihe von Zeichen zwei- und einkonsonantige Zeichen sind, so daß eine ganze Anzahl von Zeichen geradezu die Rolle von Buchstaben spielen. Diese Zeichen werden nun dazu verwendet, um die Zeichen, die mehrkonsonantig sind, „phonetisch zu komplementieren". Das Zeichen 🪲 heißt an sich schon *ḫpr*, wird aber sehr oft 🪲 geschrieben, d. h. es wird das letzte *r* ⬯ ausdrücklich noch hinzugefügt. Entsprecnend heißt ☥ *'nḫ* und kann in ☥ noch durch *n* und *ḫ* komplementiert werden. Eine weitere wichtige Hilfe bei der Lesung hieroglyphischer Texte bilden die sog. „Determinative", die an den Schluß der Worte gestellt werden. Das sind Zeichen, die durch ihre Bildbedeutung angeben, zu welcher Klasse von Objekten das entsprechende Wort gehört. Solche Klassen sind beispielsweise Männer (also Eigennamen, Berufsbezeichnungen), Frauen, Tiere, Götter, Handlungen mit dem Arm (schlagen, tragen), Begriffe wie klein, schlecht, dann Länder, Städte, Himmelserscheinungen oder Gegenstände aus Holz, Stein usw. Einige Beispiele seien im folgenden angeführt (Fig. 26). Die phonetischen Komplemente sind dabei jeweils in runden Klammern angegeben. Das letzte Zeichen ist immer das Determinativ. Der sitzende Mann mit dem ausgestreckten Arm bezeichnet den Menschen schlechthin; die Sonnenscheibe charakterisiert astronomische Begriffe, die schreitenden Beine den Begriff des Gehens; die „Buchrolle" (Papyrusrolle mit Siegel und Enden der Verschnürung) ist das Kennzeichen allgemeiner abstrakter Begriffe;

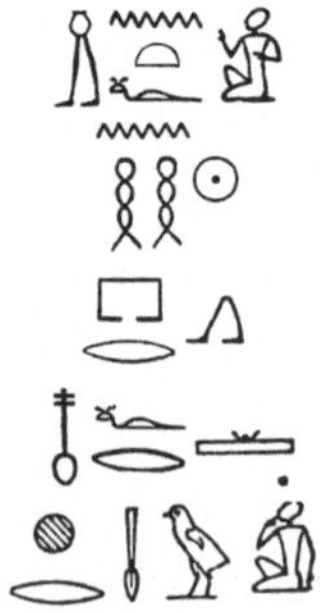

	in(n)tf	Eigenname
	nḥḥ	Ewigkeit
	pr(r)	gehen
	nfr(fr)	gut
	(ḫr)ḫrw(w)	Stimme

Fig. 26.

---

[1] Für Einzelheiten vgl. etwa den Bericht von FR. Graf CALICE: Über semitisch-ägyptische Sprachvergleichung. Zeitschr. D. Morgenl. Ges. NF 10 (1931), 25 ff.

der Mann mit der Hand am Mund steht bei Worten, die eine Tätigkeit des Mundes bezeichnen wie reden, essen usw. Ein wichtiges zusätzliches Determinativ ist das Pluraldeterminativ ⦀, das auch bei Gegenständen gesetzt wird, die eine Menge bezeichnen, wie beispielsweise *ḥḳt* „Bier". Obwohl nicht alle Worte durch solche Determinative gekennzeichnet werden, so sind sie doch sehr häufig und erleichtern durch ihre Eigenschaft, den Wortschluß zu bezeichnen, sehr das Lesen.

Wie schon diese wenigen Beispiele zeigen werden, sind zwar alle einzelnen Zeichen Bilder, aber werden keineswegs, sofern sie nicht Determinative sind, ihrer Sachbedeutung nach benutzt. So kommt beispielsweise das Zeichen des Hausgrundrisses *pr* in dem Wort *prj* „gehen" als erstes Zeichen vor. Es kann aber nun auch der Fall eintreten, daß man das Wort „Haus" (*pr*) schreiben will und dazu die Hieroglyphe des Hausgrundrisses braucht. Um dann anzudeuten, daß mit dieser Hieroglyphe wirklich auch der Gegenstand, den sie darstellt, gemeint ist, obwohl diese Hieroglyphe auch als reines Silben- oder Buchstabenzeichen verwendet werden kann, fügt man dem Zeichen noch einen Strich bei. ☐ bedeutet also: „Hier ist das Zeichen *pr* wirklich das Wort *pr* ‚Haus', determiniert sich somit selbst und ist nicht mit den nachfolgenden Zeichen als bloßes Konsonantengebilde *p-r-* zu verbinden." Analog bedeutet das Zeichen ▽ ohne Strich das Silbenzeichen *nb*, mit dem Strich ▽ *nb* „Korb", d. h. das, was die Hieroglyphe darstellt. Oder aber ⬯ ist das Buchstabenzeichen für *r*, aber ⬯ ist „Mund".

Wir haben damit die Eigentümlichkeiten der ägyptischen Schrift, soweit wir sie später benötigen werden, kurz skizziert[1]. Wie schon gesagt, sind die Abwandlungen dieser Bilderschrift in das kursive Hieratisch nur rein äußerlicher graphischer Natur. Von der Möglichkeit, mit Hilfe der ja schon vorhandenen „Buchstabenzeichen" nun auch die Gesamtheit der ägyptischen Worte durch Buchstaben allein und nicht nur durch phonetisch komplementierte und durch Determinative ergänzte Zeichen zu schreiben, hat man nie Gebrauch gemacht. Nur Fremdworte, d. h. insbesondere fremde Personen- und Orts-

---

[1] Was wir hier auseinandergesetzt haben, betrifft im wesentlichen nur den Endzustand der ägyptischen Schrift, wie er etwa seit dem Alten Reich üblich gewesen ist. Die Entwicklung von einer Bildschrift im engsten Sinn bis zu diesem konventionellen Schriftsystem mit 1-, 2- und 3-Konsonanten-Zeichen, phonetischen Komplementen und Determinativen ist nicht in kurzen Worten zu schildern und jedenfalls für die Fragen, die uns hier beschäftigen, belanglos. Es handelt sich dabei um eine von Zeichen zu Zeichen individuell wechselnde Übertragung einerseits auf Grund von Sinnverwandtschaften, andererseits auf Grund von bloßen Lautanalogien (Rebusprinzip). Wer sich für die Einzelheiten der ägyptischen Zeichenbedeutung interessiert, sei auf ALAN H. GARDINER, Egyptian Grammar, Oxford 1927 (insbesondere die „Sign-list" S. 432 ff.) verwiesen.

namen, hat man durch Buchstabenzeichen allein („syllabisch") umschrieben. Vermutlich haben dann diese Schreibungen den Anstoß zur Erfindung einer wirklichen Buchstabenschrift durch Nichtägypter geführt. So bestätigt sich auch hier die Erfahrung, daß gerade die wesentlichsten Erfindungen nur einer Diskontinuität in der geschichtlichen Entwicklung ihre Entstehung verdanken.

Was wir hier bezüglich der Buchstabenschrift angedeutet und im Rahmen der Keilschrift in § 2 etwas näher verfolgt haben, nämlich die Ausbildung einer konventionellen Symbolik als Mittel des Ausdrucks, das wiederholt sich gewissermaßen nochmals bei einem zweiten fundamentalen Ausdrucksmittel des menschlichen Denkens, den Zahlen. Wir werden im folgenden Kapitel die Entwicklung der Zahlbegriffe und ihrer Ausdrucksweisen zu verfolgen haben und sehen, wie das einzige streng systematische Zahlensystem der Antike, das Sexagesimalsystem der babylonischen Mathematik, allmählich entstanden ist. Wir haben schon zu Anfang dieser Vorlesungen erwähnt, daß es ein Positionssystem ist, daß in der letzten Zeit seiner Existenz sogar ein Nullzeichen für innere ausfallende Stellen eingeführt wurde, parallel zur Entstehung eines Trennzeichens in der gewöhnlichen Schrift. Aber der entscheidende Schritt der Einführung eines ganz allgemein zu verwendenden Nullzeichens ist doch nicht im Rahmen derselben Kultur erfolgt, die das positionelle System als solches schon so weit entwickelt hat, sondern erst in einer ganz neuen Kultur, der indischen. Mir scheint das Gemeinsame aller dieser Vorgänge darin zu liegen, daß im Rahmen einer kontinuierlichen geschichtlichen Entwicklung, die ja auf der dirckten Tradition von Generation zu Generation beruht, das Bewußtsein der Willkürlichkeit und des rein konventionellen symbolischen Charakters aller Ausdrucksmittel gar nicht entsteht, daß alle diese Dinge zu absoluten und gegebenen Formen werden, die aus freien Stücken wesentlich abzuändern das analytische Vermögen der Menschen weit übersteigt. Erst Menschen die selbst einer ganz anderen geschichtlichen Tradition entstammen, sind imstande, die fremden Ausdrucksmittel frei zu gebrauchen und ihre Schranken wie ihre Möglichkeiten zu erkennen.

Literaturverzeichnis zu Kapitel II.

a) Zu Kapitel II als Ganzem.

Eine für einen weiteren Kreis bestimmte und nicht sehr umfangreiche geschichtliche Darstellung der Entwicklung des vorderen Orientes von der ältesten Zeit bis zum Griechischen existiert noch nicht. Dies hat seinen Grund selbstverständlich darin, daß es sich einerseits um ungeheuer komplizierte und mannigfaltige Prozesse handelt, die hier darzustellen wären und die ohne Eingehen auf Einzelheiten kaum verständlich sind. Dazu kommt, daß gerade die letzten Dezennien eine solche Fülle immer neuen und unerwarteten Materials zutage gefördert haben, daß jede Gesamtdarstellung in kürzester Zeit veralten muß. Dies gilt auch mehr oder minder für die sogleich zu nennenden Werke, hauptsächlich soweit es die sumerische Geschichte und die Geschichte der kleinasiatischen Gebiete betrifft.

Es sei nochmals ausdrücklich bemerkt, daß die Absicht dieses Literaturverzeichnisses keineswegs eine vollständige Quellenangabe ist, sondern nur solche Werke zitiert werden sollen, die einem weiter interessierten Leser vielleicht zum ersten Eindringen in dieses Gebiet behilflich sein können.

(II, *1*) MEYER, EDUARD: Geschichte des Altertums, 2. bis 4. Aufl., Bd. 1 u. 2. Stuttgart u. Berlin: Cottasche Buchhandlg 1913 bis 1931.

(II, *2*) The Cambridge Ancient History. Cambridge: University Press 1923 ff. (insbesondere Vol. I und II).

(II, *3*) GLOTZ, G.: Histoire général, Histoire ancienne. Paris: Presses Univ. de France 1925 ff.

(II, *4*) BILABEL, FR.: Geschichte Vorderasiens und Ägyptens vom 16. bis 11. Jahrhundert v. Chr. Heidelberg: Winter 1927. Dazu zur Übersicht über die gegenwärtige Problemlage den Vortrag

(II, *5*) GÖTZE, A.: Das Problem der hurritischen Kultur. Mededeelingen en Verhandelingen van het Voor-aziatisch egyptisch Gezelschap Ex Oriente Lux Nr. 1 (1934), S. 33—43. Dort auch weitere Literaturangaben.

Geschichte Mesopotamiens.

(II, *6*) WOOLLEY, C. L.: The Sumerians. Oxford: Clarendon Press 1928. Deutsch: Vor 5000 Jahren. Stuttgart: Franckhsche Verlgsb. 1929.

(II, *7*) WOOLLEY, C. L.: Ur of the Chaldees. London: Benn 1930. — Die Werke von WOOLLEY enthalten vor allem Berichte über seine äußerst wichtigen neuen Ausgrabungen aus sumerischer Zeit in Ur. In historischen Einzelangaben sind sie nicht immer ganz zuverlässig.

(II, *8*) MEISSNER, B.: Babylonien und Assyrien Bd. 1 u. 2. Heidelberg: Winter 1921—1925. — Äußerst reichhaltige Materialsammlung zur babylonisch-assyrischen Kulturgeschichte.

(II, *9*) KOLDEWEY, R.: Das wiedererstehende Babylon, 4. Aufl. Leipzig: Hinrichs 1924. — Enthält den Bericht über KOLDEWEYS jahrelange Ausgrabung von Babylon, gibt also einen Einblick in das Leben und die Geschichte der wichtigsten Stadt in der mittleren und letzten Geschichte Babyloniens.

Obwohl ein Spezialgebiet betreffend, sei doch besonders hingewiesen auf:

(II, *10*) SAN NICOLÒ, M.: Beiträge zur Rechtsgeschichte im Bereiche der keilschriftlichen Rechtsquellen. Oslo: Aschehoug 1931. — Dieses vorzügliche Werk ist wie wenige geeignet, eine Vorstellung von kulturellen Leistungen Babyloniens zu geben, das oft nur als ein Schauplatz wüsten Aberglaubens und brutaler Kriege geschildert wird.

(II, *11*) Karten von Mesopotamien: Die besten mir bekannten Übersichtskarten finden sich bei MEISSNER (II, *8*). Detailaufnahmen geben die während des Krieges hergestellten Karten 1 : 400 000 der „Kgl. Preußischen Landesaufnahme". Diese reichen nach Süden aber nur bis 32°. Neuere Aufnahmen der Engländer sind mir noch nicht zugänglich gewesen. Die Skizze von Fig. 15 schließt sich in der Hauptsache an die Karten bei MEISSNER (II, *8*) an.

(II, *12*) Für Einzelfragen: EBELING-MEISSNER: Reallexikon der Assyriologie. Berlin-Leipzig: seit 1928 im Erscheinen.

Geschichte Ägyptens.

(II, *13*) BREASTED, J. H., und H. RANKE: Geschichte Ägyptens. Berlin: Curtius 1909.

(II, *14*) ERMAN, A., u. H. RANKE: Ägypten und ägyptisches Leben im Altertum. Tübingen: Mohr 1923. — Dort auch ausführliche weitere Literaturangaben.

(II, *15*) SCHÄFER, H.: Von ägyptischer Kunst, 3. Aufl. Leipzig: Hinrichs 1930.

(II, *16*) ERMAN, A.: Die Literatur der Ägypter. Leipzig: Hinrichs 1923.

(II, *17*) Geschichte der Entzifferung: HARTLEBEN, H.: Champollion, sein Leben und sein Werk, 2 Bde. 1906.

b) Zu § 2.

(II, *18*) Geschichte der Entzifferung: FOSSEY, CH.: Manuel d'Assyriologie Bd. 1. Paris: Leroux 1904.

Zu **b**: (II, *19*) DEIMEL, P. A.: Keilschrift-Paläographie. Rom 1929.

(II, *20*) FOSSEY, CH.: Manuel d'Assyriologie Bd. 2. Paris: Conrad 1926. — Dieses Werk ist ohne assyriologische Kenntnisse nicht zu benutzen. Es zeigt aber auch dem Außenstehenden die Entwicklungsgeschichte der einzelnen Zeichen, die wir oben im Text für einen Einzelfall diskutiert haben (vgl. Fig. 20 und 23).

Zu **c**: (II, *21*) BERGSTRÄSSER, G.: Einführung in die semitischen Sprachen. München 1928.

(II, *22*) MEISSNER, B.: Die Keilschrift, 2. Aufl. Berlin-Leipzig 1922 (Sammlung Göschen).

(II, *23*) FINCK, F. N.: Die Sprachstämme des Erdkreises, 3. Aufl. Leipzig-Berlin: Teubner 1923 (Sammlung Aus Natur und Geisteswelt Nr. 267).

(II, *24*) FINCK, F. N.: Die Haupttypen des Sprachbaus, 2. Aufl. Leipzig-Berlin: Teubner 1923 (Sammlung Aus Natur und Geisteswelt Nr. 268).

c) Zu § 3.

(II, *25*) ERMAN, A.: Die Hieroglyphen. Berlin-Leipzig 1917 (Sammlung Göschen).

(II, *26*) MÖLLER, G.: Hieratische Paläographie, 2 Bde. Leipzig: Hinrichs 1927. — Es gilt eine entsprechende Bemerkung wie zu (II, *20*).

(II, *27*) ERMAN, A.: Ägyptische Grammatik, 4. Aufl. Berlin: Reuther u. Reichard 1928.

Selbstverständlich existieren sowohl für das Sumerische wie für das Akkadische und Ägyptische eine Reihe von Grammatiken, die aber nur dem Spezialstudium dienen. Als Einführungen für Außenstehende sind gedacht die unter (II, *22*) und (II, *25*) zitierten Bücher.

III. Kapitel.

Zahlensysteme.

§ 1. Problemstellung.

Der markanteste Unterschied zwischen ägyptischer und babylonischer Mathematik, der sich bereits bei oberflächlicher Betrachtung zeigt, ist der der Rechentechnik. Es ist also bereits für die äußere Geschichte der vorgriechischen Mathematik von wesentlicher Bedeutung, sich über die Ursache dieser Gegensätzlichkeit der beiden Zahlensysteme Rechenschaft zu geben. Es ist klar, daß die babylonische Mathematik niemals zu einem solchen Niveau gelangt wäre, wie es uns aus den eigentlichen mathematischen Texten bekannt geworden ist, wenn sie nicht über ein positionelles Zahlensystem verfügt hätte. Aber auch abgesehen von diesen Konsequenzen ist es eine grundsätzlich interessante Frage, wieso Kulturen, die von im wesentlichen ganz gleichartigen Anfangsbedingungen ausgehen, bereits in einem der „primitivsten" Ausdrucksmittel, nämlich ihrem Zahlensystem, gänzlich andere Wege eingeschlagen haben.

Die Schwierigkeit, die einer solchen Untersuchung entgegensteht, liegt darin, daß die Entwicklung eines Zahlensystems sich über ungeheuer lange Zeiträume erstreckt und in ihren wesentlichen Teilen bereits längst vor jeder schriftlichen Überlieferung abgeschlossen ist. Man hat also die Aufgabe, aus dem allein schriftlich erhaltenen Endzustand auf die ganze Vorgeschichte zurückzuschließen. Da es sich aber andererseits bei diesen Dingen selbstverständlich nicht um irgendwelche chronologisch festlegbaren Vorgänge handeln kann, sondern nur um Prozesse, die der Entwicklung der mathematischen Ausdrucksweise überhaupt gemeinsam sind, so verfügt man über das Hilfsmittel des Vergleichs mit noch gegenwärtig existierenden sog. „primitiven" Kulturen. Die Sprache der Eingeborenen der malaiischen Inseln, von Zentralafrika und Südamerika liefern eine Fülle von vergleichendem Material, das uns Erscheinungen verstehen lehrt, die auch bei den vorgriechischen Kulturen vorgelegen haben müssen und dort die Basis gebildet haben, auf der die geschichtlich bezeugten Zahlsysteme ruhen.

Selbstverständlich können die folgenden Abschnitte nur in äußeren Umrissen die Erscheinungen schildern, die für das babylonische und ägyptische Zahlsystem wesentlich sind. Es kommt uns nur darauf an, das Gemeinsame und Unterscheidende dieser beiden Systeme zu charakterisieren, nicht aber das Problem der Entstehung von Zahlsystemen überhaupt in seiner vollen Allgemeinheit zu verfolgen. Eine solche Aufgabe würde den hier gegebenen Rahmen weit überschreiten. Es sei aber ausdrücklich darauf hingewiesen, daß hier ein weites Feld interessantester Fragen vorliegt, die naturgemäß hinüberführen in die allgemeine Sprachphilosophie überhaupt. Der Ausbau dieser Fragenrichtung wird einmal das eigentliche Fundament in der Schilderung der frühesten mathematischen Entwicklungsgeschichte zu bilden haben.

Bevor wir uns jetzt dem engeren Fragenkreis der alten Mittelmeerkulturen zuwenden, haben wir noch kurz die Problemlage auf diesem Gebiet zu erörtern.

Wenn wir von Zahlen und Zahlensystemen sprechen, so ist zunächst klar, daß unter „Zahl" immer nur positive Rationalzahl verstanden sein kann. Ein Zahlensystem hätte man als „konsequent" zu bezeichnen, wenn unter Auszeichnung einer gewissen ganzen Zahl $g > 1$, der „Basis" des Systems, jede ganze oder gebrochene Zahl a durch einen Ausdruck der Form

$$a = \sum \alpha_\nu g^\nu$$

dargestellt wird, wobei die Koeffizienten α_ν ganze Zahlen zwischen 0 und $g-1$ sind. Es ist sofort zu bemerken, daß ein solches konsequentes Zahlsystem als schriftliches System nur ein einziges Mal realisiert ist, nämlich in dem von uns gebrauchten dezimalen Positionssystem. Zur sprachlichen Ausdrucksweise von Zahlen werden immer vollständig andere Ausdrucksweisen verwendet als eine derartige formale Entwicklung. Insbesondere zeigt die Sprache, daß zwischen dem Bereich der ganzen Zahlen und dem der Bruchteile ein wesentlicher Unterschied besteht. Wenn etwa die ganzen Zahlen nach einem dezimalen System aufgebaut sind, so sind es die Bruchteile gewiß nicht. In keiner Sprache wird etwa $^1/_5$ anders ausgedrückt als durch Angabe des Nenners 5 und niemals durch einen Ausdruck, der der dezimalen Darstellung $\frac{1}{5} = 0{,}2$ entsprechen würde. Aber auch im Bereich der ganzen Zahlen ist von einer wirklichen Systembildung nicht die Rede. Dies erkennt man beispielsweise daran, daß der sprachliche Ausdruck für große Zahlen gänzlich versagt. Wir werden dafür noch sehr charakteristische Beispiele kennenlernen.

Das übliche Verfahren, das auch ähnlich in den meisten anderen Ziffernsystemen vorliegt, ist besonders deutlich im Ägyptischen erhalten in der Form, daß die einzelnen Stufen des dezimalen Systems der ganzen Zahlen 1, 10, 100, 1000 durch besondere Zeichen

$$\text{I} \quad \cap \quad \text{℮} \quad \text{↓}$$

ausgedrückt werden, ohne daß aber diesen Zeichen an sich anzusehen wäre, daß sie durch sukzessives Verzehnfachen auseinander abzuleiten sind. Wir werden solche Zahlbezeichnungen in Hinkunft als „*Individualzahlzeichen*“ bezeichnen. Es ist bekannt, wie man mit solchen Individualzahlzeichen in rein additiver Weise sonstige Zahlen schreibt (Beispiel: ägyptisch 323 ℮℮℮∩∩III). Die babylonische Ausdrucksweise für Zahlen unter 60 ist ja auch nichts anderes als ein solches additives Schreiben mit Hilfe von Individualzahlzeichen (vgl. Fig. 1 S. 4). Überhaupt ist die babylonische Positionsschreibung ein merkwürdiges Gemisch zwischen systematischer Bezeichnung einerseits und Individualzahlbezeichnung andererseits.

Schon diese wenigen Bemerkungen werden zeigen, welche Fülle von Inkonsequenzen die geschichtlich entwickelten Zahlensysteme zeigen. Unsere Aufgabe wird sein, diese Abweichungen von einer bewußten Systematik genauer zu studieren und auf ihre geschichtlichen Wurzeln zu untersuchen. Für die Entwicklungsgeschichte der vorgriechischen Mathematik sind diese Dinge von grundsätzlicher Bedeutung. Wir werden noch in diesem Kapitel (§ 4) bei der Entstehungsgeschichte des babylonischen Sexagesimalsystems und später bei der Behandlung der ägyptischen Bruchrechnung (Kap. IV § 3) sehen, daß die entscheidenden

Schritte der Entwicklung darauf beruhen, daß von einer Homogeneität in der Reihe der Zahlen und ebenso im Bereich der Brüche keine Rede sein kann. Es ist eine Aufgabe der folgenden Erörterungen zu zeigen, daß dies keine außergewöhnliche, auf das Babylonisch-Ägyptische beschränkte Erscheinung ist, sondern daß im Gegenteil überall der ursprüngliche Zustand der Zahlbildungen noch sehr viel weiter von dem uns heute ganz selbstverständlich erscheinenden homogenen Zahlbegriff entfernt ist, als wir es dann bei den Systemen Ägyptens und Babyloniens im einzelnen besprechen werden. Wir werden dabei von vornherein zwischen dem Bereich der ganzen Zahlen und dem der Brüche unterscheiden können und werden erst am Schluß das Ineinandergreifen dieser beiden Bereiche zu untersuchen haben.

§ 2. Die ganzen Zahlen.

Auch im Bereich der ganzen Zahlen existiert sehr oft nicht das, was wir „Basis" eines Zahlensystems zu nennen gewöhnt sind. Es gibt in zahlreichen primitiven Sprachen vollständig systemlose Zahlbezeichnungen, die beispielsweise dadurch entstehen, daß den Dingen beim Zählen der Reihe nach nicht nur Finger, sondern auch die verschiedensten Körperteile zugeordnet werden, z. B. Handgelenk, Ellbogen usw. Derartige Zählweisen sind folglich vollständig strukturlos und ohne jede Systematik, die ja ein Zählen der sukzessiven Stufen einer Basis voraussetzt.

Auch die Vorstellung, daß der Zahlbegriff notwendig ein Quantitätsbegriff sein muß, ist gar nicht so unmittelbar richtig. Das ist so zu verstehen, daß es primitive Sprachen gibt, in denen nicht Zahlworte schlechthin existieren, sondern die Zahlworte abhängen von der Art der gezählten Objekte. Man bezeichnet diese Zählweisen als ein Zählen mit „Zählklassen". Die Zahlworte hängen dabei sozusagen als Adjektive, die eine Eigenschaft, also eine Qualität, bezeichnen, an dem gezählten Objekt. Diese Sprachen legen also kein Gewicht darauf, das Gemeinsame, das drei lebendigen Objekten mit drei beliebigen anderen Gegenständen zukommt, hervorzuheben und es mit einem abstrakten Zahlwort zu bezeichnen. Es ist für diese Empfindungswelt vollständig nebensächlich, zu konstatieren, daß eine solche abstrakte Eigenschaft sowohl dem einen Objektkreis wie dem anderen zugeordnet werden kann. Was interessiert, ist ausschließlich, daß der eine bestimmte Objekttypus in der Form der Dreiheit vorkommt[1].

---

[1] Die Erklärung aller dieser Erscheinungen liegt natürlich darin, daß es sich in primitiven Kulturkreisen in erster Linie nur um individuell bekannte Mengen handelt, deren Vermehrung oder Verminderung als Hinzukommen oder Fehlen ganz bestimmter Individuen gefaßt wird. Es handelt sich also nicht etwa um ein geringeres „Abstraktionsvermögen", sondern um eine völlig andere Interessenrichtung als bei uns.

Man wird erwarten, daß dadurch eine große Kompliziertheit und Unhandlichkeit der Sprache entsteht. Und in der Tat sind auch die primitiven Sprachen keineswegs einfacher gebaut als die voll entwickelten Kultursprachen. Im Gegenteil ist dort z. B. der Bau des Verbums oft ein ungleich formenreicherer als in den Kultursprachen. Die Ursache dieser Erscheinung liegt darin, daß die Sprache ursprünglich keinerlei Ökonomieprinzip kennt, sondern jede Einzelerscheinung so ausführlich wie möglich zu erfassen bestrebt ist. Der primitiven Sprache genügt nicht eine so allgemeine Bezeichnungsweise wie etwa Präsens und Perfektum. Sie versucht vielmehr auszudrücken, ob die vergangene Handlung eine einmalige oder eine dauernde oder bestehen bleibende gewesen ist, ob sie schlechthin oder mit einer gewissen Intensität, in Richtung auf einen Gegenstand hin oder von ihm weg geschehen ist usw. All diesen Möglichkeiten werden entsprechende Formen zugeordnet. Ebenso genügt nicht die einfache Gegenüberstellung von Singular und Plural. Vielmehr kennt eine Reihe von Sprachen einen eigenen Dual oder Trial oder gar Quaternal — Erscheinungen, die ja auch in die Kultursprachen, z. B. das Griechische, hineinreichen[1].

Die erste Phase in der Entstehung abstrakter Zahlbegriffe liegt wohl in der Abbildung der zu zählenden Mengen auf gewisse konventionelle Symbole, wie z. B. auf Zählgesten, Körperteile, Strichmarken oder Bilder von Gegenständen. Eine wirklich abstrakte Zahlbildung ist selbstverständlich auch dann noch nicht erreicht, ist ja doch das Bezugssystem selbst noch ein bestimmtes anschaulich gegebenes System, so daß auch noch diese Zahlen durchaus „anschauungsgebunden" sind. Aber was erreicht ist, ist doch ein wesentlicher Schritt, nämlich die Abbildung aller gezählten Mengen auf ein bestimmtes Bezugssystem. Trotzdem braucht daraus noch nicht eine systematische Ordnung zu entstehen, wie man etwa an den Körperzahlen sehen kann, die bis zu Zahlen über 30 auf Teile des menschlichen Körpers abzubilden gestatten. Man könnte glauben, daß die relative Beschränktheit derartiger Zahlbildungen notwendig zur Wiederholung und damit zu einer Systembildung führen. Aber auch dies ist nicht immer der Fall. Es gibt Beispiele von einem Zählen mit Körperzahlen, bei dem, wenn die Fixpunkte, die auf einem Mann Platz haben, erschöpft sind, ein zweiter Mann herangezogen werden muß und das Zählen also nicht zum rein formalen Wiederholen wird.

Andererseits gibt natürlich die Abbildung von Mengen auf gewisse kleine Gruppen gewöhnlich den Anlaß zur Systembildung. So vor allem die Abbildung auf die Finger zu den zugehörigen Fünfer- und Zehnersystemen oder noch tiefer die Abbildung auf das Paar mit der daraus resultierenden Bevorzugung des Zweiersystems, das sich sprach-

---

[1] Vgl. z. B. die Entwicklungsgeschichte des Duals im Griechischen: WACKERNAGEL: Vorlesungen über Syntax, 2. Aufl., Bd. 1, S. 80ff.

lich im Dual, rechentechnisch beispielsweise in der ägyptischen Multi-
plikationsmethode ausspricht.

Einen tiefen Einschnitt bildet fast überall, wo diese Systematik
entstanden ist, die Dreiheit, und zwar gewöhnlich in der Form, daß
die Dreiheit zunächst als Symbol der Vielheit überhaupt, d. h. als
Pluralelement schlechthin gilt. Sehr schön zeigt sich dies etwa in der
ägyptischen Schrift, deren Pluralbezeichnung ursprünglich in der Drei-
malsetzung des entsprechenden Bildzeichens besteht. In der späteren
Schrift werden daraus drei Striche (identisch mit dem Zahlzeichen
für 3) als Pluraldeterminativ (s. o. S. 77). Ähnliches läßt sich oft
auch an anderen Stellen beobachten. Beispielsweise zeigt ein sumerischer
Dialekt für die Zahlworte 4, 5, 6 und 7 folgende Formen:

$$3 \text{ vorüber}$$
$$3 \text{ vorüber und } 1$$
$$3 \text{ vorüber und } 1 \text{ und } 1$$
$$3 \; 3 \text{ und } 1 \, ,$$

während das klassische Sumerisch auf eine Fünferbasis hinweist,
z. B. $5 + 1$ oder $5 + 2$ für 6 bzw. 7, und $5 + 4$ für 9.

Analog wie das Wiederholen kleiner Gruppen in der Sprache zu
einer Art von Systembildung führt, so führt auch das Zusammenfassen
von Zeichen zu einer Art von Systematik. Das Bei-
spiel der in Fig. 27 angegebenen altindischen Zahlzeichen zeigt eine Gruppierung der Zahlzeichen bis
9 nach einem Vierersystem, dann aber kommt ein
besonderes Zahlzeichen für 10, so daß also ein gra-
phisches System überkreuzt ist von einem Dezimal-
system.

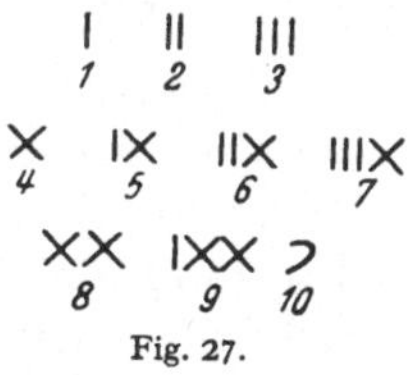

Fig. 27.

Von einem wirklichen System kann erst gesprochen werden, wenn
die einzelnen Gruppenzeichen als solche weitergezählt werden, wie es
etwa im ägyptischen Zahlsystem der Fall ist. Dort werden immer bis
zur nächsthöheren Stufe die entsprechenden Symbole gezählt. Also bis
zu 9 Einermarken I, bis zu 9 Zehnermarken ∩ usw. Aber auch die
ägyptischen Zahlzeichen lassen noch sehr deutlich ihre Herkunft von
anschauungsgebundenen Zahlen erkennen. Reine Marken sind nur die
Einer bis 10. Die Herkunft des Zeichens ∩ für 10 ist noch nicht geklärt[1]. Das Zeichen ℮ für 100 ist das Bild einer Meßleine, bezieht
sich also sicherlich auf ein bestimmtes Längenmaß. Das Zeichen
für 1000 war ursprünglich sicherlich einmal reiner Pluralbegriff, wie
es sich noch deutlich aus den Formeln des Totendienstes ergibt, in

---

[1] Das Zeichen selbst gehört zu den wenigen Hieroglyphen, deren bildliche
Bedeutung noch nicht ganz klar ist. Es wird jetzt meist als eine Fußfessel für
Rinder angesehen.

denen den Toten immer „1000" an Broten, Bier und anderen Nahrungs-
mitteln gewünscht wird, was offenbar nur den Sinn einer unbegrenzten
Menge haben soll. Höhere Zahlzeichen für Zehntausend, Hunderttausend und Million hat es auch gegeben. Es ist besonders interessant,
zu sehen, daß diese höchsten Zahlzeichen allmählich wieder außer Gebrauch kommen, und zwar in absteigender Reihenfolge. Die Million
verschwindet im Neuen Reich, Hunderttausend im Demotischen und
Zehntausend im Koptischen, und zwar in dem Sinne, daß sie allmählich wieder zu unbestimmten Vielheitsbezeichnungen werden und dann
ganz außer Gebrauch kommen[1].

Auch an den Zustand des Zählens mit Zählklassen zeigt das Ägyptische noch gewisse Anklänge. So werden gewisse Hohlmaße („Scheffel")
durch besondere Zahlzeichen bezeichnet. Ein gewisses kleines Hohl-
maß $\left(\dfrac{1}{320}\text{ des Scheffels}\right)$ wird mit der Hieroglyphe ⌒ r „Mund"
bezeichnet. Wir werden dieses Zeichen sogleich noch als Symbol für
Bruchteil schlechthin kennenlernen.

§ 3. Bruchteile.

Für unser heutiges Empfinden sind die verschiedenen Bruchbegriffe
nicht mehr wesentlich voneinander unterschieden; $\dfrac{1}{2}, \dfrac{1}{20}, \dfrac{17}{25}$ erscheinen
uns grundsätzlich gleichwertig, und auch unsere einheitliche Bezeich-
nungsweise durch Zähler und Nenner unterstreicht diesen Sachverhalt.
Daß dies aber keinesfalls immer der Fall gewesen ist, zeigt schon z. B.
der Umstand, daß im Ägyptischen für Brüche wie $^{17}/_{25}$ überhaupt keine
Bezeichnung existiert, für $^{1}/_{20}$ nur eine ohne Kennzeichnung des Zählers 1
und für $^{1}/_{2}$ ein ganz anderes Symbol verwendet wird wie für die anderen
Brüche (s. sogleich unten). Die im Bereich der ganzen Zahlen von uns
bereits konstatierte Unhomogeneität der ursprünglichen Begriffsbildungen erscheint also wieder im Gebiet der Brüche, und es wird daher
unsere nächste Aufgabe sein, diese Dinge etwas näher darzustellen und
dabei zu einer gewissen Klassifizierung zu gelangen.

Die ägyptische Bruchbezeichnung besteht darin, daß den üblichen Zahlzeichen die Hieroglyphe ⌒ r vorangestellt wird. Die Art der Verbindung

---

[1] Diese Rückentwicklung der ägyptischen großen Zahlworte hängt selbstverständlich damit zusammen, daß die Bevölkerungselemente des Landes, die
die Träger der kontinuierlichen ägyptischen Sprache waren, kulturell immer
mehr in den Hintergrund gedrängt wurden. Nach dem Zerfall des Neuen Reiches
wird ja die herrschende kulturelle Oberschicht immer mehr von Nicht-Ägyptern
gebildet (z. B. unter der persischen, dann makedonischen, römischen und schließlich arabischen Herrschaft). Man hat hier ein geschichtlich besonders deutliches
Beispiel dafür, daß die Zahlbegriffe ganz eng mit der kulturellen und wirtschaftlichen Lage einer Bevölkerung verknüpft sind.

mit den Zahlzeichen zeigt Fig. 28. Daß dieses Zeichen auch als konkretes Maß, nämlich $1/_{320}$ des Scheffels verwendet worden ist, haben wir eben erwähnt. Die Entstehung der abstrakten Bruchbezeichnungen aus einer ursprünglich bestimmten Maßbezeichnung ist übrigens keine seltene Erscheinung; wir werden sie bald bei der römischen und auch bei der babylonischen Bruchbezeichnung wiederfinden.

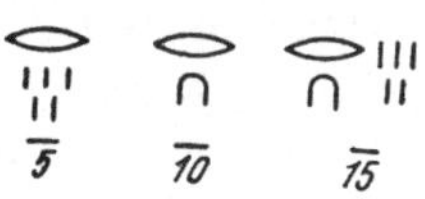

Fig. 28.

Die Bruchbezeichnung durch Hinzufügung von r „Teil" zu Zahlzeichen des Nenners ist für eine gewisse kleine Gruppe von Brüchen zugunsten einer anderen Ausdrucksweise verlassen. Vor allem wird $1/_2$ durch eine besondere Hieroglyphe ⊂═ geschrieben, die $gś$ heißt und soviel wie „Seite", „Hälfte" bedeutet. Ferner ist für $1/_4$ das Zeichen ✕ in Gebrauch, das auch als Determinativ des Zerbrechens verwendet wird. Seine älteste Verwendungsweise ist wieder die in einem konkreten Maßsystem, nämlich bei gewissen Fällen von Flächenmaßen (Aruren). Daneben findet sich auch die Bezeichnungsweise durch ▽. Außer den bisher genannten Brüchen gibt es noch drei Zeichen (Fig. 29), die man als r 1 bzw. r 2 und r 3, d. h. also als $1/_1$, $1/_2$, $1/_3$ lesen würde[1]. Diese Interpretation ist aber vollständig falsch. Vielmehr heißen die beiden ersten Zeichen bzw. $1/_3$ und $2/_3$ und das dritte Zeichen $3/_4$. Das heißt also, daß man unter „ein Teil" $1/_3$ zu verstehen hat, unter „zwei Teilen" $2/_3$ und unter „drei Teilen" $3/_4$. Die Zeichen für $1/_3$ und $3/_4$ sind sehr früh außer Gebrauch gekommen. Dagegen ist das Zeichen für $2/_3$ „zwei Teile" immer in Verwendung gewesen und so das einzige Symbol der ägyptischen Mathematik für einen Bruch geworden, der nicht den Zähler 1 hat. Wir wollen in Hinkunft, wenn wir von „*Stammbrüchen*" reden, immer auch dieses $2/_3$ mit zu den Stammbrüchen zählen. Für $1/_3$ schreibt man später immer ▽, während $3/_4$ als besonderes Zeichen verschwindet und als ⊂═✕, d. h. $1/_2 + 1/_4$ geschrieben wird.

Fig. 29.

Auch in der keilschriftlichen Literatur gibt es besondere Zeichen für die Brüche $1/_2$, $1/_3$ und $2/_3$[2]. Sie sind, wie die alten Zeichenformen (obere Reihe der Figur) mit ihren Gefäßen zeigen, ersichtlich aus Maßbezeichnungen entstanden (vgl. Fig. 30). Daneben existiert die für alle übrigen Nenner n verwendbare Bezeichnungsweise igi n gál auch für $1/_2$ und $1/_3$ in der Form igi 2 gál bzw. igi 3 gál. Auf $2/_3$ ist diese Bezeichnungsweise selbstverständlich nicht ausdehnbar.

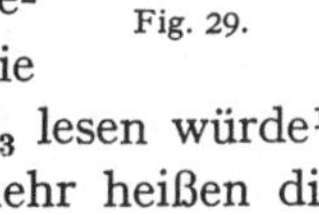

Fig. 30.

Schon diese wenigen Tatsachen zeigen, daß auch im Bereich der Brüche von einer einheitlichen und konsequenten Bezeichnungsweise

---

[1] Das erste ist aus dem Hieratischen rekonstruiert, beim zweiten und dritten ist die obere Form älter, die untere neuer.

[2] Bezüglich eines Bruches $5/_6$ s. unten S. 95 und S. 99, Anm. 1.

nicht gesprochen werden kann. Am drastischsten ist die ägyptische
Bezeichnung für $^2/_3$ durch $r\,2$, was in Analogie zur übrigen Bruchbezeichnung nur $^1/_2$ heißen könnte. Wir haben es hier mit einer Bezeichnungsweise zu tun, die zeigt, daß die Vorstellung, die zu ihr geführt hat, ganz verschieden sein muß von der, die zu der allgemeinen
Bruchbezeichnung Anlaß gegeben hat. Um dies auch äußerlich zum
Ausdruck zu bringen, wollen wir die Bruchbezeichnungen in zwei Kategorien teilen. Eine kleine Gruppe von ihnen nennen wir nämlich „*Individualbezeichnungen*" und unterscheiden sie von den „*algorithmischen
Bezeichnungen*", d. h. jenen Brüchen, die in rein schematischer Weise den
Nenner durch das entsprechende Zahlzeichen oder das Zahlwort charakterisieren. Im Ägyptischen sind also die algorithmischen Bezeichnungen
diejenigen, die wir durch $r\,n$ (n irgendeine ganze Zahl), d. h. $\bar{n} = 1 : n$
bezeichnen. Individualbezeichnungen sind dagegen die Zeichen $\longleftarrow$
$\times$ für $^1/_2$ und $^1/_4$ und das Zeichen für $^3/_4$ von Fig. 29. Im Babylonischen
sind die algorithmischen Bezeichnungen diejenigen mit igi n gál bzw.
die Umschreibungen durch Sexagesimalbrüche. Dagegen haben wir
Individualbezeichnungen vor uns in den eben genannten besonderen
Zeichen von Fig. 30 für $^1/_2$, $^1/_3$ und $^2/_3$.

Eine besondere Rolle im sprachlichen wie im schriftlichen Ausdruck spielen die „*Komplementbrüche*", d. h. die Brüche der Form $\dfrac{n-1}{n} = 1 - \dfrac{1}{n}$.
Ein solcher Komplementbruch ist z. B. der Bruch $^2/_3$. Wir werden
sogleich sehen, daß im Bereich der kleineren Brüche diese Komplementbrüche ganz die Rolle der Stammbrüche spielen, d. h. selbständige Begriffe bilden. Dies ist auch die Ursache dafür, daß gerade der Bruch $^2/_3$
immer gleichberechtigt mit den anderen Stammbrüchen auftritt, obwohl dies scheinbar eine Verletzung des Prinzips bedeutet, daß nur
Stammbrüche in der ägyptischen Bruchrechnung auftreten. Der wirkliche Sachverhalt ist eben nicht ein so formaler, wie wir ihn durch
die Definition von Stammbruch als „Bruch mit dem Zähler 1" beschreiben; vielmehr liegen die Dinge so, daß ein gewisser Bereich von
Bruchteilen naturgemäß zuerst auftritt und gebraucht wird. Es sind
dies vor allem diejenigen Brüche, denen auch Individualbezeichnungen
zugeordnet werden. Zu diesem Bereich gehören mit den Stammbrüchen
auch immer ihre Komplementbrüche, deren Rolle es ist, von der vollen
Einheit um den entsprechenden Stammbruch-Bruchteil entfernt zu sein.
Diesen Bereich wollen wir den der „*natürlichen Brüche*" nennen. Ihre
Bedeutung liegt darin, daß sie vollständig selbständige und individuelle Zahlbegriffe sind, die nicht als sekundäre Bildung von den entsprechenden ganzen Zahlen abgeleitet werden. Im Gegensatz dazu entwickelt sich der Begriff der übrigen Brüche erst bei der Ausbildung
eines wirklichen Rechnens; wir bezeichnen ihn als den Bereich der
„*algorithmischen Brüche*". Diese algorithmischen Brüche sind sowohl

im schriftlichen wie sprachlichen Ausdruck direkt von den entsprechenden ganzen Zahlen abgeleitet. Wir werden noch ausführlich sehen, daß diese Unterscheidung von „natürlich" und „algorithmisch" die Grundlage bildet für das Verständnis der wesentlichsten Erscheinungen innerhalb der uns hier beschäftigenden mathematischen Entwicklung.

Wir wollen uns hier aber zuerst einer Übersicht zuwenden, die diese Begriffsbildung in Einzelfällen erörtert. Wir beginnen die Diskussion der untenstehenden Tabelle (Fig. 31, S. 90) in der rechten Spalte. Immer sind Individualbezeichnungen durch eine doppelte Berandung des betreffenden Faches angezeichnet, dagegen sind die Komplementbruchbezeichnungen durch eine Punktierung gekennzeichnet. Wie in allen Sprachen ist das lateinische Wort *semis* für halbieren eine typische Individualbezeichnung, die nicht mit dem Wort „zwei" verknüpft ist.

Dasselbe gilt für alle anderen Wortbezeichnungen von $\frac{1}{2}$ in der ersten Reihe. Auch die Symbole sind nicht mit den üblichen Zahlzeichen für zwei verknüpft, abgesehen vom keilschriftlichen Bereich, wo zwar e i n e Individualbezeichnung existiert, dagegen die Bezeichnung der zweiten Zeile igi 2 gál vollständig an den Zahlbegriff 2 anknüpft („das Reziproke von 2"), also etwas darstellt, was sonst keine Sprache kennt. Und entsprechend ist auch die Schreibweise durch 30, d. h. 0;30 nur aus dem allgemeinen algorithmischen Schema der Sexagesimalbrüche abgeleitet. So ist in unserer ganzen Übersicht die babylonische Ausdrucksweise mit igi . . . gál bzw. mit Sexagesimalbrüchen die einzige, bei der eine systematische, algorithmische Ausdrucksweise ausnahmslos für alle Brüche existiert. Es ist darum gerade wichtig, auch die sprachlichen und sonstigen Ausdrucksformen sorgfältig zu beachten, denn sie zeigen uns, daß neben der systematischen Bezeichnungsweise noch eine andere existiert hat, die ebenso aufgebaut war wie die in den anderen Sprachen sonst allein vorhandene.

Gehen wir nun in unserer Übersicht zum Bruch $\frac{1}{3}$ über, so erscheinen die Bezeichnungen des Lateinischen, Griechischen und die eine Ausdrucksweise r 3 des Ägyptischen als algorithmisch; dagegen ist die alte Schreibweise mit r 1 eine charakteristische Individualzahlbezeichnung, von der wir schon oben gesprochen haben. Man versteht sie sofort, wenn man die darunterstehende Bezeichnung für $\frac{2}{3}$ („2 Teile") beachtet. Diese Ausdrucksweise mit „2 Teile" ist nicht auf das Ägyptische beschränkt, sondern existiert ebenso im Lateinischen, Griechischen (sowohl in der Sprache wie im Zahlzeichen) und auch im Akkadischen, wo *šittâ qâtâ* (wörtlich „die beiden Hände") offenbar eine analoge Bildung ist. Dagegen ist die akkadische Bezeichnung *šinipu* wohl nur ein Akkadismus der sumerischen Bezeichnung šanabi, deren Herkunft noch ungeklärt ist. Ähnliches gilt für die akkadische Bezeichnung

90   Kap. III. Zahlensysteme.

für $\frac{1}{3}$; *šalšâtu* ist eine vom Zahlwort drei hergenommene Ordinalzahlbildung, während *šuššân* von der sumerischen Bezeichnung *šušan* abgeleitet sein dürfte, von der auch nicht klar ist, woher sie kommt.

	Sumerisch	*Akkadisch*	*Ägyptisch*	*Griechisch*	*Lateinisch*
$\frac{1}{2}$	*šuria*	*mišlum*	*gś*	∠ *ἥμυσι*	*semis*
$\frac{1}{3}$	*šušan*	*šuššân* / *šalšâtu*		*γ′* τὸ τρίτον (μέρος)	*triens*
$\frac{2}{3}$	*šanabi*	*šinipu* / *šittâ qâtâ*	*š3-wj*	*β′* τὰ δύο μέρη	*bes* (=binae partes)
$\frac{1}{4}$		*ribâtum*	×	*δ′* τὸ τέταρτον μέρος	quarta pars / quadrans
$\frac{3}{4}$		*šalâštu ribâtum* / *šalâšta qâtâ*	×	*∠δ′* τὰ τρία μέρη	tres partes / dodrans (=de quadrans)
$\frac{1}{5}$		*ḫaššatum*		*ε′* τὸ πέμπτον μέρος	quinta pars
$\frac{4}{5}$		*erbettu ḫaššâtu*		*β′ίλ′* τὰ τέσσερα μέρη	quattuor quintae partes
$\frac{1}{6}$		*šeššêtum*		*ς′* τὸ ἕκτον μέρος	sexta pars / sextans
$\frac{5}{6}$	*kingusila*	*parasrab*		*∠γ′*	semis et triens / dextrans (=de sextans) / decunx (=decem unciae)
$\frac{1}{12}$				*ιβ′*	uncia
$\frac{11}{12}$				*∠γιβ′*	deunx (=de uncia)

Fig. 31.

Vermutlich handelt es sich hier ebenfalls um Individualzahlbezeichnungen.

Bei dem Bruch $\frac{1}{4}$ zeigt sich wieder die doppelte Ausdrucksmöglichkeit durch Individualzeichen oder algorithmische Bezeichnung im Ägyptischen. Alle übrigen in dieser Reihe angegebenen Ausdrücke sind algorithmisch.

Die Bezeichnungen für $\frac{3}{4}$ im Ägyptischen zerfallen wieder in zwei Gruppen, die alte Komplementbruchbezeichnung als „3 Teile" und die übliche Bezeichnungsweise als „$\frac{1}{2} + \frac{1}{4}$", die ebenso in den griechischen Zahlzeichen vorkommt. Die griechische Ausdrucksweise $\tau\grave{\alpha}\ \tau\varrho\acute{\iota}\alpha\ \mu\acute{\varepsilon}\varrho\eta$, d. h. „die drei Teile", entspricht also genau der lateinischen Bezeichnungsweise „*tres partes*" und ist wieder eine charakteristische Komplementbruchbezeichnung ebenso wie die akkadische Bezeichnung *šalâštâ qâtâ*, wörtlich „die drei Hände" $\left(\text{vgl. die akkadische Bezeichnung für } \frac{2}{3}\right)$. Eine andere Art der Komplementbruchbezeichnung ist das lateinische *dodrans*, das aus *de quadrans* „ohne Viertel" entstanden ist. Schließlich ist die akkadische Bezeichnung *šalâštu ribâtum* eine unserer Bezeichnungsweise ganz analoge, nämlich „drei Viertel".

Sämtliche angegebenen Bezeichnungen für $\frac{1}{5}$ und $\frac{1}{6}$ sind algorithmisch. Bei $\frac{4}{5}$ ist die akkadische Wortbezeichnung wieder der unseren analog, ebenso die römische. Dagegen ist die griechische eine Komplementbruchbezeichnung. Ein ganz neuer Typus erscheint in ägyptischen und griechischen Zahlbezeichnungen. In beiden Fällen wird nämlich $\frac{4}{5}$ aufgelöst in $\frac{2}{3} + \frac{1}{10} + \frac{1}{30}$. Hier setzt aber bereits ein rein mathematisches Umrechnungsverfahren ein, das wir im Ägyptischen noch genauer diskutieren werden. Man erhält diesen Ausdruck dadurch, daß man einer festen Regel folgend $\frac{2}{5}$ als $\frac{1}{3} + \frac{1}{15}$ schreibt und daraus durch Verdoppeln $\left(\text{wieder nach einer festen Regel für die Umrechnung von } \frac{2}{15}\right)$ erhält $\frac{2}{3} + \left(\frac{1}{10} + \frac{1}{30}\right)$.

Eine entsprechende Zerlegung finden wir wieder bei $\frac{5}{6}$, nämlich $\frac{1}{2} + \frac{1}{3}$ (ägyptisch, griechisch und erste lateinische Bezeichnung). Im Sumerischen erscheint hier plötzlich wieder eine besondere Bezeichnung, nämlich kingusila, die vielleicht mit einer metrologischen Bezeichnungsweise zu tun hat (das sila ist ein Maß). Die akkadische Bezeichnungsweise ist eine Komplementbruchbezeichnung (wörtlich „der große Teil").

Das akkadische Zahlzeichen für $\frac{5}{6}$ hat offenbar äußere Ähnlichkeiten mit dem entsprechenden Zeichen für $\frac{1}{3}$ und $\frac{2}{3}$. Man kennt aber noch nicht die alten Zeichenformen, aus der es entstanden sein kann. Wir werden gerade auf diesen Punkt noch zurückkommen. Im Lateinischen ist *dextrans* wieder eine Komplementbruchbezeichnung, die dem *dodrans* bei $\frac{3}{4}$ analog ist. Eine ganz neue Bezeichnungsweise zeigt aber das Lateinische dadurch, daß es für $\frac{5}{6}$ auch *decunx* kennt. Dies heißt soviel wie 10 Unzen. Wie auch die nachfolgende Zeile zeigt, ist also die Maß- oder besser Geldgröße *uncia* als $\frac{1}{12}$ des *As* zu einer Bruchbezeichnung schlechthin geworden. Dies ist wieder ein Beispiel für den Übergang von konkreten Maßbezeichnungen zu allgemeinen Bruchbezeichnungen. Durch diese Unzenteilung erscheint im Lateinischen nochmals die Komplementbruchbezeichnung deunx für $\frac{11}{12}$, d. h. für einen Bruch der im Ägyptischen und Griechischen zerlegt wird in $\frac{1}{2} + \frac{1}{3} + \frac{1}{12}$. Nur im Sexagesimalsystem läßt er sich zufällig durch ein Symbol, nämlich durch 0;55 ausdrücken.

Das Ergebnis unserer Betrachtungen ist also, daß wir sehen, wie mannigfaltig die Ausdrucksmöglichkeiten im Bereich der kleineren Bruchzahlen sowohl hinsichtlich Schrift wie Sprache sind. Auch hier zeigt sich wieder sehr deutlich der Unterschied zwischen Ägypten und Babylonien. Obwohl in beiden Gebieten Individualzahlbezeichnungen existiert haben, ist nur in Babylonien die Systematik so kräftig ge- wesen, daß sich die einheitliche Bezeichnungsweise der algorithmischen Brüche über alle Bruchteile überhaupt ausgedehnt hat. Im babyloni- schen Zahlsystem ist so, wenigstens am Schluß der Entwicklung, in vollem Umfang erreicht, was uns heute vom Standpunkt unserer jetzigen Rechenweise aus als selbstverständlich erscheint.

Bevor wir die Konsequenzen der jetzt besprochenen Erscheinungen in das Mathematische hinein verfolgen, sei noch anhangsweise auf eine prinzipiell sehr wichtige Bemerkung, die man K. SETHE verdankt, hin- gewiesen. SETHE hat vor allem an Hand des ägyptischen Materials in allen Einzelheiten die Dinge untersucht, die wir eben kurz dar- gestellt haben. Er hat dabei vor allem zuerst auf die eigentümliche Art der Komplementbruchbezeichnungen hingewiesen, wie sie etwa in der Bezeichnung „die beiden Teile" für $^2/_3$ vorliegt. Eine solche Be- zeichnungsweise hat erst Sinn, wenn man schon weiß, in wie viele Teile die Einheit zerlegt worden ist. Ebenso verlangt die Bezeichnung der Stammbrüche durch Ordinalzahlen („der dritte Teil" für $^1/_3$), daß man schon weiß, daß die Einheit überhaupt in drei Teile geteilt worden ist. — „Der dritte Teil" könnte ja sonst auch der „dritte" in irgendeiner Reihe von Bruchteilen sein, also z. B. $^3/_{25}$. Sowohl Stammbruchbezeich- nung wie Komplementbruchbezeichnung haben also nur Sinn, wenn man die Teilung der Einheit in eine bestimmte Anzahl schon voraus- setzt. Dann aber zeigt das sprachliche Bild sehr deutlich folgendes: Der Komplementbruch bedeutet soviel wie die $n - 1$ Teile der in n Teile zerlegten Einheit, während der Stammbruch der letzte, nämlich n-te Teil ist, der diese $n-1$ kleinen Einheiten zur ursprünglichen großen Einheit voll macht. Die Ordinalzahl, mit der die Stammbrüche bezeichnet werden, setzt also die Existenz der **Anzahl** der kleinen Einheiten bereits voraus, ist also eine sekundäre Bildung gegenüber der Kardinalzahl.

Diese Dinge hat SETHE im einzelnen verfolgt; so hat er beispielsweise darauf hingewiesen, daß im Ägyptischen „durch 8 teilen" ausgedrückt wird durch „zu einer Achtheit machen" oder „in eine Achtheit teilen". Hier ist also der Teilungsbegriff ganz deutlich gefaßt als die Erzeugung einer gewissen Anzahl. Und ebenso bestätigt sich, daß die Ordinalzahl ein sekundärer Begriff ist, der den Abschluß einer Teilungsbildung andeutet. Sowohl im Ägyptischen wie im Sanskrit gibt es Ordinalzahlbezeichnungen, deren Wortbedeutung ist „vollmachend", also genau in dem Sinn, wie wir die Stammbrüche als die Ergänzung des sog. Komplementbruches verstehen gelernt haben.

Auf diese Dinge hinzuweisen ist vielleicht deshalb nicht unwichtig, weil von philosophischer Seite die Priorität des Ordnungszahlbegriffes vor dem der Kardinalzahl postuliert worden ist. Die eben erwähnten Erscheinungen zeigen aber, daß sich historische Prozesse nicht auf eine so einfache Formel bringen lassen. Der tatsächliche Sachverhalt ist eben ein sehr viel komplexerer. Schon die Zahlenreihe an sich ist kein geschlossenes einheitliches Ganzes, sondern allmählich aufgebaut, und im Rahmen dieses Prozesses erweist sich die Ordinalzahlbildung als beruhend auf der Kardinalzahlbildung und nicht umgekehrt. Die tatsächlichen geschichtlichen Entwicklungen erweisen sich immer wieder als sehr viel reicher, als die rein theoretischen Konstruktionen vorauszusehen imstande sind, so daß geschichtliche Aussagen nur dann Bedeutung haben können, wenn sie sich auf ein wirklich reiches Tatsachenmaterial stützen können.

§ 4. Das Sexagesimalsystem.

Wir haben unsere Betrachtungen damit begonnen, an Hand der Tabellentexte die babylonische Rechentechnik auseinanderzusetzen. Wir haben gesehen, wie sie beruht auf dem positionellen Charakter des sexagesimalen Zahlensystems und sich so in praktischer Hinsicht, abgesehen von dem Wert der Basis, von unserem dezimalen Rechnen nicht wesentlich unterscheidet. Wir müssen uns jetzt einer anderen Fragestellung zuwenden, die nichts mehr mit den **Anwendungen** des fertigen Systems innerhalb der mathematischen Texte zu tun hat. Wir wollen versuchen, diejenigen Prozesse zu analysieren, die den **Anlaß** zur Ausbildung eines derartigen Zahlensystems gebildet haben, und wir werden uns dabei naturgemäß mit Dingen zu beschäftigen haben, die selbst nicht mehr dem mathematischen Bereich angehören. Bereits innerhalb der mathematischen Texte, nämlich bei den Reziprokentabellen, haben wir zeigen können, daß das einheitliche positionelle System auf einer Entwicklungsstufe ruht, in der noch absolute Bruchbezeichnungen existiert haben, nämlich besondere Bezeichnungen für $\frac{2}{3}$ und $\frac{1}{2}$. Für die mathematische Entwicklung ist es von ungeheurer Bedeutung, daß man sich von der Scheidung zwischen solchen Individualbruchbezeichnungen und algorithmisch-systematischen frei machen konnte und alle Rationalzahlen, soweit sie sich durch endliche Sexagesimalbruchausdrücke darstellen lassen, auch wirklich mit solchen Sexagesimalzahlen schrieb. Für unsere jetzige Betrachtungsweise treten aber die mathematischen Texte in den Hintergrund. Wir müssen alle Erscheinungsweisen des babylonischen Zahlensystems betrachten und werden also zunächst eine Reihe von Dingen nachzutragen haben, die nicht mehr in den Bereich der Tabellentexte oder gar der eigentlich mathematischen Texte hineinreichen. Erst wenn wir diesen weiteren Bereich von Tatsachen etwas genauer übersehen, können wir versuchen, aus ihnen die geschichtliche Entwicklung zu rekonstruieren, deren Endprodukt das positionelle Zahlensystem der mathematischen Texte bildet.

Die These, die sich aus diesen Betrachtungen ergeben wird, ist die, daß der positionelle Charakter des Sexagesimalsystems (es muß immer wieder betont werden, daß dies der wesentlichste Punkt ist) aus den Beziehungen zwischen Entstehung des Zahlensystems und der Ausgestaltung der Maßsysteme herstammt (woraus sich gleichzeitig auch eine plausible Erklärung der Basis 60 wird gewinnen lassen). Wir werden also einen ziemlich großen Kreis von Erscheinungen durchmessen und uns nicht nur auf die eigentlichen Zahlbegriffe beschränken, sondern auch auf einige Punkte in der eigentümlichen Geschichte der Maßbezeichnungen eingehen. Schließlich werden wir in Abschnitt c (insbesondere S. 108) eine kurze Zusammenfassung geben.

a) Tatsachenmaterial, Problemstellung.

Die jüngste Phase der mathematisch-astronomischen Entwicklung in Babylonien ist die der neubabylonischen und seleukidischen Zeit, die uns hauptsächlich durch Texte aus Uruk bekannt ist. In diese Zeit fällt unter anderem die große Reziprokentabelle, die wir oben Kap. I § 1 c näher besprochen haben. Ihr Zahlensystem ist selbstverständlich das sexagesimale, übrigens unter Verwendung des besonderen inneren Nullzeichens. Wir kennen aber auch einen eigentlich mathematischen Text aus dieser Zeit, und dieser gibt mehrmals im Endergebnis der Rechnungen neben dem sexagesimalen Wert noch eine dezimale Umschreibung, z. B. für 1,48 1 *me* 8, d. h. soviel wie „1 Hundert 8" (wobei übrigens das Zahlwort *me* „Hundert" ursprünglich eine sumerische Pluralbezeichnung war). Wir haben es hier also mit einer Zahlbezeichnung zu tun, die einen dezimalen Charakter mit absoluter Bezeichnung der Stufen trägt. Diese Zahlbezeichnung, die für Hundert und Tausend besondere Zahlworte, nämlich *meu* und *lîmu*, verwendet, die Zahlen zwischen 60 und 100 aber sexagesimal-positionell schreibt, also beispielsweise 2 *me* 1,10 für 270, ist das Zahlensystem, das außerhalb der mathematischen Texte bis zum Anfang des zweiten Jahrtausends üblich war (so verwenden es z. B. auch die hetitischen Texte, die etwa der Periode von 1800 bis 1200 angehören, und entsprechend auch die assyrischen Texte bis hinein ins Altassyrische).

Wir haben hier also ein sehr merkwürdiges Zahlensystem vor uns: Individualzahlzeichen für Einer und Zehner für alle Zahlen bis 60, für die Zahlen über 60 bis 100 eine Positionsbezeichnung sexagesimaler Basis, dann wieder ein dezimales Zahlensystem, aber mit ausgeschriebenen Zahlworten für die Stufen Hundert und Tausend unter Voranstellung der Vielfachheit dieser Stufen in den üblichen Zahlzeichen. Man sieht also, daß in diesem nichtmathematischen Zahlensystem der dezimale Charakter vollständig überwiegt, aber auch die sexagesimale Struktur nicht ganz zurückgedrängt wird, ähnlich wie andererseits auch beim vollen Sexagesimalsystem für die Zahlen unter 60 der dezimale Einschnitt bei 10 nie verleugnet worden ist.

Gehen wir mit unseren Betrachtungen in die altbabylonische Zeit zurück, so finden wir nicht mehr das Nullzeichen und finden auch in den mathematischen Texten niemals mehr eine dezimale Umschreibung. Wohl aber sind in mathematischen Texten neben der sexagesimalen Ausdrucksweise oft auch Individualbezeichnungen für die Brüche $\frac{1}{2}, \frac{1}{3}, \frac{2}{3}$ und $\frac{5}{6}$ anzutreffen $\left(\frac{5}{6}\right.$ allerdings sehr selten).

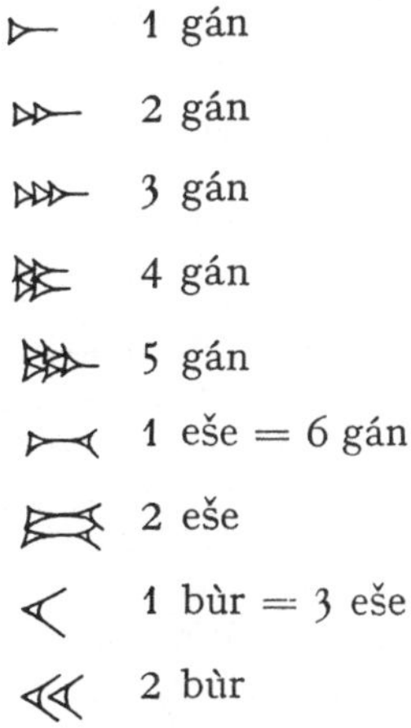

Wir müssen uns aber jetzt noch einer anderen Erscheinung zuwenden, die auch manchmal die mathematischen Texte selbst betrifft, nämlich der Tatsache, daß gewisse Maße mit besonderen Zahlzeichen geschrieben werden. Es sind dies vor allem die Flächenmaße (gán oder *ikû*, d. h. soviel wie „Feld"), die bis zu 5 gán mit liegenden Zahlzeichen geschrieben werden (vgl. Fig. 32); 6 gán bilden ein neues Maß, nämlich 1 eše, dem wieder ein besonderes

1 gán

2 gán

3 gán

4 gán

5 gán

1 eše = 6 gán

2 eše

1 bùr = 3 eše

2 bùr

Fig. 32.

Zahlzeichen (liegende 1 und Winkelhaken) zugeordnet wird. 12 gán oder 2 eše schreibt man, wie in Fig. 32 angegeben, durch Zweimalsetzen des Zeichens für 1 eše. Schließlich bilden 18 gán oder 3 eše wieder eine neue Einheit, nämlich 1 bùr. Diese Einheit schreibt man mit dem gewöhnlichen Zahlzeichen für 10, nämlich dem Winkelhaken, so daß also das Zahlzeichen 10, wenn es für Flächenmaße gebraucht werden soll, nicht als 10 gelesen werden darf, sondern den Wert von 1 bùr = 3 eše = 18 gán hat. Auf diese höchst eigentümliche Erscheinung müssen wir noch zurückkommen.

Das bisher Besprochene gehört alles noch einem Zeitintervall an, aus dem uns bereits mathematische Texte erhalten sind. Wir müssen uns jetzt einer Periode zuwenden, die, soweit wir jetzt sehen, vor der Entstehung einer mathematischen Literatur liegt. Wir gehen also zunächst etwa in die Zeit der letzten Blüte der sumerischen Kultur zurück und werden uns schließlich den allerältesten uns zugänglichen Textgattungen zuzuwenden haben.

Wir haben schon gelegentlich der Behandlung der Schriftgeschichte gesehen, wie auch die keilschriftlichen Zahlzeichen erst aus einer älteren breiteren Zeichenform entstanden sind. Die Zeichen 1 und 10 haben wir schon besprochen (vgl. S. 51 f.), ebenso die Zeichen für $\frac{1}{2}$, $\frac{1}{3}$ und $\frac{2}{3}$, die ja wohl auf ursprüngliche Maßbezeichnungen hinweisen. Dies zeigt vor allem die Zeichenform für $\frac{1}{2}$, die gleichzeitig auch als Zeichen eines gewissen Hohlmaßes 1 ban (so auch noch in späteren Texten) vorkommt (vgl. Fig. 30 S. 87).

Das Charakteristikum des „Sexagesimalsystems" der mathematischen Texte ist die Verwendung des Zahlzeichens 1 auch für 60. In jener älteren Phase, die wir jetzt besprechen, ist aber die Sachlage doch noch eine grundsätzlich andere insofern, als zwar 60 mit einem Zahlzeichen für 1 geschrieben wird, aber mit einem gegen die gewöhnlichen Einheiten deutlich vergrößerten Zahlzeichen. Die Zahlbezeichnung ist also hier keine positionelle mehr: 60 wird sozusagen als „große 1" vor der gewöhnlichen Einheit ausgezeichnet, so daß sich also die Unbestimmtheit des sexagesimalen Positionssystems als eine nachträgliche Identifizierung ursprünglich verschiedener Zeichen herausstellt (vgl. Fig. 33). In dieser Periode ist demnach eines der wichtigsten Merkmale des späteren Systems, nämlich die unbestimmte Position, noch nicht vorhanden. Das Zahlensystem hat vielmehr einen dem ägyptischen analogen Typus, nämlich Individualzahlzeichen für 1 und 10 und für die nächste Stufe. Der Unterschied gegen das Ägyptische besteht nur darin, daß einerseits diese nächste Stufe im Ägyptischen 100, im Babylonischen 60 ist und daß andererseits diese Stufe nicht wirklich an die vorangehenden Zeichen angeschlossen ist, sondern sozusagen ein Anfangen des Zählens von vorne, nur mit einer vergrößerten Einheit, ausdrückt. Dies zeigt sich noch besonders deutlich an dem nächsten Einschnitt, der durch eine Kombination der Zeichen „große Einheit" und „10" gegeben ist, also 10 große Einheiten, d. h. 600 bedeutet (vgl. Fig. 33). Im späteren positionellen System ist 600 von 10 nicht unterscheidbar, während wir es hier mit einer absoluten Zahlbezeichnung zu tun haben. Die nächste und ursprünglich letzte Stufe dieses alten Systems bildet ein Zeichen, das durch einen großen kreisförmigen Eindruck hervorgebracht worden ist und das šár heißt und soviel wie 3600 bedeutet. Sowohl aus der Wortbedeutung wie aus dem keilschriftlichen Äquivalent (vgl. Fig. 33) folgt, daß es sich nicht etwa um ein vergrößertes Zehnerzeichen handelt, sondern um die Zeichnung eines Kreises. Es ist dies eine jener Zahlbezeichnungen, die ursprünglich eine unbegrenzte Vielheit als solche und keinen präzisen Zahlbegriff bedeutet. „Kreis" ist hier soviel wie „Weltkreis", „All" und entspricht vorstellungsmäßig der ägyptischen Hieroglyphe 𓁨 für 10000, die den Gott *Ḥḥ* darstellt, der den Himmelsraum unter der Erde tragen sollte und dessen Name *Ḥḥ* soviel wie „Unendlichkeit" bedeutet[1]. Wie auch sonst ist aber diese einstmals letzte Stufe von 60 Sechzigern später zur zählbaren Basis einer neuen Gruppe von Zahlworten geworden durch Hinzufügung einer eingeschriebenen 10 für šár-u, d. h. 10 3600 bzw. einer eingeschriebenen „1" = 60 für 60 3600 oder šár-gal, was soviel wie „großes šár" heißt. Diese Bezeichnung als „großes" šár für 60 šár entspricht wieder genau dem Verhältnis von „großer" Einheit = 60 zur gewöhnlichen Einheit 1.

Sehen wir also im Augenblick von der Basis 60 ab, so haben wir es mit all den Erscheinungen zu tun, die uns aus den vorangehenden Betrachtungen über Zahlensysteme überhaupt geläufig sind: bis zur kleinen Einheit dezimal aufgebaut mit Individualzahlzeichen für 1 und 10, dann eine große Einheit (im Wert von 60 kleinen Einheiten) und wieder deren Zehnfaches als zweite Stufe. Schließlich als dritte und letzte Stufe die Iterierung der großen Einheit mit zunächst reiner Vielheitsbedeutung, die allerdings sekundär wieder zum Ausgangspunkt einer neuen Folge von Einheiten 1, 10, 60 wird. Das Wesentliche ist aber, daß wir schon hier konstatieren können, daß auch das babylonische Zahlensystem eine Vorgeschichte hat, die deutliche Parallelen mit allen anderen uns bekannten Vorgängen innerhalb eines Zahlensystems aufweist, und daß sich das spätere System der positionellen Zahlbezeichnung innerhalb der mathematischen Texte dadurch aus ihm ableiten läßt, daß man große und kleine Einheiten nicht mehr sorgfältig voneinander unterschied und dieses Verfahren so weit ausdehnte, daß man einerseits auf die Individualzahlbezeichnung der höheren Einheiten verzichtete und andererseits auch die Bruchbezeichnungen in das so entstehende mathematisch konsequente System einbezog. Es zeigt sich somit, daß der

---

[1] Analog bedeutet akkadisch *limu* („1000" s. o. S. 95) „Runde", „Kreis".

eigentliche Ausgangspunkt der so wunderbar elastischen Positionsbezeichnung ihren Ursprung hat in einer eigentlich als Primitivität zu
bezeichnenden Eigenschaft des Ausgangssystems. Diese Primitivität
liegt darin, daß die Individualzahlbezeichnung nur Zeichen für Einer
und Zehner besaß und die nächste Stufe wieder mit Einern begann,
die nur, wenn sie zu anderen Einheiten in Beziehung gesetzt werden
sollten, als größere Einheiten gekennzeichnet wurden. In Wirklichkeit
handelt es sich aber um *isolierte Gruppen*, die für
sich noch nicht den ersten Abschnitt eines dezimalen Aufbaues wesentlich überschritten hatten. Wir
werden die tieferen Ursachen für diesen Prozeß sehr
bald näher betrachten.

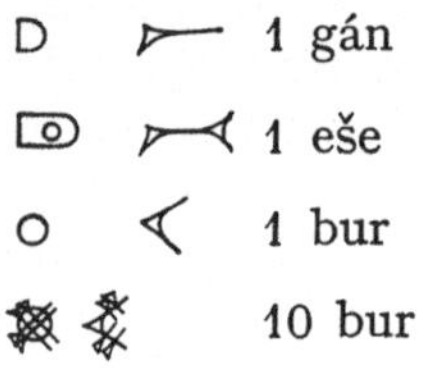

Wir haben jetzt noch kurz auf die entsprechenden Vorgänge bei der Entstehung der metrologischen
Zeichen einzugehen (vgl. Fig. 34). Aus den älteren

Fig. 34.

Zeichenformen ersieht man unmittelbar, daß das Zeichen für 1 eše
genau derselben Ligatur zwischen Einheit und Zehn seine Entstehung
verdankt wie das Zahlzeichen für 600, nur mit dem Unterschied, daß
die Einheit zum liegenden Keil geworden ist, so wie ja auch die Einheiten des Flächenmaßes gán (s. oben S. 95) mit liegenden Zahlzeichen geschrieben werden. Das bur ist auch hier das gewöhnliche
Zehnzeichen. Hinzu kommt ein Zeichen für 10 bur, bei dem also die gekreuzten Keile eine Verzehnfachung bewirken müssen[1].

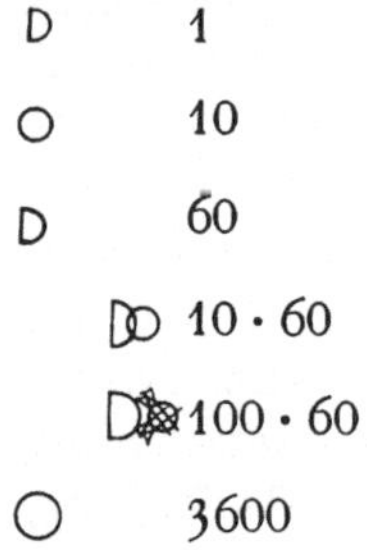

Hauptsächlich durch neuere Grabungen kennt man
jetzt schon Texte, die der ersten Periode der Schriftentwicklung überhaupt angehören (d. h. tiefer liegende
Schichten sind bereits schriftlos)[2]. Selbst bis in diese
archaischen Schichten (z. B. Uruk, Schicht II bis IV,
zu datieren etwa auf 3500) hinein reicht das Zahlensystem, das wir soeben geschildert haben, d. h. Zeichen für 1 und 10, dann große 1 für 60 und großer
kreisförmiger Eindruck für 3600. Daneben kommt wie-

Fig. 35.

der vor die Ligatur für 10 · 60 = 600 und eine zweite, deren zweites Element, die gekreuzten Keile, uns bereits aus dem Zeichen für das Flächen-
maß von 10 bur (vgl. oben Fig. 34) bekannt ist. Da 1 bur mit dem Zeichen

---

[1] Diese Zeichen kann man auch in Fig. 18 (S. 51) in der rechten Kolonne
mehrmals erkennen.

[2] Es sei nochmals betont, daß es sich hier nicht mehr um mathematische
Texte handelt, sondern hauptsächlich um Wirtschaftstexte mit Zahlzeichen. Von
solchen Texten sind ungeheure Mengen erhalten und genau datierbar durch ihre
Herkunft aus systematischen Grabungen, die eine einwandfreie Schichtenfolge
gerade für die ältesten Zeitabschnitte ergeben. Erst bei den viel später ein-
setzenden mathematischen Texten werden die Datierungsmöglichkeiten so viel
ungünstiger, teils durch ihre relativ sehr geringe Anzahl, teils durch ihre Herkunft aus alten Grabungen oder Raubgrabungen (vgl. Anm. 1 S. 49).

für 10 geschrieben war, muß also dem Zeichen für 10 bur als reinem Zahlzeichen der Wert von 100 zukommen, so daß unserer Ligatur der Wert von 100 · 60, d. h. 6000 zuzuschreiben ist. Wir haben also in dem Zeichen ⬡ hier explizit ein Zahlzeichen für 100 vor uns, d. h. außer dem in allen Perioden des Sexagesimalsystems gebräuchlichen Zeichen für 10 auch noch ein Zeichen für die nächste dezimale Einheit, nämlich 100.

Dies ist nun nicht die einzige Spur eines über 10 fortgesetzten Dezimalsystems. Aus ebenfalls ins vierte Jahrtausend zurückgehenden Texten aus Djemdet Nasr (einem Ort etwa 25 km nordöstlich von Babylon) kennen wir ein Zahlensystem (vgl. Fig. 36), das außer den uns schon bekannten Zeichen für 1 und 10 auch noch den großen kreisförmigen Eindruck verwendet, aber *für 100*. Dieses dezimale System ist aber nicht auf den weit im Norden liegenden Ort Djemdet Nasr beschränkt, sondern findet sich auch in Uruk (Schicht IV). Die Djemdet Nasr entsprechenden Schichten haben in Uruk (III bzw. II) bereits ausschließlich das sexagesimale System von Fig. 35. Schließlich ist noch darauf hinzuweisen, daß ja auch das akkadische Zahlwort *meu* für Hundert aus dem sumerischen me entnommen ist, das dort die Rolle einer reinen Pluralbezeichnung spielt, was auch wieder darauf hinweist, daß die dezimale Stufe 100 einmal existiert hat, aber der Abschluß des Zahlensystems gewesen ist. So wird man auch wohl in dem großen kreisförmigen Zeichen dasselbe Symbol erblicken dürfen, wie in dem oben (S. 97) besprochenen Zeichen für 3600, nämlich „Kreis", „All". Die Verwendung desselben Zeichens für 3600 reicht, wie wir gesehen haben, noch in die Periode hinein, wo sich die Bildzeichen in linearisierte Keilschriftzeichen verwandeln und der große kreisförmige Eindruck ausdrücklich durch das Zeichnen der Peripherie von dem Volleindruck, der zum Winkelhaken wird, beim Zahlzeichen 10 unterschieden wird. Ich halte es für wahrscheinlich, daß dieselbe Unterscheidung, nämlich Volleindruck für 10 und Kreisperipherie für den Pluralbegriff 100, auch hier vorliegt und daß er sogar Anlaß gegeben hat zu dem Zeichen ⬡, das wir ebenfalls für 100 kennengelernt haben und bei dem die gekreuzten Keile die Andeutung der Peripherie darstellen.

So führt uns das hier besprochene Material dazu, folgendes Ergebnis schon jetzt formulieren zu können. Die kleinen natürlichen Zahlen werden mit Individualzahlzeichen geschrieben, wobei in ältester Zeit Zeichen für die Brüche $\frac{1}{3}$, $\frac{1}{2}$ und $\frac{2}{3}$ existieren[1] und Zeichen für Einer

Fig. 36.

---

[1] Das in unserer Übersicht von Fig. 31 S. 90 auch angeführte Zeichen für $^5/_6$ ist in den älteren Texten nicht belegt. Ich glaube, daß es sich dabei um eine sekundäre, vielleicht metrologisch begründete Einführung handelt, um so mehr, als der zugehörige Stammbruch $^1/_6$ kein besonderes Zeichen besitzt.

und Zehner. Im nächsten Schritt spaltet sich die Entwicklung. Einerseits haben wir es noch mit einem so frühen Zustand zu tun, daß die nächste dezimale Stufe 10 · 10 als Plural schlechthin gilt. Andererseits tritt aber schon in ältester Zeit etwas „Sexagesimales" auf dadurch, daß neben die kleinen Einheiten große Einheiten im Wert von 60 gestellt werden und dann erst die Iterierung dieses Prozesses, nämlich 60 · 60, den Abschluß der Reihe mit einem reinen Vielheitsbegriff bildet.

So schälen sich allmählich folgende Erscheinungen heraus:

1. Trotz des ursprünglich dezimalen Aufbaus erscheint sehr früh eine Stufe 60, die, wie wir wissen, später die „Basis" der systematischen Sexagesimalbezeichnung geworden ist.

2. Die großen Einheiten der Stufe 60 unterscheiden sich von Anfang an nur unwesentlich von den kleinen Einheiten und tragen somit bereits den Keim für die spätere Positionsschreibung in sich. Dies ist ein ungemein wesentlicher Punkt, der nicht übersehen werden darf. Denn er erklärt das ganz einzigartige Abgehen von der sonst üblichen (etwa ägyptischen) Individualzahlbezeichnung mit gänzlich verschiedenen Symbolen für die einzelnen Stufen.

3. Schließlich ist uns die ebenfalls sehr merkwürdige Erscheinung begegnet, daß Zahlzeichen, wenn sie als Maßzeichen zu verstehen sind, ganz eigenartige Werte haben, die nicht mit ihrem sonstigen Wert zusammenfallen.

Wir werden diese drei Gruppen von Erscheinungen zusammen behandeln müssen, denn es ist klar, daß jede für sich eine so ausgeprägte Eigenart gerade der babylonischen Zahlbezeichnung betrifft, daß es von vornherein höchst unwahrscheinlich ist, daß zufällig jede von ihnen unabhängig von den anderen entstanden sein soll. Und in der Tat werden wir ein ganz enges Ineinandergreifen konstatieren können. Um aber so weit zu gelangen, müssen wir, wenn auch wieder nur in den gröbsten Umrissen, einiges über die Struktur der Maßbezeichnungen erörtern. Daß wir an dieser Aufgabe nicht vorübergehen können, ist selbstverständlich, wenn wir die dritte der eben genannten Fragen mit in den Bereich unserer Betrachtungen ziehen sollen.

b) Maßsysteme.

Die Absicht des Folgenden ist es, an einigen typischen Beispielen die Erscheinungen zu erörtern, die uns bei einer Betrachtung der keilschriftlichen Maßsysteme entgegentreten. Dabei ist der entscheidende Gesichtspunkt nicht auf die Frage der Absolutgröße der einzelnen Maße gerichtet (dies ist ein rein archäologisches Problem, das uns hier nicht berührt), sondern auf die relativen Verhältnisse der einzelnen Maßgrößen zueinander. Das hat nicht nur den Vorteil, daß wir uns die Situation erleichtern, sondern ist von grundsätzlicher Bedeutung. Während nämlich die absoluten Normierungen von Maßen und Gewichten selbstverständlich weder sehr genau noch örtlich und zeitlich ganz konstant sind, so sind die Verhältnisse zwischen den einzelnen Maßbegriffen in viel höherem Grad unabhängig von solchen mehr oder minder zufälligen und für unsere Fragen nebensächlichen Variationen.

Wir wenden uns bei der Betrachtung der nachstehenden Übersicht zunächst den Längenmaßen zu. Die beiden wichtigsten Maße, die auch

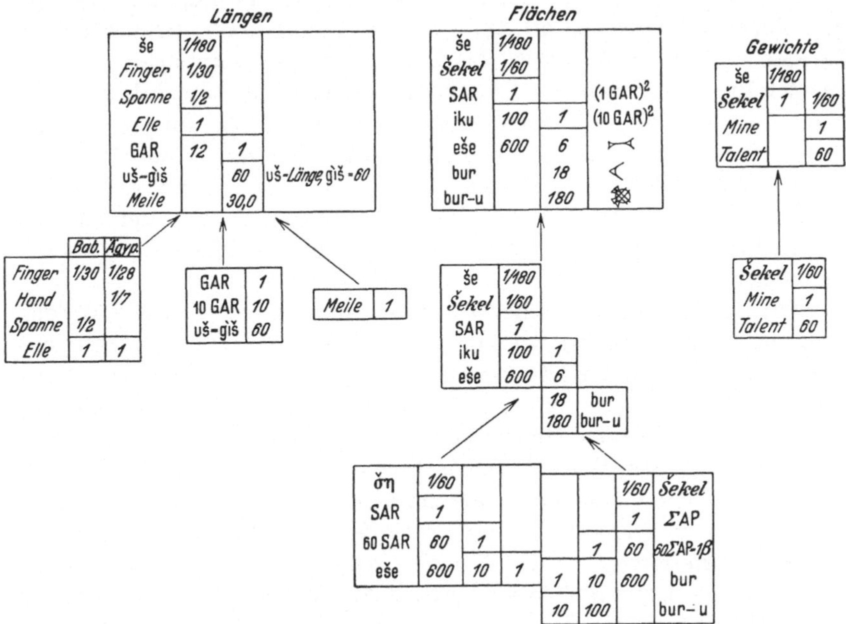

in den mathematischen Texten immer vorkommen, sind das GAR und die Elle (diese etwa 50 cm)[1]. Die Länge von 60 GAR wird als uš oder gíš bezeichnet, wobei gíš soviel wie 60 bedeutet und uš andererseits auch der Terminus für „Länge" schlechthin ist. Dies ist eine im gewissen Sinn analoge Vorstellung, wie sie der ägyptischen Zahlbezeichnung für 100 durch die Länge einer Meßleine zugrunde liegt. Es greifen eben überall konkrete Maßbezeichnungen und Zahlbezeichnungen ganz eng ineinander und sind ursprünglich überhaupt nicht voneinander zu trennen.

Wenn wir die Tabelle der Längenmaße etwas näher ansehen, so erkennt man sofort drei verschiedene Gruppen. Zunächst die zur Elle gehörenden Naturmaße: Fingerbreite, Spanne und Elle, denen im Ägyptischen Fingerbreite, Handbreite (4 Finger-Breiten) und Elle ent-

---

[1] In den mathematischen Texten ist übrigens das GAR dasjenige Maß, das man, wenn keine besonderen Angaben gemacht sind, immer bei den Größenangaben zugrunde zu legen hat. Dagegen sind Ellen meist ausdrücklich als solche bezeichnet.

sprechen. Die relative Größe dieser einzelnen Maße ist durch die Hand und den Arm im großen und ganzen bestimmt. Aber man sieht an der Gegenüberstellung zwischen den babylonischen und ägyptischen Teilungen der Elle, daß das Babylonische stärker die Naturmaße einfachen Zahlenverhältnissen anpaßt als das Ägyptische; die sexagesimale Orientierung ist offensichtlich.

Eine zweite, ganz die sexagesimale Struktur aufweisende Gruppe von Maßen schließt sich an das GAR an, 1 → 10 → 60. Schließlich ist die „Meile" oder „Wegstunde" das Maß für große Entfernungen. Obwohl aus den in unserer Tabelle angegebenen Verhältnissen von Elle zu GAR und von GAR zu Meile folgt, daß eine Meile 648000 Finger enthält, so ist eine solche Aussage doch historisch vollkommen wertlos. Die einzelnen Maßgruppen, wie wir sie hier bei den Längenmaßen geschildert haben, entstehen offenbar unabhängig voneinander und werden erst sekundär in ein festes, zahlenmäßig genau fixiertes Verhältnis zueinander gebracht.

Dies ist ein sehr wesentlicher Punkt unserer Überlegungen. Wieder muß man sich zunächst von uns gewohnten Vorstellungen befreien. Wir, die wir gewohnt sind, unseren Maßbegriffen ein einheitliches konsequentes Zahlensystem zugrunde zu legen, drücken z. B. Längen ebenso gut in Kilometern oder Metern oder Zehnerpotenzen von cm aus. Für unsere historischen Betrachtungen liegen aber die Dinge wesentlich anders. Es liegt nicht bereits ein umfassendes systematisches Zahlensystem gegeben vor, sondern nur solche Zahlbegriffe, die man im praktischen Leben immer wieder braucht, also zunächst nur ein relativ enger Bereich. Ganz analog geht es bei den Maßen. Auch hier schafft man nicht zuerst ein einheitliches System; auch die Maße entwickeln sich nur aus dem tatsächlichen Gebrauch. Was man ursprünglich braucht, sind Maßausdrücke für kleine Strecken von der Größenordnung von Fingerbreite bis Ellenlänge, dann ein kleineres Maß etwa von der Einheit des GAR (ca. 6 m) und schließlich eine Einheit für wirklich große Entfernungen. Erst allmählich entwickelt sich das Bedürfnis, derartige isolierte Maßgruppen untereinander in feste Relation zu bringen, und gerade die ursprüngliche Unbestimmtheit ermöglicht es, diese Festsetzung so zu machen, daß sie rechnerisch einigermaßen bequem ausfällt, wie es ja unsere Tabelle zeigt.

Eine besonders wichtige Gruppe von Maßen ist in unserer Übersicht rechts angegeben, nämlich die Gewichte. Ihre Bedeutung nehmen sie vor allem daher, daß das Geld in Gewicht (hauptsächlich von Silber) ausgedrückt wird. Die Einheiten Schekel, Mine, Talent folgen in genau sexagesimaler Folge aufeinander.

Als Teil der Schekels existiert noch das še als $\frac{1}{180}$ Schekel. Wir haben dieselbe Bezeichnung še auch unter den Längenmaßen angeführt, dort als $^1/_{180}$ der Elle — eine Bezeichnungsweise, die bei Längenmaßen etwas sonderbar anmutet, denn še ist der sumerische Ausdruck für Getreide. Die Erklärung liegt aber auf der Hand. Man hat es mit einer Maßbezeichnung zu tun, die einem anderen Gebiet entstammt und die sich zu einer bloßen Bezeichnung einer gewissen relativen Stufe (hier $^1/_{180}$) entwickelt hat, ähnlich wie *uncia*, das, wie wir in § 3 (S. 92) gesehen haben, ursprünglich ein bestimmtes Geldgewicht von $\frac{1}{12} As$ bedeutet, zur Bezeichnung für $\frac{1}{12}$ überhaupt geworden ist. So ist also auch hier še nur eine Bezeichnung für $\frac{1}{180}$ schlechthin.

Es ist auch nicht schwer zu sehen, woher diese Maßgröße ursprünglich kommt. Die babylonischen Flächenmaße sind nämlich zunächst nicht etwa wie unser Quadratmeter von den Längenmaßen abgeleitet, sondern Saatmaße. Die Feldgröße kann durch die zu seiner Bestellung benötigte Getreidemenge ausgedrückt werden. So ist also še „Getreide" einfach ein Saatmaß, und in der Tat finden wir es in der Liste der Flächenmaße als erstes angeführt.

Wir wollen diese Dinge hier nicht zu sehr ins Einzelne verfolgen, sondern gleich die Zusammenstellung der hauptsächlichsten Maßgrößen betrachten, die in dem mittleren Teil unserer Übersicht von S. 101 gegeben ist. Die kleinste Maßgröße še haben wir soeben besprochen. Ihr Dreifaches wird als Schekel bezeichnet, ist also offenbar nur eine Übertragung des Begriffs 60-tel von den Gewichtsmaßen her. Ein wichtiges Maß ist das SAR[1] und das *iku*, die im Verhältnis 1:100 zueinander stehen. Das SAR hat die Fläche eines Quadrat-GARs. Bei den größeren Maßen eše, bur und bur-u begegnen wir den Zahlzeichen, die wir schon oben S. 98 besprochen haben. Die relativen Stufen etwa gegen das *iku* sind recht ungewöhnlich, nämlich 6, 18 und 180. Auf die Merkwürdigkeit, daß das bur mit dem Zeichen für 10 geschrieben wird, haben wir schon oben hingewiesen.

Wir wollen nun wieder von unserer Überlegung Gebrauch machen, daß Maßgrößen nicht von vornherein einheitlich vom kleinsten bis zum größten Maß durchgezählt sind, sondern daß sie ursprünglich selbständige Gruppen verschiedener Größenordnung bilden. So ergibt sich sofort eine Gliederung, wie sie im mittleren Teil unserer Übersicht angegeben ist. Betrachten wir die Gruppe um bur etwas genauer. Es ist wohl eine naheliegende Annahme, daß wir die Verwendung des Zahlzeichens 10 für das bur als ursprünglich sinnvoll ansehen und daher eine Maßgröße, die ich hier kurz als 1β bezeichne, rekonstruieren, deren Zehnfaches das bur ist. Dann wird sofort auch das Zahlzeichen für bur-u sinnvoll, nämlich 100. Es ist uns ja schon in dieser Bedeutung entgegengetreten (vgl. oben S. 99). So haben wir es also bei 1β, bur und bur-u mit rein dezimalen Maßgrößen zu tun.

---

[1] Die akkadische Lesung dieses Ideogramms ist *musarû* (d. h. „Beet").

Abgesehen von dem Zeichen bur haben wir aber noch ein zweites Zahlzeichen für Flächenmaße, in dem das gewöhnliche Zahlzeichen 10 steht, nämlich das Zeichen für eše (vgl. oben S. 98). In der Tat ist auch 1 eše das Zehnfache von 60 SAR, so daß man es in der Gruppe SAR bis eše mit der üblichen sexagesimalen Struktur zu tun hat: das Sechzigfache des SAR bildet wieder den Ausgangspunkt für eine dezimale Gruppe, ganz genau so, wie es ja in der Struktur des sexagesimalen Ziffernsystems gelegen ist.

Wir wollen nun einen Augenblick die beiden mit dem Zahlzeichen 10 geschriebenen Maße eše und bur in prinzipieller Hinsicht identifizieren, während sie in Wirklichkeit ja im Verhältnis 1 : 3 zueinander stehen. Ebenso wie unter dem eše als sein 10-ter Teil 60 SAR liegen, so wollen wir auch unser Maß 1 β als Sechzigfaches eines hypothetischen ΣAP auffassen. Das 60-tel dieses ΣAP bezeichnen wir mit Schekel. Entsprechend nennen wir ein 60-tel von SAR 1 $\bar{o}\eta$. So gewinnen wir die beiden Tabellen, die unten in unserer Übersicht von S. 101 stehen und die entsprechend dem Verhältnis eše zu bur um die Stufe 1 : 3 gegeneinander verschoben zu denken sind. Die beiden so entstandenen Gruppen sind vollständig kongruent und enthalten jede für sich nichts, was nicht in voller Übereinstimmung mit den üblichen Bezeichnungsweisen der hier behandelten Maßsysteme wäre. Machen wir nun die Annahme, daß es sich bei diesen beiden Gruppen ursprünglich um dieselbe Art von Maßgrößen handelt, d. h. um Maße von grundsätzlich derselben Bedeutung und gleichen relativen Stufen, aber etwa mit verschiedenen Absolutwerten je nach dem Ort, in dem sie gebraucht worden sind. Ähnliche Dinge sind aus der Metrologie aller Zeiten und Völker wohlbekannt. Grundsätzlich gleich strukturierte Maßgrößen haben aus äußeren Gründen verschiedene Werte, wenn man sie gleichzeitig betrachtet; man denke etwa an die verschiedenen Arten des Talers im alten deutschen Münzsystem. Wenn nun zwei solche Systeme zu einem System verschmolzen werden, etwa weil eine politische Vereinigung verschiedener Gebiete erfolgt, so entsteht gerade etwas, wie wir es im Ausgang unserer Betrachtungen gesehen haben. Die Einzelmaße behalten ihre Bezeichnungen und Namen bei, aber es entstehen, wenn man ihre Absolutwerte nicht abändert, so merkwürdige Stufen wie 1 : 18. Wir brauchen ja nur unsere beiden untersten Tabellen ineinanderzuschieben und das ΣAP mit dem SAR zu identifizieren, um als kleine Einheiten einerseits das 60-tel (das Schekel), andererseits das 180-tel (das še) zu erhalten. Entsprechend wird das $10\beta = 1$ bur zu 3 eše und erhält so seinen Wert 18 bezüglich der der linken Gruppe angehörigen dezimalen Einheit 1 *iku* = 100 SAR.

Mit dieser Überlegung ist zweierlei erreicht: erstens erklärt sie in ganz naturgemäßer Weise die Verwendung von Zahlzeichen für ganz andere Werte, als ihnen sonst zukommt. Gleichzeitig ist aber mit der

Rückgängigmachung dieser Bedeutungsmodifikation als ursprünglicher Zustand eine Anordnung erreicht, die aufs beste zu allen anderen Maßgruppen paßt, nämlich die Anordnung nach jenem charakteristischen System von wechselnden dezimalen und sexagesimalen Stufen, wobei teils die Zehnfachen, teils die Sechzigfachen einer Einheit immer die Grundeinheiten einer besonderen kleinen Maßgruppe bilden. Das heißt also, daß gerade die wichtigsten Maßsysteme genau dieselbe Struktur aufweisen wie das sog. sexagesimale Ziffernsystem als solches. Oder anders ausgedrückt: ursprünglich besteht zwischen dem Maßsystem und dem Zahlensystem überhaupt kein grundsätzlicher Unterschied. Wir sehen also, daß das Zahlensystem einfach aufgefaßt werden kann als das gemeinsame Substrat der Ordnung der wichtigsten Maßsysteme.

c) Die Entstehungsgeschichte des sexagesimalen Positionssystems.

Wir wollen nun versuchen, eine Zusammenfassung all der Prozesse zu geben, die wir nicht nur in den vorausgehenden Abschnitten, sondern auch im vorigen Kapitel bei der Besprechung des Aufbaus von Zahlensystemen überhaupt berührt haben, um damit zu einem einheitlichen Bild von der Entstehungsgeschichte eines geschichtlich so einzigartigen Systems, wie es das Sexagesimalsystem darstellt, zu gelangen.

Wir haben oben drei Fragengruppen unterschieden, die offensichtlich auf das engste miteinander zusammenhängen und gemeinsam betrachtet werden müssen, wenn man verstehen will, was das „Sexagesimalsystem" eigentlich bedeutet: 1. die Frage nach der Entstehung der Basis 60, 2. die Frage nach der Entstehung der Stellenwertbezeichnung und schließlich 3. die Erklärung der Erscheinung einer Verwendung der Zahlzeichen vor Maßgrößen mit einer von der üblichen abweichenden Bedeutung.

Wenn wir jetzt an einen Erklärungsversuch herangehen, so müssen wir diese Fragen in etwas anderer Reihenfolge behandeln. Obwohl nämlich die Basis 60 das Auffallendste unseres Systems darstellt, so handelt es sich ja dabei um eine offensichtlich sekundäre Angelegenheit, da ja die Zahlen bis 60 genau mit den üblichen Individualzahlzeichen dezimaler Struktur geschrieben werden. Das Sexagesimale in den mathematischen Texten äußert sich ja nicht an den Zahlzeichen als solchen, sondern ausschließlich in der Art der Stellenwertbezeichnung. Es erscheint nicht nach 10 als neues Symbol ein Individualzahlzeichen für 60, das man etwa dem ägyptischen Zeichen für 100 an die Seite stellen könnte. Vielmehr äußert sich die Stufe 60 nur darin, daß man dieselben Zahlzeichen mit einem versechzigfachten Wert lesen muß, wenn sie um eine Stelle nach vor gerückt sind. Gewiß ist die Versechzigfachung dabei eine merkwürdige und der Erklärung bedürftige Erscheinung. Aber das eigentlich zentrale Problem liegt doch in der bloßen

Tatsache des mehrdeutigen Gebrauchs der gewöhnlichen Zahlzeichen, d. h. im Stellenwertsystem als solchem. Wir werden also auf diesen Punkt in erster Linie unser Augenmerk zu richten haben.

Für das dritte der oben formulierten Probleme haben wir im vorangehenden Abschnitt schon eine plausible Erklärung zu geben versucht. Wir haben gezeigt, daß sich die abweichende Bedeutung der Zahlzeichen vor gewissen Flächenmaßen leicht durch die Annahme erklären läßt, daß zwei Gruppen von analog aufgebauten Maßkernen ineinandergeschoben worden sind und so die Zeichen sekundär zu ihrem Wert gekommen sind. Wir haben aber auch schon früher dargelegt, daß die Mehrdeutigkeit im Rahmen der gewöhnlichen Zahlzeichen nur sekundär ist und ursprünglich große 1 mit dem Wert 60 von kleiner 1 unterschieden wird; und ferner daß neben diesem System auch rein dezimale Systeme existiert haben, allerdings von so beschränktem Umfang, daß bereits das Zehnfache der 10 reinen Vielheitscharakter hat. Das Zahlensystem hat also zunächst die übliche dezimale additive Struktur, genau wie das Ägyptische. Und auch das erste Auftreten des Sexagesimalen äußert sich noch nicht in echter Stellenwertart, sondern mit deutlicher Unterscheidung der einzelnen Stufen. Dies scheint mir aber den Schlüssel zur Lösung des ganzen Problemkreises unmittelbar an die Hand zu geben: *man hat es bei der Entstehung der Positionsbezeichnung nur mit dem Aufeinanderfolgen ursprünglich selbständiger und in sich selbstverständlich dezimal aufgebauter Maßgruppen zu tun.*

Die Erscheinungen, die wir bei der Untersuchung von Zahlensystemen im allgemeinen besprochen haben, wiederholen sich auch hier. Von einem abstrakten Zahlbegriff kann zunächst nirgends die Rede sein. Alle Zahlbegriffe sind zunächst Individualzahlbegriffe, die sich an konkrete Mengenbezeichnungen anschließen. Erst allmählich werden solche Anzahlbezeichnungen zu allgemeinen Zahlbezeichnungen schlechthin. Ebenso wird nur schrittweise der ursprüngliche Kern kleiner Individualzahlen zu einer wirklich homogenen Folge von Zahlen ausgedehnt: ein Zahlensystem ist immer erst das Endergebnis langer historischer Prozesse. Völlig analog liegen die Dinge auch hier. Wir haben kleine Gruppen von Individualzahlzeichen, die sich ursprünglich an Maßsysteme anlehnen: Zahlzeichen von 1 bis 10 und Individualbezeichnungen für die „natürlichen Brüche" $\frac{1}{2}$, $\frac{1}{3}$ und seinen Komplementbruch $\frac{2}{3}$. Auch diese Bruchbezeichnungen sind, wie wir an den alten Zeichenformen gesehen haben, ursprünglich metrologischen Charakters. Diese einfachen „Kerne" von Individualbezeichnungen finden sich bei allen wichtigen Maßgruppen und genügen zunächst für alle Bedürfnisse des praktischen Gebrauchs. Das, was derartige Kerne allmählich zu einem „System" erweitert, ist aber nicht irgendeine theoretische Überlegung, sondern auch wieder nur der praktische Gebrauch. Die Erfordernisse des wirtschaftlichen Lebens, also vor allem das Geldsystem, das hier wie überall ein Gewichtssystem ist, erweitert notgedrungen allmählich auch den Bereich der zugehörigen Zahlbezeichnung. Wir müssen jetzt wieder den Prozeß des Übereinanderschiebens ursprünglich getrennter Maßgruppen ins Auge fassen. Es sind ja grundsätzlich zwei verschiedene Möglichkeiten denkbar. Die eine ist die „unsystematische", die wir oben bei den Flächenmaßen verfolgt haben: zwei Maßgruppen, die an sich vollständig analog aufgebaut sind, aber etwas verschiedene Absolutwerte haben, werden aufeinander bezogen in der Weise, daß sich einzelne Maßgrößen des einen wie des anderen Systems durchsetzen, einzelne außer Gebrauch kommen und die Zahlzeichen nach wie vor mit den in Benutzung bleibenden Größen verbunden bleiben. Die andere Möglichkeit einer Inbeziehungsetzung von Maßgrößen können wir als die (zufällig!) „systematische" bezeichnen. Sie wird dann auftreten, wenn der Abstand der ursprünglich isolierten Kerne groß genug ist, um auch noch nachträglich eine gewisse Isolierung der beiden Gruppen aufrechtzuerhalten. Nehmen wir etwa zwei Maßgruppen für Gewichte an, so daß die Einheiten des einen relativ groß sind gegen die des andern. Dann stehen ursprünglich isoliert nebeneinander zwei Kerne der folgenden Struktur

$$\frac{1}{3} \quad \frac{1}{2} \quad \frac{2}{3} \quad 1 \ldots 10 \qquad \frac{1}{3} \quad \frac{1}{2} \quad \frac{2}{3} \quad 1 \ldots 10 \,.$$

Will man diese Maßgruppen in einigermaßen praktischer Weise aneinanderfügen, so daß sie sich in eine einheitliche Relation bringen lassen, so wird man es natürlich so einrichten, daß die Bruchteile der größeren Maßgruppe als ganzzahlige Multipla der kleineren erscheinen. Die beiden Grundeinheiten müssen also in ein solches Verhältnis zueinander gesetzt werden, daß dieses Verhältnis sowohl Halbierung wie Dreiteilung gestattet, d. h. die relative Stufe muß den Faktor 6 enthalten. Bei einer an sich dezimalen Struktur, die ja den ganzen Zahlen von Anfang an aufgeprägt war, liegt es also nahe, die Normierung der relativen Einheiten so zu treffen, daß die große Einheit durch Versechsfachung und nicht durch Verzehnfachung aus dem kleinen dezimalen Kern hervorgeht. Dies setzt, wie gesagt, selbstverständlich voraus, daß die beiden Maßgruppen schon von vornherein einen Abstand voneinander haben, der ungefähr einem solchen Verfahren entspricht. Wir konnten bei den Längenmaßen diese Prozesse schon verfolgen. Die Aneinanderfügung des Kernes der Elle und des Kernes des GAR ist eine typisch unsystematische. Dagegen ist die Aneinanderfügung von Fingerbreite und Elle und von „Länge" und Meile schon systematischer möglich gewesen, nämlich im Verhältnis 1 : 30. Wir haben es also im Bereich der Maßsysteme auf Schritt und Tritt mit solchen „Verkittungen" ursprünglich isolierter Gruppen zu tun, und es scheint mir keine besonders ein-

schneidende Hypothese zu sein, anzunehmen, daß eine solche Ver-
kittung auf Grund der naheliegenden Forderung der ganzzahligen Aus-
drückbarkeit der natürlichen Bruchteile des größeren Maßes durch die
dezimalen Multipla des kleineren gerade zur Aneinanderfügung im Verhältnis 1 : 60 geführt hat. Und mir scheint auch der Punkt angebbar,
an dem das geschehen ist, nämlich bei dem als „Geld" dienenden Gewichtssystem Schekel : Mine.

Gibt man dies zu, so läßt sich etwa folgendes Gesamtbild in großen
Zügen rekonstruieren. Es hat ursprünglich ein dezimales Zahlensystem gegeben, aber von relativ sehr geringem Umfang: Individualbezeichnung bis 10, reine Vielheit bereits bei 100. Als Bruchteile nur die
natürlichen Brüche $\frac{1}{2}, \frac{1}{3}, \frac{2}{3}$. Bereits in diesem relativ frühen Stadium
greift eine gewisse Systematisierung der wichtigsten Maßgrößen ein. Die
Aneinanderfügung der Gruppe der kleineren und der großen Gewichte
führt im Anschluß an die eben geschilderte Struktur der Zahlbegriffe
auf die Stufe 1 : 60 zwischen Schekel und Mine. Die Bezeichnung ist,
wie wir auch textlich nachweisen können, zunächst eine absolute, indem
kleine und große Einheiten entweder durch ausdrücklichen Zusatz der
Bezeichnungen oder wenigstens durch die verschiedene Größe der Zahlzeichen ausgedrückt wird. Nun setzen die üblichen Verschleifungsprozesse ein. Einerseits verzichtet man auf die ausdrückliche Hinzufügung oder Kennzeichnung der gemeinten Einheit, weil sie in praxi
doch selbstverständlich ist. Andererseits werden die ursprünglich konkreten Maßbruchteile zu Bruchbezeichnungen schlechthin und in andere
Gruppen übertragen. So überträgt sich also auch die sexagesimale
Struktur des Gewichtssystems auf andere Gebiete. Schließlich bewirkt
aber gerade das Geldsystem durch die Ausdehnung des wirtschaftlichen
Lebens eine Erweiterung des rechnerischen Apparates als solchen. Die
ursprünglich auf bloß zwei Maßgruppen beschränkte sexagesimale
Struktur wird sinngemäß ausgedehnt, und das Rechnen mit Bruchteilen
und Vielfachen entwickelt sich an dem Muster der Geldrechnung genau
so wie die römische Bruchrechnung ebenfalls am Geldsystem. Die Entstehung aus den ursprünglich konkreten Gewichtsbezeichnungen liefert
aber auch unmittelbar die Stellenwertsbezeichnung. Dies ist nichts
anderes als der Verzicht auf die ausdrückliche Nennung der Maßein-
heiten. Wäre diese Stellenwertsbezeichnung einer bewußten mathematischen Überlegung zu verdanken, so wäre es unvorstellbar, wie man
ein Nullzeichen für ausfallende Stellen einzuführen versäumt hätte. So
ist aber die Tatsache eines Fehlens jeder Art von Lückenzeichen gerade
in den älteren Texten der stärkste Beweis dafür, daß man zunächst
trotz der formal gleichen Zahlzeichen immer noch bei den einzelnen
Stufen an die konkrete Maßbezeichnung dachte. Erst später bei der
bewußten Ausgestaltung zu einem mathematischen System hat man

dem nun schon fest verankerten sexagesimalen Positionssystem wenigstens noch das Trennungszeichen für innere ausfallende Stellen hinzugefügt. Dieses Stadium der Entwicklung gehört dann aber bereits ganz den rein mathematischen Texten an, während das Zahlensystem des praktischen Lebens in jenes merkwürdige dezimale Mischsystem zurückfällt, das wir zu Anfang dieses Paragraphen (S. 94f.) geschildert haben.

So erscheint also das sexagesimale Positionssystem der mathematischen Texte als ganz naturgemäßes Endprodukt einer langen Entwicklung, die in prinzipieller Hinsicht gar nicht ausgezeichnet ist vor analogen Prozessen in anderen Kulturen. Auch das Ägyptische zeigt beispielsweise bei den Zahlzeichen der Scheffelmaße dieselbe Tendenz zu positionellen Schreibungen mit ursprünglich großen und kleinen Zahlzeichen, wie wir sie hier beobachtet haben. Die Besonderheit der babylonischen Entwicklung liegt eigentlich nur in einer mehr zufälligen Wendung dieser Prozesse, nämlich darin, daß die Normierung des Geld-Gewichts-Systems in eine so frühe Entwicklungsphase fällt, daß einerseits die auch im Babylonischen vorliegende, ursprünglich dezimale Struktur die Hundert noch nicht wesentlich überschritten hatte und andererseits die natürlichen Bruchteile auch noch auf die kleine Gruppe $\frac{1}{2}, \frac{1}{3}, \frac{2}{3}$ beschränkt waren und noch nicht Prozesse zur Ausbildung gekommen waren, wie etwa die fortgesetzte Halbierung oder Dreiteilung in Ägypten. Hinzu kommt selbstverständlich die große Bedeutung einer geordneten wirtschaftlichen Kultur, die uns ja gerade aus der ungeheuren Zahl der Wirtschaftstexte aus der ältesten Zeit so gut bekannt ist. Die erste, sozusagen primitive Entwicklungsphase leistet also die Ausbildung des entscheidenden Bruchrechnungs- und Vielfachensystems aus dem Geldwesen. In der zweiten, etwa mit der ältesten akkadischen Dynastie beginnenden Phase tritt dann die entscheidende Spaltung ein, daß dieses sexagesimale System bewußt in den mathematischen Texten ausgenutzt wird, wie wir es am deutlichsten an der Entwicklungsgeschichte der Tabellentexte erkennen konnten, während die weitere Entwicklung der Maßsysteme ihren eigenen Weg geht, der uns hier in den Einzelheiten nicht mehr interessiert.

Literaturverzeichnis zu Kapitel III.

a) Zu Kapitel III als Ganzem.

(III, *1*) SETHE, K.: Von Zahlen und Zahlworten bei den alten Ägyptern, und was für andere Völker und Sprachen daraus zu lernen ist (= Schriften der Wissenschaftlichen Gesellschaft Straßburg Nr. 25). 1916. — Dieses Werk bildet die eigentliche Grundlage für den ganzen hier behandelten Fragenkreis.

(III, *2*) FETTWEIS, E.: Das Rechnen der Naturvölker. Leipzig 1927.

(III, *3*) LÉVY-BRUHL, L.: Das Denken der Naturvölker, 2. Aufl. Wien: Braumüller 1926. — Dies Werk geht wesentlich tiefer als die unter III, *2* genannte

Zusammenstellung auf die eigentlichen Fundamente ein. Dieses und andere Werke Lévy-Bruhls sind der Ausgangspunkt einer ganzen Schule geworden.

Über die einschlägigen Fragen existiert eine äußerst umfangreiche Literatur in den verschiedenen anthropologischen und ethnographischen sowie auch linguistischen Werken. Diesbezügliche Literaturangaben sind etwa bei Schrader: Reallexikon der indogermanischen Altertumskunde unter „Zahlen" zu finden. Ferner zur weiteren Orientierung über hier nicht behandelte Zahlensysteme:

(III, *4*) Löffler, E.: Ziffern und Ziffernsysteme, 2 Bde. (Math.-Phys. Bibl.). Leipzig: Teubner 1928 u. 1919.

(III, *5*) Menninger, K.: Zahlwort und Ziffer. Breslau: Hirt 1934.

b) Zu § 4.

(III, *6*) Neugebauer, O.: Zur Entstehung des Sexagesimalsystems. Abh. d. Ges. d. Wiss. zu Göttingen, N.F. Bd. 13 (1927) S. 1.

(III, *7*) Thureau-Dangin, F.: Esquisse d'une histoire du système sexagésimal. Paris: Geuthner 1932. Dort auch weitere Literatur.

IV. Kapitel.

Ägyptische Mathematik.

§ 1. Der Typus der ägyptischen Mathematik.

a) Die Quellen.

Unsere Kenntnis der ägyptischen Mathematik beruht hauptsächlich auf zwei größeren Texten, einem heute in Moskau liegenden Papyrus (Abkürzung: M) und einem Papyrus des Britischen Museums, der nach seinem ursprünglichen Besitzer „Mathematischer Papyrus Rhind" genannt wird (Abkürzung: R). Dazu kommen noch einige kleine Textfragmente in Berlin, London und Kairo. Der weitaus größte Text ist R. Er enthält über 80 Beispiele, abgesehen von den Rechnungen zur Bruchrechnung[1]. Es ist ein großer Papyrus von etwa $5\frac{1}{2}$ m Länge und 32 cm Höhe. M dagegen ist zwar ungefähr ebenso lang, aber nur 8 cm hoch. Er enthält etwas über 25 Beispiele. Beide Texte sind relativ gut erhalten, von M fehlt nur der Anfang. Alle diese Texte gehören im wesentlichen der Zeit des Mittleren Reiches an[2] und sind selbstverständlich in hieratischer Schrift geschrieben. Diese Datierung hat aber keinen sehr großen Wert, denn alle derartigen Texte sind immer wieder abgeschrieben worden, ohne daß uns irgendwelche Hilfsmittel zur Aufhellung ihrer Vorgeschichte erhalten wären. Über das erste Entstehen der mathematischen Texte ist demnach aus unserem gegenwärtigen Quellenmaterial nichts

---

[1] „$\frac{2}{n}$-Tabelle" genannt (s. u. S. 116 und 153ff.).

[2] R ist allerdings erst in der Hyksoszeit geschrieben, nennt sich aber selbst eine Abschrift eines Textes des Mittleren Reiches.

Sicheres zu entnehmen. Es scheint mir aber, daß bei dem ganzen Typus
der ägyptischen Mathematik, wie wir ihn sogleich näher besprechen
werden, die Frage nach der Entstehungszeit derartiger Texte auch nur
ein sekundäres Interesse hat.

b) Allgemeine Charakterisierung der mathematischen Texte.

Wir wollen unsere Besprechung der ägyptischen Mathematik damit
beginnen, daß wir eine Reihe von Aufgaben übersichtlich zusammenstellen, die alle darauf hinauslaufen, eine Unbekannte x aus einer linearen
Relation zu berechnen (vgl. die Übersicht auf S. 112)[1]. Diese Rechnungen
werden in der Literatur mit dem ebenso schönen wie unkorrekten Namen
„Hau-Rechnungen" bezeichnet. Dieser Name entstand in der Anfangs-
zeit der Ägyptologie, in der man noch ägyptische Worte zu vokalisieren
versuchte und den terminus technicus, der bei diesen Rechnungen auftritt, nämlich 'ḥ', der soviel bedeutet wie „Haufen, Menge" und mit dem
die zu berechnende Größe bezeichnet wird, fälschlich als Plural las und
die Pluralendung mit u vokalisierte[2].

Die Umschreibung der Aufgaben der Texte durch Formeln trifft
natürlich nur sehr bedingt den tatsächlichen Zustand. Der tatsächliche
Wortlaut etwa des Beispiels R 30 ist der: „Wenn ein Schreiber zu Dir
sagt, 10 ist $\bar{3}$ und $\overline{10}$ von was, so lasse ihn hören . . .". Was nun folgt,
ist die Durchführung der Division $10 : (\bar{3} + \overline{10})$, deren Verfahren wir sogleich besprechen werden. Das Ergebnis wird dann in die Worte zusammengefaßt: „Die Größe ('ḥ'), die Du ihm sagst, ist $13 + \overline{23}$." In
dieser Weise sind sämtliche hier durch Formeln umschriebenen Aufgaben
abgefaßt. Daß wir nicht unmittelbar das Richtige treffen, wenn wir
die Unbekannte einfach durch ein Symbol x ersetzen, zeigt die Durchführung des letzten hier angegebenen Beispiels, das aus einem Berliner
Textfragment stammt. Es ist das komplizierteste dieser Gruppe, denn
es betrifft scheinbar ein quadratisches Problem — in Wirklichkeit ist
x^2 linear gegeben. Wie die Rechnung unmittelbar zeigt, wäre $x = 8$ das
Resultat. Damit begnügt sich aber der Text nicht, sondern er bestimmt
noch außerdem die Größe aus dem zweiten Summanden $(\bar{2} + \bar{4})x$, die
uns gar nicht mehr interessieren würde. Das zeigt, daß nicht die Größe x
als solche das eigentlich Gesuchte ist, sondern die Summanden, aus
denen sich die anfangs gegebene Zahl aufbaut. Dies zeigt besonders

---

[1] Um sich der ägyptischen Ausdrucksweise der Brüche in unseren Transkriptionen möglichst eng anzupassen, schreibe ich hier und in Hinkunft immer $\bar{n}$ für
$\dfrac{1}{n}$ und $\bar{\bar{3}}$ für $\dfrac{2}{3}$.

[2] Wie man wirklich zu vokalisieren hat, läßt sich gar nicht sagen. Üblicherweise liest man die beiden Ain's ' einfach als a, ohne daß damit irgend etwas über
den wirklichen Vokalismus ausgesagt werden soll.

R 30

$10 = (\bar{\bar{3}} + \overline{10})\,x$

$x = 10:(\bar{\bar{3}} + \overline{10})$

M 19

$(1 + \bar{2})\,x + 4 = 10$

$10 - 4 = 6 \quad x = 6 \cdot \bar{\bar{3}}$

M 25

$2x + x = 9$

$2 + 1 = 3$

$x = 9:3$

R 32

$x + \bar{2}x = 16$

$x = (16:3) \cdot 2$

R 26

$x + \bar{4}x = 15$

$x = (15:5) \cdot 4$

R 27

$x + \bar{5}x = 21$

$x = (21:6) \cdot 5$

R 24

$x + \bar{7}x = 19$

$x = (19:8) \cdot 7$

R 34

$x + \bar{2}x + \bar{4}x = 10$

$x = 10:(1 + \bar{2} + \bar{4})$

R 25

$x + \bar{3}x + \bar{4}x = 2$

$x = 2:(1 + \bar{3} + \bar{4})$

R 33

$x + \bar{\bar{3}}x + \bar{2}x - \bar{7}x = 37$

$x = 37:(1 + \bar{\bar{3}} + \bar{2} + \bar{7})$

R 31

$x + \bar{\bar{3}}x + \bar{2}x + \bar{7}x = 33$

$x = 33:(1 + \bar{\bar{3}} + \bar{2} + \bar{7})$

R 29

$[\bar{3}((x + \bar{\bar{3}}x) + \bar{3}(x + \bar{\bar{3}}x)) = 10]$

K 3

$x - (\bar{2} + \bar{4})\,x = 5$

$1 - (\bar{2} + \bar{4}) = \bar{4}$

$x = 5 \cdot 4$

R 28

$(x + \bar{\bar{3}}x) - \bar{3}(x + \bar{\bar{3}}x) = 10$

$10:10 = 1 \quad x = 10 - 1$

B 1

$x^2 + ((\bar{2} + \bar{4})\,x)^2 = 100$

$1^2 + (\bar{2} + \bar{4})^2 = 1 + \bar{2} + \overline{16}$

$\sqrt{1 + \bar{2} + \overline{16}} = 1 + \bar{4}, \quad \sqrt{100} = 10$

$x_1 = 10:(1 + \bar{4}) = 8$

$x_2 = (\bar{2} + \bar{4}) \cdot 8$

drastisch ein Beispiel wie R 39. Dort sind 100 Brote in gewisser Weise
unter 10 Leute zu verteilen. Das Resultat wird in der Form angegeben:

$$12\tfrac{1}{2} \qquad 8\tfrac{1}{3}$$
$$12\tfrac{1}{2} \qquad 8\tfrac{1}{3}$$
$$12\tfrac{1}{2} \qquad 8\tfrac{1}{3}$$
$$12\tfrac{1}{2} \qquad 8\tfrac{1}{3}$$
$$8\tfrac{1}{3}$$
$$8\tfrac{1}{3}.$$

Es werden also die einzelnen Posten des Ergebnisses einzeln angeschrie-
ben, genau so, als würde es sich um die konkrete Verteilung der Gesamtsumme unter die 10 Leute handeln.

Bei näherem Zusehen zeigt sich überhaupt, daß die nächstliegende
Annahme, nämlich daß gewisse lineare Gleichungen zu lösen seien, gewiß
nicht die richtige geschichtliche Situation wiedergibt. Die Schwierigkeit
liegt nämlich gar nicht in der „Lösung" gewisser Gleichungen, sondern
in dem Umsetzen ganz konkreter und sachlich bestimmt gemeinter Aufgaben in gewisse numerische Verfahren, kurz darin, was ich die „*Algorithmisierung*" der Angaben nennen möchte. Charakteristisch dafür ist
etwa das Beispiel R 37, das folgendermaßen lautet: „Ich gehe dreimal
hinein in einen Scheffel, $\bar{3}$ von mir addiert zu mir und $\bar{3}$ von $\bar{3}$ von
mir addiert zu mir und $\bar{9}$ von mir addiert zu mir", was wir durch

$$3x + \bar{3}x + \bar{3}\cdot\bar{3}x + \bar{9}x = 1$$

umschreiben können. Nun kommt im Text die Algorithmisierung dieser
Angaben in folgender Weise

	1	1
	2	2
	$\bar{3}$	$\bar{3}$
$\bar{3}$ von seinem	$\bar{3}$	$\bar{9}$
sein	$\bar{9}$	$\bar{9}$
zusammen		$\bar{3} + \bar{2} + \overline{18}$

Hier werden also ausdrücklich die Angaben des Textes in der linken
Spalte wiederholt und in der rechten Spalte in Zahlen eines bestimmten
Rechenschemas ausgedrückt, also insbesondere $\bar{3}$ von seinem $\bar{3}$ ist $\bar{9}$
und dann die Zusammenfassung von $\bar{3} + \bar{9} + \bar{9}$ nach den Regeln der
ägyptischen Bruchrechnung in $\bar{3} + (\bar{6} + \overline{18}) = \bar{2} + \overline{18}$. Woher diese
Rechenregeln kommen, wird uns noch ausführlich beschäftigen. Hier
soll es nur darauf ankommen, zu zeigen, daß die eigentliche Schwierigkeit der ägyptischen Mathematik noch ganz und gar in der Beherrschung
der rein numerischen Fragen besteht und unsere Einkleidung der Auf-

gabe in algebraische Zeichen keineswegs das eigentliche Problem und den Kern der Schwierigkeiten trifft.

Wir müssen nun noch das äußere der ägyptischen Rechentechnik kurz charakterisieren. Die drei folgenden Beispiele sollen zeigen, welche Multiplikationsmethoden verwendet werden. Dabei betrifft das erste die eigentliche Grundmethode des ägyptischen Rechnens, während die beiden andern nur gelegentliche Abkürzungen auf Grund des dezimalen Ziffernsystems darstellen.

$$
\begin{array}{lrr}
(12 \cdot 12) & 1 & 12 \\
 & 2 & 24 \\
 & \diagup\, 4 & 48 \\
 & \diagup\, 8 & 96 \\
\text{zusammen} & & 144
\end{array}
$$

$$
\begin{array}{lrr}
(14 \cdot 80) & 1 & 80 \\
 & \diagup\, 10 & 800 \\
 & 2 & 160 \\
 & \diagup\, 4 & 320 \\
\text{zusammen} & & 1120
\end{array}
\qquad
\begin{array}{lrr}
(16^2) & \diagup\, 1 & 16 \\
 & \diagup\, 10 & 160 \\
 & \diagup\, 5 & 80 \\
\text{zusammen} & & 256\,.
\end{array}
$$

Das erste Beispiel zeigt das wichtigste Verfahren, nämlich die Methode des schrittweisen Verdoppelns und Zusammenfassens derjenigen Teilfaktoren, aus denen der erste Faktor des Produktes aufgebaut werden kann. Dieses „*dyadische Verfahren*" wird des öfteren unter Ausnutzung des Dezimalzahlensystems durch Einschaltung der Verzehnfachung abgekürzt, wie das zweite Beispiel für den Fall einer Multiplikation mit 14 zeigt. Dabei ist zu beachten, daß die Multiplikation mit 10 keinerlei Rechnung verlangt, sondern nur die Ersetzung gewisser Zahlzeichen durch dieselbe Anzahl gewisser anderer. Dieser Umweg über 10 wird manchmal noch ausgestaltet durch nachträgliche Halbierung, um auf 5 zu gelangen, wie das letzte Beispiel zeigt. Es ist aber wesentlich, hervorzuheben, daß alle diese Verfahren streng a d d i t i v vorgehen und kein einziges Beispiel einer subtraktiven Abkürzung einer Rechnung bekannt ist (d. h. Multiplikation mit 9 immer durch $2 \to 4 \to 8 + 1$ und nie durch $10 - 1$).

Wir wenden uns nun Divisionsaufgaben zu und betrachten als erstes Beispiel eine Methode, die der dyadischen Verdoppelung genau entspricht:

$$
\begin{array}{lrr}
(19:8) & 1 & 8 \\
 & \diagup\, 2 & 16 \\
 & \bar{2} & 4 \\
 & \diagup\, \bar{4} & 2 \\
 & \diagup\, \bar{8} & 1 \\
\multicolumn{3}{c}{\text{d. h. } 19:8 = 2 + \bar{4} + \bar{8}}
\end{array}
\qquad
\begin{array}{lrr}
(16:3) & \diagup\, 1 & 3 \\
 & 2 & 6 \\
 & \diagup\, 4 & 12 \\
 & \bar{\bar{3}} & 2 \\
 & \diagup\, \bar{3} & 1 \\
\multicolumn{3}{c}{\text{d. h. } 16:3 = 5 + \bar{3}}
\end{array}
$$

In dem Beispiel der Division $19:8$ wird die Ausgangszahl zunächst verdoppelt, wodurch schon 16 erreicht ist. Nunmehr wird schrittweise halbiert, so lange, bis durch Viertel und Achtel die restlichen drei Einheiten von 16 bis 19 erreicht sind. Das nächste Beispiel betrifft die Division von $16 : 3$. Nach Erreichung von $3 + 12 = 15$ wird die letzte Einheit durch Dreiteilung gewonnen. Wichtig ist dabei, daß ein merkwürdiger Umweg eingeschlagen wird. Es wird nämlich nicht direkt $\bar{3}$ gebildet, sondern erst $\bar{\bar{3}}$. Dieser Umweg ist nicht etwa auf dieses einzige Beispiel beschränkt, sondern wird immer eingeschlagen, wenn mit Dritteln gerechnet wird. Während also im Bereich der ganzen Zahlen (abgesehen von dem dezimalen Umweg) nur eine einzige Methode des Multiplizierens existiert, nämlich die Methode des schrittweisen Verdoppelns, spaltet sich das Divisionsverfahren in zwei Reihen, erstens in die „$\frac{1}{2}$-Reihe" $\bar{2}, \bar{4}, \bar{8}, \ldots$, zweitens in die „$\frac{2}{3}$-Reihe" $\bar{\bar{3}}, \bar{3}, \bar{6}, \overline{12}, \ldots$ Beiden Reihen gemeinsam ist also das Verfahren der Halbierung, aber verschieden ist der Ausgangspunkt, nämlich $\bar{2}$ bzw. $\bar{\bar{3}}$.

Man muß sich zum Verständnis dieser ganzen Technik des Divisionsverfahrens klarmachen, daß das äußere Schriftbild von Divisions- und Multiplikationsalgorithmus fast vollständig zusammenfällt. Wie wir oben in Kapitel III § 3 gesehen haben, unterscheiden sich ja die Brüche von den ganzen Zahlen im allgemeinen nur durch Darüberstellen eines $r \subset\!\supset$. Im Hieratischen wird dieses r zu einem Punkt über dem Zahlzeichen verkürzt, so daß also die ägyptische Schreibweise der von uns hier benutzten n bzw. $\bar{n}$ völlig analog ist (vgl. Fig. 24 von S. 75). Will man sich in die ägyptische Rechenweise hineindenken, so ist es unbedingt wesentlich, sich einer Symbolik zu bedienen, die der ägyptischen analog ist, und nicht einer, die wie die unsere mit Zähler und Nenner operiert.

Ähnlich wie bei den ganzen Zahlen nutzt auch die Bruchrechnung gelegentlich die dezimale Teilung aus, wie das folgende Beispiel zeigt.

$$
\begin{array}{lll}
(4 : 15) & 1 & 15 \\
& \overline{10} & 1 + \bar{2} \\
\diagup & \bar{5} & 3 \\
\diagup & \overline{15} & 1 \\
\end{array}
$$

d. h. $4 : 15 = \bar{5} + \overline{15}$.

Schließlich sei noch eine Rechnung mit einem Bruch als Divisor angegeben:

$$
\begin{array}{lll}
(2 : 1 + \bar{3} + \bar{4}) \diagup & 1 & 1 + \bar{3} + \bar{4} \\
& \bar{\bar{3}} & 1 + \overline{18} \\
& \bar{3} & 2 + \overline{36} \\
\diagup & \bar{6} & \bar{4} + \overline{72} \\
\diagup & \overline{12} & \bar{8} + \overline{144} \\
\diagup & \overline{228} & \overline{144} \\
\diagup & \overline{114} & 72 \\
\end{array}
$$

d. h. $2 : 1 + \bar{3} + \bar{4} = 1 + \bar{6} + \overline{12} + \overline{114} + \overline{228}$.

Wie man eine derartige, im Rahmen der ägyptischen Hilfsmittel doch schon ziemlich komplizierte Rechnung als ganzes angelegt hat, werden wir noch ausführlich besprechen (s. S. 144 Anm. 1). Hier soll zunächst nur der äußere Gang des Verfahrens geschildert werden. Man sieht, daß von der $\frac{2}{3}$-Reihe Gebrauch gemacht ist. Von der zweiten Zeile an sind die Übergänge von Zeile zu Zeile unmittelbar klar (man beachte die volle ziffernmäßige Analogie zum Rechnen mit ganzen Zahlen!), keineswegs der Übergang aber von der ersten Zeile zur zweiten. Hinter diesem stecken wieder feste Regeln der ägyptischen Bruchrechnung. Um nämlich $\bar{\bar{3}}$ von $1 + \bar{3} + \bar{4}$ zu nehmen, hat man die folgenden Summanden zu bilden: $\bar{\bar{3}} + \frac{2}{9} + \bar{6}$, und für $\frac{2}{9}$ ist in kanonischer Weise zu setzen $\bar{6} + \overline{18}$. So ergibt sich in summa $\bar{\bar{3}} + \bar{6} + \overline{18} + \bar{6}$ $= \bar{\bar{3}} + \bar{3} + \overline{18} = 1 + \overline{18}$.

Man sieht also, daß immer wieder in die Bruchrechnung gewisse Regeln eingehen, die vorschreiben, wie man das Doppelte eines Stammbruches in eine Stammbruchsumme verwandelt. Es liegt im Wesen der ägyptischen Rechentechnik, wie wir sie schon hier kennengelernt haben, daß auch beim Auftreten von Brüchen immer wieder (und nur) die Aufgabe des Verdoppelns eines gewissen Ausdruckes entsteht. Haben die Brüche geradzahlige Nenner, so wird er beim Verdoppeln einfach halbiert. Haben wir es aber mit einem ungeraden n zu tun, so lehren sämtliche uns bekannten ägyptischen Rechnungen, daß zu jedem n der Ausdruck $\frac{2}{n}$ nach einem ganz bestimmten Schema in eine Stammbruchsumme zerlegt wird, also beispielsweise:

$$\frac{2}{9} = \bar{6} + \overline{18}$$
$$\frac{2}{11} = \bar{6} + \overline{66}$$
$$\frac{2}{13} = \bar{8} + \overline{52} + \overline{104}$$
$$\vdots$$
$$\frac{2}{89} = \overline{60} + \overline{356} + \overline{534} + \overline{890}$$
$$\frac{2}{91} = \overline{70} + \overline{130}$$
$$\vdots$$

Diese ausschließliche Beschränkung auf Stammbruchsummen wollen wir kurz als das „*Stammbruchpostulat*" der ägyptischen Bruchrechnung bezeichnen. Die Art der Zerlegung ist selbstverständlich mathematisch beliebig vieldeutig, und alle möglichen Zerlegungen sind unter sich gleichberechtigt, sofern man nicht die selbstverständliche Zerlegung $\bar{n} + \bar{n}$ auszeichnet. Gerade diese „*triviale Zerlegung*" wenden aber die Texte niemals an, wohl aber beschränken sie sich zu jedem n auf *eine* ganz bestimmte Zerlegung, von denen wir einige soeben genannt haben. Es ergibt sich also das Problem, zu verstehen, wodurch gerade diese „*kanonischen Zerlegungen*" ausgezeichnet sind.

Schon an den wenigen hier gegebenen Beispielen tritt der Unterschied der ägyptischen Mathematik gegen die babylonische mit voller Deutlichkeit hervor. Die babylonische Rechentechnik ist ein in sich völlig geschlossenes und abgerundetes System. Eine besondere Problematik der Bruchrechnung existiert dort nicht, wenn man absieht von der heute noch ungeklärten Frage der Approximation unendlicher Sexagesimalbruchentwicklungen. Bei der ägyptischen Mathematik stehen wir dagegen vor ganz anderen Fragen. Das Rechnen mit ganzen Zahlen beruht auf dem oben geschilderten dyadischen Verfahren, steht also noch auf einer rein **additiven** Stufe, in der die Multiplikation auf eine sukzessive Addition reduziert werden muß. Und insbesondere innerhalb der eigentlichen Bruchrechnung stehen wir vor Erscheinungen, die keineswegs unmittelbar in einen einfachen mathematischen Rahmen eingespannt werden können. Hier liegen offenbar nur rein historisch zu fassende Erscheinungen vor. Gewiß haben wir auch in der babylonischen Rechentechnik Spuren einer frühen Entwicklungsgeschichte dieses Gebietes aufdecken können, insbesondere in dem Zusammenhang zwischen Multiplikations- und Reziprokentabellen (vgl. Kapitel I § 2b) und in der Frage nach der Herkunft der Basis 60. Aber dies sind doch nur Fragen nach der **Vor**geschichte der Rechentechnik, die als solche im abgeschlossenen historischen Zustand gar nicht mehr von dieser Vorgeschichte abhängt. Dagegen wäre es ein völlig falsches Verfahren, in der ägyptischen Rechentechnik irgendein geschlossenes mathematisches Verfahren suchen zu wollen. Es ist offenbar, daß ein solches nicht existieren kann. Gewiß ist das System der ganzen Zahlen dezimal, und gewiß wird, wie wir gesehen haben, davon des öfteren Gebrauch gemacht. Aber der wesentliche Teil des Rechnens mit ganzen Zahlen ist nur als dyadische Entwicklung interpretierbar, doch auch diese Systematik wird durchbrochen, sowie man die Bruchrechnung betritt, wo das dyadische System aufgespalten wird in die beiden Möglichkeiten des Rechnens mit $\frac{1}{2}$- oder $\frac{2}{3}$-Reihe. So müssen es also ganz andere Faktoren gewesen sein als eine bewußte und einheitliche mathematische Theorie, die zu diesen Erscheinungen geführt haben.

Bevor wir uns diesen Fragen im einzelnen zuwenden, müssen wir noch die allgemeinere Einordnung der mathematischen Texte besprechen. Eine große Anzahl von Aufgaben der mathematischen Papyri haben nämlich eine ziemlich analoge Struktur, so daß die Anzahl der Typen von Aufgaben, die wir überhaupt kennen, eine relativ sehr geringe ist. Eine Gruppe von Rechnungen bezieht sich auf die Bruch-

R 70, R 69

$G, A \quad g=? \quad p=?$

Rechnung:

1. $A:G=p$ Probe: $G\cdot p=A$
2. $G:A=g$ Probe: $g\cdot A=G$

M 12

$G, A \quad \bar p=?$

Rechnung:

$A:\dfrac{G}{\mu}=\bar p$

M 20

$A, \bar p \quad G=?$

Rechnung:

$\dfrac{\mu}{\bar p}\cdot A=G$

M 15

$G, p \quad A=?$

Rechnung:

$G\cdot p=A$

R 77, R 73, R 75, R 78

$(A_1, p_1)\approx(A_2=?, p_2)$

Rechnung:

$(A_1, p_1)\approx G \quad G\cdot p_2=A_2$

Probe:

$(A_1, p_1)\approx G \quad (A_2, p_2)\approx G$

R 72

$(A_1, p_1)\approx(A_2=?, p_2)$

Rechnung:

$\dfrac{p_2-p_1}{p_1}A_1+A_1=A_2$

M 5 = M 8

$(A_1, p_1)\approx(A_2+?\ \bar p_2)$

Rechnung:

$(A_1, p_1)\approx G$

$\dfrac{1}{\mu}G=\bar G \quad \bar G\cdot \bar p_2=A_2$

R 74

$(A_1, p_1)\approx(p_2=?; A_2', p_2'') \ [G'=G'']$

Rechnung:

$(A_1, p_1)\approx G$

$\tfrac12 G p_2'=A_2' \quad \tfrac12 G p_2''=A_2''$

Probe:

$(A_1, p_1)\approx G$

$(A_2', p_2')\approx\tfrac12 G \quad (A_2'', p_2'')\approx\tfrac12 G$

R 76

$(A_1, p_1)\approx(A_2=?; p_2', p_2'') \ [A_2'=A_2'']$

Rechnung:

$(A_1, p_1)\approx G$

$G\dfrac{1}{\dfrac{1}{p_2'}+\dfrac{1}{p_2''}}=A_2'=A_2''$

Probe:

$(A_1, p_1)\approx G$

$(A_2', p_2')\approx G' \quad (A_2'', p_2'')\approx G'' \ [G'+G''=G]$

M 22

$G\approx(A_1, p_1=?)+(A_2, \bar p_2)$

Rechnung:

$(A_2, \bar p_2)\approx G_2 \quad G-G_2=G_1$

$[A_1:G_1=p_1]$

M 9 = M 13

$G\approx(A_1, p_1)+(A_2=?; p_2', p_2'', p_2''') \ [A_2'=A_2''=A_2''']$

Rechnung:

$(A_1, p_1)\approx G_1 \quad G-G_1=G_2$

$\bar g_2'=\dfrac{1}{\bar p_2'} \quad \bar g_2''=\dfrac{1}{\bar p_2''} \quad \bar g_2'''=\dfrac{1}{\bar p_2'''}$

$G_2:(\bar g_2'+\bar g_2''+\bar g_2''')\,\mu=A_2'=A_2''=A_2'''$

M 24

$G\approx(A_1, p_1=?)+(A_2, p_2=?)$

$\alpha p_1=p_2$

Rechnung:

$\left(\dfrac{1}{\alpha}A_2+A_1\right):G=p_1$

$\alpha p_1=p_2$

Grundrelation: $G p=A$.

Die Verwendung des Zeichens $\approx$ in den Rechnungen besagt, daß der Text ohne weiteres bemerkt, daß die Anzahl A der Qualität p einer Getreidemenge G äquivalent ist.

rechnung als solche. Auf diese Dinge werden wir noch ausführlich zurückkommen. Eine Gruppe sind die sogenannten „'$\underset{.}{h}$'-Rechnungen", von denen wir schon oben (S. 111) gesprochen haben. Eine Reihe von geometrischen Aufgaben werden wir im nächsten Paragraphen behandeln. Als letzte Type bleibt übrig die Klasse der „$p\acute{s}w$-Rechnungen", von denen nebenstehend eine Übersicht gegeben ist. Der Name „$p\acute{s}w$"[1] stammt von dem Wort $p\acute{s}f$ „kochen" und ist ein terminus technicus bei der Herstellung von Brot und der damit zusammenhängenden Bierfabrikation. Je größer die Anzahl der Brote, d. h. die Menge des angewendeten Getreides ist, die zur Herstellung eines bestimmten Quantums von Bier verwendet wird, desto stärker ist dieses Bier. Ist A die Anzahl von Broten oder Krügen Bier, G die dazu benutzte Getreidemenge, so wird unter dem $p\acute{s}w$ des Brotes oder des Bieres das Verhältnis $p = A : G$ verstanden. Je niedriger diese Qualitätszahl ist, desto gehaltreicher sind also die Brote bzw. das Bier. Die $p\acute{s}w$-Rechnungen beschäftigen sich nun alle mit der einfachen Aufgabe, eine dieser drei Größen aus den anderen zu berechnen, wobei noch eine kleine Komplikation dadurch hereinkommt, daß zusätzliche Relationen zwischen den Werten der verschiedenen Getreidesorten gegeben sind, die sich in die Form bringen lassen, daß $G = \mu\overline{G}$ ist[2] und entsprechend $\overline{p} = \mu p$. Die nebenstehende Übersicht zeigt, welche Art von Aufgaben auf diese Weise zustande kommen und wie sie gelöst werden. Abgesehen von den einfachsten Fällen der ersten Reihe sind die der übrigen Reihen etwa in folgender Weise zu verstehen (M 5 und M 8): Gegeben ist eine Anzahl A_1 der Qualität p_1. Wie groß ist die Anzahl A_2 der bekannten Qualität $\overline{p}_2$, die der ersten Anzahl in dem Sinne „äquivalent" ist, daß für die erste Anzahl eine Getreidemenge G verbraucht wird, die der Menge $\overline{G} = \dfrac{1}{\mu}\, G$ gleich ist. Wenn man die Ausrechnungen dieser Aufgaben im einzelnen verfolgt, sieht man sehr schön, daß die Rechnungen als solche nicht etwa als Einkleidungen von Proportionen zu fassen sind, sondern daß in scheinbar ganz umwegiger Weise (z. B. R 72) immer auf die konkrete Bedeutung der berechneten Mengen und Größen zurückgegriffen wird. Diese ganze Aufgabengruppe hängt also ganz eng mit den tatsächlichen Bedürfnissen des ägyptischen Wirtschaftslebens zusammen und ist gar nicht als rein mathematische Aufgabe gedacht[3].

In der Tat kommt gerade dieser Begriff $p\acute{s}w$ auch in den verschiedensten Wirtschaftspapyri sehr häufig vor. Das sind beispielsweise Texte, die die Lieferung von Brot und Bier an die verschiedenen Abteilungen

---

[1] Vokalisierbar etwa durch „$pe\acute{s}u$".

[2] Die Überstreichung hat hier natürlich nichts mit Reziprokenbildung zu tun.

[3] Das wird noch unterstrichen durch die Tatsache, daß die Wertverhältnisse μ zwischen den Getreidesorten nie ausdrücklich gegeben werden, sondern als bekannt vorausgesetzt werden, obwohl sie gar nicht einfache Werte haben, z. B. 13:6 oder 3:8 usw.

der königlichen Hofhaltung verbuchen, wobei genau angegeben wird, welches *psw* das Brot, das die verschiedenen Gruppen erhalten, haben soll. Überhaupt ist es, geschichtlich gesehen, ein grundsätzlicher Fehler, die „mathematischen" Texte als eine besondere Textklasse von den übrigen Papyri zu trennen. In Wirklichkeit gehören sie zum praktischen Handwerkszeug der Schreiber, die ja im Verwaltungswesen des alten Ägypten eine so wichtige Rolle gespielt haben. Welcher Art die Aufgaben waren, die solchen Schreibern gestellt wurden, zeigt sehr deutlich ein Textabschnitt aus einem Papyrus, in dem ein Schreiber einem anderen seine Unkenntnis in den wichtigsten Dingen vorhält:

„Siehe, Du kommst und füllst mich mit Deinem Amt an. (Da will) ich Dir darlegen, was Dein Wesen ist, wenn Du sagst: „Ich bin der Befehlsschreiber des Heeres."

Man gibt Dir einen See auf, den Du graben sollst. Da kommst Du zu mir, um Dich nach dem Proviant für die Soldaten zu erkundigen und sagst: „Rechne ihn mir aus." Du läßt Dein Amt im Stich, und es fällt auf meinen Nacken, daß ich Dir seine Ausübung lehren muß.

Komm, daß ich Dir etwas sage, noch hinzu dem, was Du gesagt hast. Ich mache Dich verlegen, wenn ich Dir einen Befehl Deines Herrn eröffne, der Du ja sein königlicher Schreiber bist, wenn Du unter das (Audienz-)Fenster geführt wirst zu irgendeinem trefflichen Werke, wenn die Berge große Denkmäler für den Horus (d. h. den König), den Herrn der beiden Länder, speien. Denn sieh, Du bist ja der erfahrene Schreiber, der an der Spitze des Heeres steht. Es soll (also) eine Rampe gemacht werden, 730 Ellen lang und 55 Ellen breit, die 120 Kästen enthält und mit Rohr und Balken gefüllt ist; oben 60 Ellen hoch, in der Mitte 30 Ellen, mit einem ... von 15 Ellen und sein ... hat 5 Ellen. Man erkundigt sich nun bei den Generälen nach dem Bedarf an Ziegeln für sie, und die Schreiber sind allesamt versammelt, ohne daß einer unter ihnen etwas weiß. Sie vertrauen alle auf Dich und sagen: „Du bist ein erfahrener Schreiber, mein Freund; so entscheide das schnell für uns. Sieh, Du hast einen berühmten Namen; möge man einen in dieser Stätte finden, der die übrigen dreißig groß mache. Laß es nicht geschehen, daß man von Dir sage: ‚Es gibt (auch) Dinge, die Du nicht weißt.' "[1]

Die Aufgaben, die in „mathematischen Papyri" vorkommen, sind genau von der hier geschilderten Art. Die Texte M und R werden also nichts anderes gewesen sein als eine Zusammenstellung von Musterbeispielen für die Durchführung derartiger Aufgaben, die der Schreiber für sich durchzurechnen hatte, um in der Wirklichkeit dann solche Aufgaben lösen zu können. Derartige Texte sind natürlich immer wieder abgeschrieben, ergänzt und modifiziert worden, wie wir es ja

---

[1] Nach Erman (II, *16*) S. 281 f.

auch an anderen literarischen Denkmälern des alten Ägypten gut kennen. Das Wesentliche ist nur, daß es sich dabei sicherlich nicht um spezifisch mathematisch orientierte Texte handelt, sondern um etwas, was jeder Schreiber des Verwaltungsdienstes kennen mußte[1].

Wenn wir daher in unserer heutigen Diskussion von ägyptischer „Arithmetik" oder von „Geometrie" und ähnlichem sprechen, so ist diese Klassifizierung im Grunde künstlich und nicht der alten Einstellung entsprechend. Das zeigt auch z. B. die Anordnung der Aufgaben in R. Wir würden Volumenberechnungen zur „Geometrie" zählen. Dort sind aber neben Aufgaben über die Inhaltsberechnung von Speichern unmittelbar Aufgaben gestellt, die verlangen, gewisse Hohlmaße in andere umzurechnen, also Aufgaben, die einen rein „arithmetischen" Charakter haben. Es ist klar, daß nach ägyptischer Einstellung für die Zusammengehörigkeit nicht der mathematische Gehalt maßgebend war, sondern nur der rein praktische, daß es sich bei der ganzen Gruppe von Aufgaben um Dinge dreht, die man bei der Aufbewahrung von Getreide zu kennen hat. Ob dabei geometrische Regeln hinzukommen oder nicht, ist eine ganz nebensächliche Angelegenheit.

Die ebene Geometrie als solche ist entsprechend eine Angelegenheit der Feldervermessung ohne ein wesentliches Interesse an den „geometrischen" Fragen. Auch in Babylonien liegen in dieser Hinsicht die Dinge nicht sehr viel anders. Dort hat man es zwar mit einem zweifellos rein mathematisch orientierten Interesse zu tun, aber die Geometrie spielt, wenigstens soweit wir es jetzt sehen können, auch nur eine unter-

---

[1] In der Literatur finden sich oft zwei verschiedene Betrachtungsweisen der ägyptischen mathematischen Texte, die sich zwar widersprechen, aber beide zur Überbrückung der Lückenhaftigkeit unserer Kenntnisse dienen sollen. Die eine Annahme ist die, daß der Papyrus Rhind ein „Schülerheft" oder ein anderes derartiges pädagogisches Elaborat sei. In Wirklichkeit hat R genau den Typus der gewöhnlichen ägyptischen Papyri und ist sicherlich keine Schülerhandschrift. Dies hat sich noch durch die Publikation von M voll bestätigt, denn auch dieser Text hat genau den Typus von R.
Die zweite Hypothese behauptet, daß eine priesterliche Geheimwissenschaft bestanden habe, auf Grund deren uns nichts von den wirklichen Kenntnissen überliefert sei. Dieses Prinzip hat seine Fruchtbarkeit nicht nur für Ägypten bewiesen, sondern ebenso für die babylonische Mathematik, solange man keine Texte kannte, und ähnlich auch für die Mathematik der Pythagoreer. Hier genügt es, darauf hinzuweisen, daß nichts auf eine Verbindung der ägyptischen Mathematik mit der Religion hinweist. Außerdem ist zu bemerken, daß im Alten und auch noch im Mittleren Reich von einer wohlorganisierten Priesterschaft, wie sie in der Spätzeit existiert hat, nicht die Rede sein kann, daß vielmehr die Priesterämter von Laien im Nebenamt verwaltet wurden. Irgendeine in Priesterschulen gepflegte mathematische Geheimwissenschaft kann daher aus allgemeinen Gründen gar nicht bestanden haben. Man vgl. dazu etwa ERMAN-RANKE (II, *14*) S. 330ff. Die Behauptungen von der „Geheimwissenschaft" beruhen in letzter Linie auf den Auffassungen, die die Griechen vom ägyptischen Staat in seiner allerletzten Form sich gebildet haben, entsprechen aber keinesfalls der Entstehungszeit unserer Texte.

geordnete Rolle in dem Sinne, als dort das Hauptgewicht auf die algebraische Behandlung der aus der Geometrie resultierenden Fragen gerichtet ist. In Ägypten ist das Niveau um eine ganze Stufe tiefer, da ja dort an eigentlich algebraische Problemstellung überhaupt noch nicht zu denken ist, sondern die Schwierigkeit noch ganz darin liegt, das rein Numerische zu bewältigen. In Babylonien spielt das Numerische keine entscheidende Rolle mehr, und entsprechend liegt das Interesse schon im Gebiet der mathematischen Relationen als solchen. Daß aber das Geometrische an sich eine mathematische Disziplin und eine Ausdrucksmöglichkeit mathematischer Begriffe sein kann, ist etwas, was erst bei den Griechen auftritt. Im Vorgriechischen ist alles Geometrische ein Anwendungsgebiet des Mathematischen — im Ägyptischen eine Anwendung der Rechentechnik, im Babylonischen die Einkleidung algebraischer Relationen. Es ist eine der interessantesten geschichtlichen Fragen, woher diese grundsätzliche Änderung der Einstellung vom Vorgriechischen zum Griechischen kommt. Wir werden im zweiten Band dieser Vorlesungen diese Frage bei der Behandlung der Rolle des Atomismus und der Entstehung der Irrationalzahltheorie zu behandeln haben.

§ 2. Ägyptische Geometrie.

a) Ebene Aufgaben.

Wenn wir jetzt von ägyptischer Geometrie sprechen und sie außerdem in ebene und räumliche Fragen teilen, so ist nach den vorangehenden Bemerkungen schon klar, daß dies nur eine ganz unhistorische, moderne Klassifizierung ist, die nur den Zweck einer größeren Übersichtlichkeit für uns hat.

Aus unseren Texten folgt, daß man die Flächeninhalte von Rechteck, Dreieck und Trapez in der üblichen Weise zu berechnen verstanden hat[1].

---

[1] In der Literatur über ägyptische Mathematik genießt eine Legende große Beliebtheit, die, soweit mir bekannt, von M. Cantor stammt. Es wird nämlich behauptet, daß in Ägypten rechte Winkel mit Hilfe von Seilknoten der Abstände 3, 4, 5 bestimmt worden seien und daß es sich dabei um einen speziellen Fall des pythagoreischen Lehrsatzes handelt. Dazu ist zweierlei zu bemerken: 1. Wir haben nicht die geringsten textlichen Unterlagen für diese Behauptung (die Demokritstelle, die Cantor herangezogen hat, bezieht sich auf ganz andere Dinge; vgl. dazu z. B. Gandz QS B 1 (V, 1), 255ff.). 2. Von der Kenntnis der rein numerischen Identität, daß $9 + 16 = 25$ ist, bis zur geometrischen Einsicht, daß gewisse Flächen, die man dem rechtwinkligen Dreieck zuordnen kann, einander gleich sind, liegt ein weiter Weg. Auch von solchen Überlegungen ist uns nicht das geringste aus den ägyptischen Texten bekannt.

Trotzdem liegt es durchaus in dem Bereich des Möglichen, daß die ägyptische Geometrie über die Kenntnis des pythagoreischen Lehrsatzes verfügt hat. Unsere Texte sprechen aber weder für noch gegen eine solche Möglichkeit. Für die rein archäologische Frage über die praktische Konstruktion rechter Winkel in der ägyptischen Bautechnik vgl. L. Borchardt: Längen und Richtungen der vier Grundkanten der großen Pyramide bei Gise. Berlin: Julius Springer 1926.

Bei der heutigen Interpretation dieser Aufgaben bestand die Hauptschwierigkeit in der Deutung der Termini für Höhe und Basis. Man muß ja die Terminologie immer aus dem sachlichen Zusammenhang erschließen, und wenn dieser Zusammenhang mathematisch so ungeheuer einfach ist, daß etwa bei der Flächenberechnung eines Dreiecks eine Größe mit der Hälfte der anderen multipliziert wird, so reicht dieser Zusammenhang nicht aus, um die Termini wirklich zwangläufig festzulegen. So bleibt beispielsweise offen, ob man diese beiden Größen als senkrecht aufeinander anzunehmen hat, d. h. also, ob die Flächenformel exakt oder nur angenähert ist. Es ist der große Vorteil der babylonischen Mathematik gegenüber der ägyptischen, daß die Rechnungen der babylonischen Mathematik ungleich viel komplizierter sind als die der ägyptischen, so daß die Interpretationsmöglichkeiten durch rein mathematische Zusammenhänge so stark eingeschränkt werden, daß man über derartige Dinge nicht mehr im Zweifel sein kann. Bei der ägyptischen Terminologie ist man sehr oft noch auf rein philologische Argumentationen angewiesen, was selbstverständlich einen großen Grad von Unsicherheit nach sich zieht. Trotzdem wird man heute wohl mit einer gewissen Sicherheit sagen können, daß z. B. die Formeln für die elementaren Flächeninhalte als korrekte Formeln interpretiert werden dürfen.

Daß es daneben auch reine Approximationsformeln gegeben hat, unterliegt keinem Zweifel. So gibt es umfangreiche Inschriften auf einer Tempelwand in Edfu, die Schenkungen von Feldern verzeichnet, deren vier Seitenlängen a, b, c, d und deren Inhalt sie angibt. Die Größe des Inhalts ergibt sich, wenn man aus den Seitenlängen den Ausdruck $\dfrac{a+b}{2} \cdot \dfrac{c+d}{2}$ bildet. Eine Anzahl von Feldern dieser Liste sind dreieckig. Die Angabe der Größe erfolgt dann etwa nach dem folgenden Schema: Die westliche Seite ist a, die östliche b, die südliche c, die nördliche „nichts". Die Fläche ist dann wieder aus $\dfrac{a+b}{2} \cdot \dfrac{c}{2}$ zu erhalten. Hier hat man es also immer mit Näherungsrechnungen zu tun, die sich auf ganz bestimmte Felder beziehen und mit einer für praktische Zwecke ausreichenden Genauigkeit die Flächen angeben.

Eine erstaunlich genaue Näherungsformel folgt aus den Texten M und R für die Kreisfläche. Die Methode besteht darin, daß man vom Durchmesser d seinen 9-ten Teil subtrahiert und den erhaltenen Ausdruck mit sich selbst multipliziert. Das heißt also, daß man die Kreisfläche gemäß der Formel

$$F = \left(\frac{8}{9}\,d\right)^2 = \varkappa\,d^2$$

berechnet, wobei also $\varkappa$ eine Approximation für $\dfrac{\pi}{4}$ ist, die $\pi \approx 3{,}1605\ldots$ ergeben würde. Wie man zu dieser Formel für die Kreisfläche gekommen ist, läßt sich an Hand des erhaltenen Textmaterials nicht sagen. Der einzige, allerdings recht schwache Hinweis beruht auf folgender Überlegung. Der Koeffizient $\varkappa = \left(\dfrac{8}{9}\right)^2$ scheint ein unveränderlicher Koeffizient zu sein, indem er nicht nur bei der Berechnung der Kreisfläche erscheint, sondern auch ebenso beim Kreisumfang, der, soweit man sehen kann, nicht durch $\left(\dfrac{16}{9}\right)^2 d$, sondern durch $\left(\dfrac{8}{9}\right)^2 4d$ berechnet wurde[1]. Da die Kreisfläche $F = \varkappa d^2$, der Umfang aber $U = 4\varkappa d$ ist, darf man wohl annehmen, daß die Formel für die Fläche den Ausgangspunkt gebildet hat, da $\varkappa$ das Verhältnis der Flächen und nicht der Umfänge ist. Woran man denken könnte, wäre dann vielleicht ein Vergleich der Kreisfläche mit der Fläche des umschriebenen Quadrates, wobei diesem die Ecken abgeschnitten wären, und in der Tat scheint eine Figur, die der Aufgabe R 48 beigegeben ist, die Kreisfläche

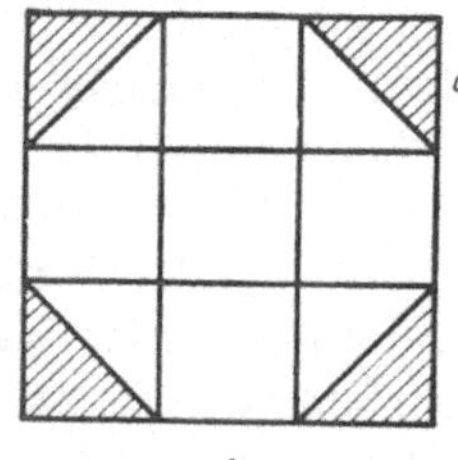

a   b
Fig. 37.

mit Quadratfläche vergleicht (vgl. Fig. 37 a), auf eine solche Möglichkeit hinzuweisen. Die spezielle Bauart des Koeffizienten $\varkappa$ würde auch nahelegen, zunächst die Ecken des Quadrates so abzuschneiden, daß man jeweils das mittlere Drittel der Quadratseite unberührt läßt, was aber für die Kreisfläche als erste Näherung $d^2 - \dfrac{2}{9} d^2$ ergeben würde (Fig. 37 b). Und es ist nicht einzusehen, wie man von diesem Ausdruck zu der ägyptischen Formel hinüberkommen kann. Ohne neues Textmaterial hat es also wenig Sinn, über die Entstehungsgeschichte dieser Formel Vermutungen zu äußern, da der naheliegende Weg offenbar nicht direkt zum Ziel führt.

Von unserem Gesichtspunkt aus als zur ebenen Geometrie gehörig ist auch eine Begriffsbildung zu erwähnen, die zur Beschreibung geneigter Flächen verwendet wird. Es wird dazu angegeben, um wieviel Handbreiten die Böschung zurückspringt bei einer vertikalen Höhe von einer Elle. Da eine Elle 7 Handbreiten faßt, entspricht also dieses Böschungsmaß dem Ausdruck $\mu \operatorname{ctg} \alpha$ mit $\mu = 7$ (vgl. Fig. 38).

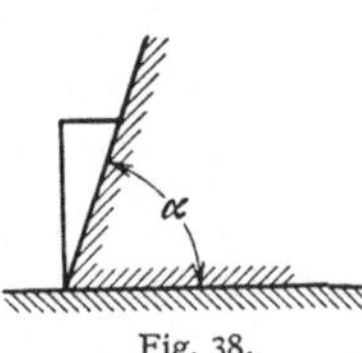

Fig. 38.

Auch in Babylonien gibt es eine ganz entsprechende Begriffsbildung. Nur sind dort horizontale Größen in . GAR, vertikale in Ellen zu messen, wobei 1 GAR 12 Ellen faßt. Babylonische Böschungen werden also durch den Ausdruck $\dfrac{1}{\mu} \operatorname{ctg} \alpha$ mit $\dfrac{1}{\mu} = 0;5$ angegeben.

---

[1] Dies stützt sich auf die unten besprochene Interpretation von M10 (vgl. S. 136).

b) Volumina.

Ähnlich wie in der ebenen Geometrie geben unsere Texte mehrfach Beispiele für die Erledigung der elementaren Aufgaben: Würfel und Quader, Zylindervolumen — letzteres als Volumberechnung von Getreidespeichern; die dabei für die Kreisfläche verwendete Berechnungsweise wurde schon im vorigen Abschnitt erwähnt.

Ganz charakteristisch für den Typus unserer Texte ist die Gegenüberstellung der beiden Aufgaben R 44 und R 45. Es soll dort der Inhalt eines würfelförmigen Raumes bestimmt werden. Aus uns hier nicht näher interessierenden rein metrologischen Gründen wird nach der Formel verfahren:

$$V = a^3 \cdot \frac{3}{2} \cdot \frac{1}{20},$$

wobei die Würfelkante $a = 10$ gegeben ist, so daß sich $V = 75$ ergibt. Die nächste Aufgabe R 45 verlangt nun aus $V = 75$ die Kantenlänge a zu bestimmen. Man erwartet selbstverständlich, daß man aus dem Ausdruck $20 \cdot \frac{2}{3} V$ die Kubikwurzel zieht. Aber nichts dergleichen geschieht (übrigens kennen wir auch sonst kein Beispiel einer Kubikwurzel in Ägypten). Vielmehr wird gebildet

$$20 V \cdot \frac{1}{100} \cdot \frac{2}{3},$$

was zwar richtig $a = 10$ liefert, aber deshalb vollkommen sinnlos ist, weil ja in dem Faktor $\frac{1}{10^2}$ bereits die Kenntnis des zu berechnenden $a = 10$ vorausgesetzt ist. Wie ist eine solche offenbare Absurdität zu erklären? Sie liegt, scheint mir, begründet in der Art der Überlieferung unserer Texte. Die ursprüngliche Aufgabe R 44 ist richtig und praktisch sinnvoll und gehört irgendeiner Sammlung von Aufgaben bezüglich Getreidespeichern an. Ähnliche Aufgabengruppen für andere Dinge müssen in anderen kleinen Texten gesammelt gewesen sein. Dann sind derartige Textstücke zu so großen Sammlungen wie R vereinigt und immer wieder kopiert worden. Bei jeder solchen Zusammenfassung von Einzelteilen zu größeren Texten und beim Abschreiben kamen Umstellungen oder Ergänzungen der Schreiber hinzu[1]. R 45 ist also wohl die Leistung irgendeines Kopisten, der den Text dadurch ausgestalten wollte, daß er zu einer Aufgabe auch ihre Umkehrung hinzufügte, die die ursprüngliche Fassung wohlweislich übergangen hatte, weil sie auf einen Formalismus geführt hätte, der die wirklichen Kräfte der ägyptischen Mathematik überstieg.

---

[1] Man muß sich immer vor Augen halten, daß die Benutzer und Erhalter unserer Texte gewöhnliche Schreiber aus den staatlichen oder großgrundbesitzerlichen Verwaltungen waren, also gewiß nicht irgendwelche beruflichen „Mathematiker".

Erwähnt sei noch eine Rechnung, die sich in einem zwar aus Ägypten stammenden, aber ganz späten (3. christliches Jahrhundert) griechisch geschriebenen Papyrus findet, nämlich die Berechnung des Inhaltes einer kegelstumpfförmigen Wasseruhr. Sind D bzw. d großer bzw. kleiner Durchmesser des Stumpfes, h seine Höhe, so wird das Volumen berechnet nach der Formel

$$V = \frac{h}{12}\left(\frac{3}{2}(D+d)\right)^2.$$

Der Sinn dieser Formel wird klar, wenn man 3 als Approximation von π verwendet, denn sie bedeutet dann soviel wie daß

$$V \approx \frac{h}{4\pi} U_m^2$$

gesetzt ist, wobei

$$U_m \approx \frac{D+d}{2}\pi$$

den mittleren Umfang des Kegelstumpfes bedeutet. Diese Formel ist also in jeder Hinsicht nur eine Näherungsformel. Sie ist aber geschichtlich dadurch interessant, daß sie zeigt, daß für derartige praktische Aufgaben mit ganz groben Näherungsformeln gerechnet wurde, obwohl, wie wir ja wissen, bereits im alten Ägypten eine sehr viel bessere Approximation von π bekannt war, ganz abgesehen von den in der griechischen Mathematik angewandten Näherungen. Auch aus Keilschrifttexten kennen wir für die Kreisfläche die hier benutzte Formel

$$F = \frac{U^2}{12}$$

(vgl. Kap. V S. 168). Mir scheint gerade dieser Parallelismus erwähnenswert, weil er zeigt, daß man aus dem Auftreten von groben Näherungsformeln bei praktischen Aufgaben nicht unmittelbar darauf schließen darf, daß sie die einzig bekannten Formeln gewesen sind. Erst aus dem Gesamttypus eines größeren Materials wird man mit einiger Sicherheit auf Möglichkeit oder Unwahrscheinlichkeit gewisser Kenntnisse schließen dürfen.

Das Glanzstück der ägyptischen Mathematik überhaupt ist die korrekte Formel für das Volumen eines Pyramidenstumpfes quadratischer Deckfläche (M 14):

$$V = \frac{h}{3}(a^2 + ab + b^2)$$

(a, b Kantenlängen der Deckflächen, h die Höhe). Was an dieser Formel überrascht, ist vor allem zweierlei: einerseits die symmetrische Gestalt, andererseits die mathematische Korrektheit, die ja gerade bei dieser Formel, falls sie auch korrekt abgeleitet werden sollte, bekanntlich mit Notwendigkeit Infinitesimalbetrachtungen verlangt, d. h. über den Rahmen der Elementargeometrie hinausführt.

Wenn wir von einer „Formel“ sprechen, so ist dies selbstverständlich hier wie auch sonst immer so zu verstehen, daß der Text selbst in konkreten Zahlen rechnet, aber nach einer Vorschrift die eben durch unsere Formel ausgedrückt wird. Irgendwelche sachlich wesentliche Interpretationsschwierigkeiten liegen gerade bei diesem Beispiel nicht vor, das außerdem durch eine Figur und zusätzliche Zahlenangaben noch ausdrücklich erläutert wird (vgl. Fig. 39). Eine Frage ist allerdings, ob ein gerader oder unsymmetrischer Pyramidenstumpf gemeint ist. Die Figur des Textes spricht für die zweite Interpretation, wobei allerdings zu bemerken ist, daß die meisten der Figuren unserer Texte

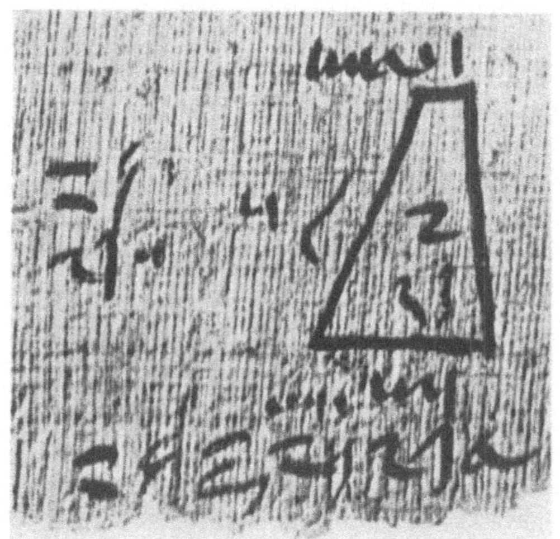
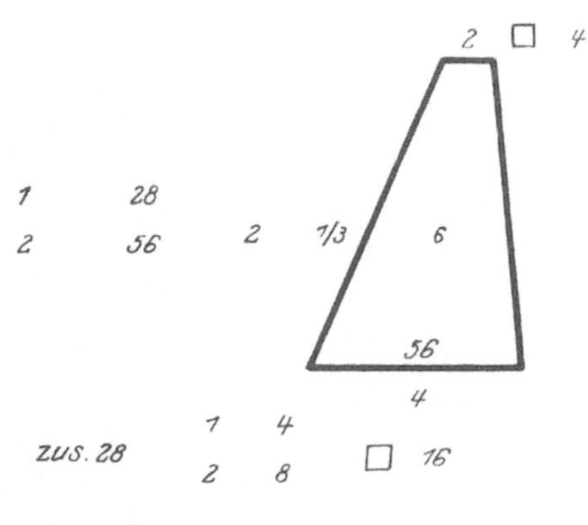

Fig. 39.

(sowohl die der Papyri wie die der Keilschrifttexte) sehr ungenau und metrisch ganz unkorrekt gezeichnet sind. Aber auch sachliche Gründe scheinen mir für die Auffassung als unsymmetrischen Körper zu sprechen. Wir haben schon im vorigen Abschnitt gesehen, wie Neigungen durch die praktischen Maßverhältnisse, nämlich Rücksprung in Handbreiten zu Höhen in Ellen, ausgedrückt werden. Eine solche Normierung entstammt offenbar der Praxis. Wir kennen aus zahllosen ägyptischen Bauwerken die schwach geböschten Wandflächen, so daß aus bautechnischen Gründen die Ungleichheit der Maße unmittelbar verständlich ist. So scheint mir, daß auch die Pyramidenstumpfberechnung nur bautechnischen Sinn haben kann als Volum- oder besser Gewichtsberechnung für den Eckblock zwischen zwei geböschten Flächen. Dann wird man aber einen Körper annehmen dürfen, wie er in Fig. 40 skizziert ist, aus der sich unmittelbar die Formel, die wir oben angegeben haben, ableiten läßt. Man hat dazu nur zu beachten, daß der Gesamtkörper aufzubauen ist aus einem Quader des Inhaltes $h \cdot ab$ (gebildet aus dem quaderförmigen Innenteil) vermehrt um die beiden kongruenten

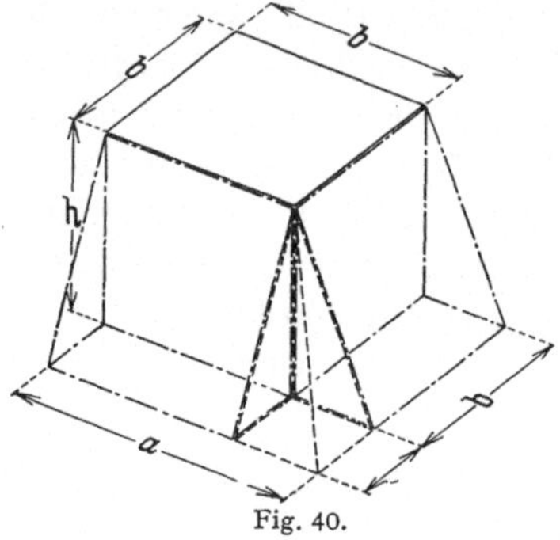

Fig. 40.

seitlichen Prismen und einer Pyramide der Grundfläche $(a-b)^2$ und der Höhe h. Nimmt man an, daß man das Volumen dieser Pyramide korrekt berechnen konnte, so ergibt sich für sie als Volumen

$$\frac{h}{3}(a-b)^2 = h\left(\frac{a^2}{3} - \frac{2}{3}ab + \frac{b^2}{3}\right).$$

Addiert man dazu das Volumen $h \cdot ab$ des ersten Körpers, so steht unsere Formel da.

Die Voraussetzungen, auf die sich diese Überlegung stützt, sind solche, daß man sie der ägyptischen Mathematik zumuten kann. Die geometrische Zerlegung ist beim unsymmetrischen Körper unmittelbar evident. Und die einzige Umformung, die nötig ist, ist das Quadrieren des Binoms $a-b$, und gerade diese ist textlich belegt (vgl. oben S. 112 **B 1**), während das Zusammenziehen von ab und $-\frac{2}{3}ab$ zu $\frac{1}{3}ab$ gerade der ägyptischen Mathematik absolut geläufig ist und keinerlei Umformung verlangt[1]. Eine wirklich wesentliche Voraussetzung ist selbstverständlich die Kenntnis der richtigen Pyramidenformel. Daß diese Kenntnis existiert hat, ist wohl mit Recht anzunehmen, da ja gerade unser Beispiel die Kenntnis der Formel für einen komplizierteren derartigen Körper beweist (die Pyramidenaufgaben in R betreffen leider immer nur eigentlich ebene Probleme, nämlich Böschungsaufgaben). Über die Frage, wie man zur Kenntnis der exakten Pyramidenvolumformel gekommen ist, weitreichende Betrachtungen anzustellen, hat wenig Sinn, denn es ist klar, daß darin notwendig eine Unkorrektheit enthalten sein muß, weil ja auch hier die Infinitesimalbetrachtung im allgemeinen Fall nicht umgangen werden kann. Die naheliegendste Annahme scheint mir die zu sein, daß man für irgendeinen speziellen und einfachen Fall (etwa wieder die Eckpyramide im Würfel, vgl. Fig. 41) durch eine anschauliche Überlegung die richtige Formel (im Beispiel der Fig. 41

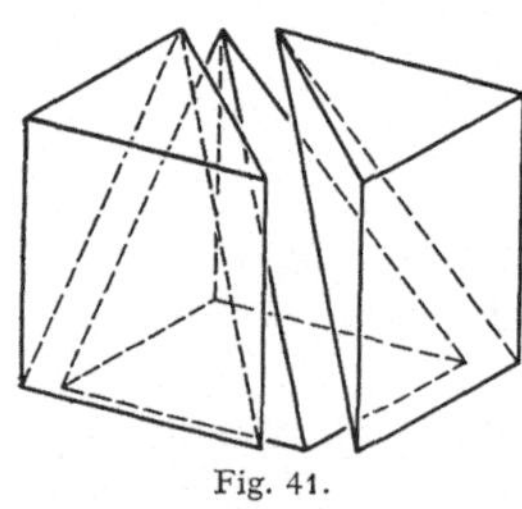
Fig. 41.

$$\frac{a^3}{3} = \frac{a}{3} \cdot a^2 \ )$$

---

gefunden hat und sie dann ohne weiteres auch auf die nichttrivialen Fälle ausgedehnt hat. Was mir allein an dieser ganzen Frage wesentlich scheint, ist, daß auch die Formel von M 14 nichts enthält, was unseren sonstigen Eindruck von der ägyptischen Mathematik wesentlich modifizieren müßte.

c) M 10.

In der neueren Literatur zur ägyptischen Mathematik hat ein Beispiel des Moskauer Papyrus, M 10, eine gewisse Rolle gespielt, so daß wir etwas ausführlicher auf dieses eine Beispiel eingehen müssen, das als die Berechnung der Halbkugeloberfläche interpretiert worden ist. Wenn die Ägypter den Satz, daß die Halbkugeloberfläche das Doppelte der Fläche des größten Kreises der Kugel ist, gekannt hätten, so wäre nicht nur ein berühmter Archimedischer Satz ungefähr um ein Jahrtausend vorzudatieren, son

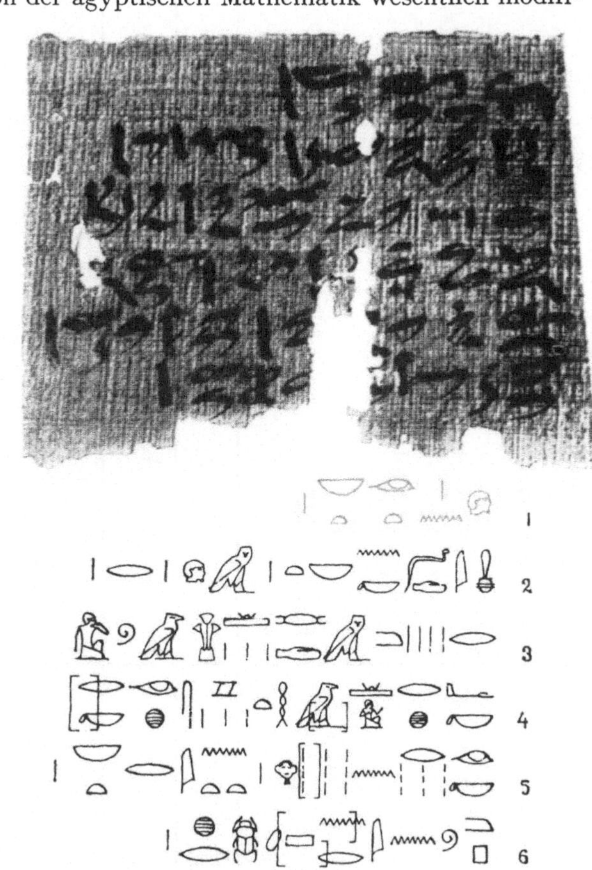

Fig. 42.

dern es wären auch unsere Ansichten über das ganze Niveau der ägyptischen Mathematik grundsätzlich zu ändern, was wieder mit den Ergebnissen aus dem ganzen übrigen Quellenmaterial in schärfstem Gegensatz stehen würde. Aus diesem Grunde ist es nötig, hier die Einzelheiten des Textbestandes zu analysieren. Ganz allgemein ist dieses Beispiel aber auch dadurch lehrreich, daß es zeigt, wie groß die Schwierigkeiten bei der Interpretation mathematischer Texte sind, sobald das rein Mathematische zu einfach ist, um Mehrdeutigkeiten der Interpretation auszuschließen.

In der umstehenden Übersicht ist zunächst links der Text angegeben, wobei nur das übersetzt ist, was ohne Schwierigkeiten über setzt werden kann. Rechts davon sind dann die verschiedenen Interpretationsmöglichkeiten skizziert, die wir noch im einzelnen besprechen werden. Fig. 42 zeigt den Zustand des Textes, soweit er hier in Worten umschrieben ist.

	Text	Struwe	Peet
1	Beispiel zur Berechnung einer $nb.t$	Korb $=$ Halbkugel	Korb $=$ Halbzylinder
2a	Wenn man Dir sagt: eine $nb.t$		
2b	$m\ tp\text{-}r^3$	von Mündung (d)	$\left[\text{von } 4\tfrac{1}{2}\right]$ an Mündung (d)
3	$r\ 4\tfrac{1}{2}\ m\ {}^\varsigma\underline{d}$	zu $4\tfrac{1}{2}$ in Erhaltung	zu $4\tfrac{1}{2}$ an ${}^\varsigma\underline{d}\ (a)$
4	laß mich wissen ihre Fläche		
5	Nimm $\bar 9$ von 9		
6a	weil die nb.t die Hälfte des i ▨ ist	$i[nr] =$ Kugel	$i[p.t]$
6b	das macht 1		
	$9 - 1 = 8$	$2d - \dfrac{1}{9}2d$	
	$\bar 9\cdot 8 = \bar{\bar 3} + \bar 6 + \overline{18}$ $8 - (\bar{\bar 3} + \bar 6 + \overline{18}) = 7 + \bar 9$	$\left(2d - \dfrac{1}{9}2d\right) - \dfrac{1}{9}\left(2d - \dfrac{1}{9}2d\right) = \left(\dfrac{8}{9}\right)^2 2d \approx \dfrac{\pi}{4}2d$	
	$(7 + \bar 9)(4 + \bar 2) = 32 =$ Fläche	$F = d\left\{(\ ) - \dfrac{1}{9}(\ )\right\} \approx \dfrac{d^2\pi}{2}$	$F = a\left\{(\ ) - \dfrac{1}{9}(\ )\right\} \approx a\,\dfrac{d\pi}{2}$

Wir wollen nun zunächst mit der Behandlung der Angaben unseres Problems beginnen. Aus Zeile 4 (ebenso wie aus dem Schlußresultat) folgt mit Sicherheit, daß es sich um eine Fläche handelt. Das Objekt, dessen Fläche berechnet werden soll, ist in der ersten Zeile genannt. Es wird mit der Hieroglyphe ⌣ nb geschrieben, die einen Korb darstellt. Es folgt dann die Hieroglyphe ⌐ l, welche die Femininendung des Wortes $nb.t$ darstellt. Und schließlich der Strich l, von dessen Funktion wir schon oben S. 77 gesprochen haben. Die naheliegendste Übersetzung des Wortes $nb.t$ würde also „Korb" lauten.

Die in Zeile 2b und 3 gemachten Angaben enthalten die eigentlichen Schwierigkeiten, auf die wir gleich hinweisen werden[1]. Die

---

[1] Die Zeilenangaben beziehen sich hier, wie im folgenden, auf die Zeilenzählung der obigen Übersicht. Die Zeilen des Textes enthalten die hier mit a und b bezeichneten Zeilen jeweils in einer Zeile.

einzige Zahlenangabe, die man dort findet, ist die Größe $4^1/_2$, die wir mit t bezeichnen wollen. Die Ausrechnung beginnt in Zeile 5 und enthält keine grundsätzlichen Schwierigkeiten, abgesehen von dem begründenden Satz in Zeile 6a. Wir wollen zunächst den rein formalen Teil der Ausrechnung besprechen. Der erste Schritt (Zeile 5) verlangt, den neunten Teil von 9 zu bilden. Es erfolgt dann die Subtraktion $9 - 1 = 8$, und dann wird ein Neuntel von 8 gebildet, was nach der Regel der ägyptischen Bruchrechnung $\bar{\bar{3}} + \bar{6} + \overline{18}$ gibt. Dies wird nun von 8 subtrahiert und das Ergebnis mit $4^1/_2$ multipliziert, was 32 als Endergebnis für den Flächeninhalt gibt.

Bei einiger Kenntnis der ägyptischen Mathematik ist es klar, wie man diese Zahlen zu interpretieren hat. Die erste 9 wird man als $2t$ deuten. Die weitere Fortsetzung der Rechnung liefern dann die Formeln, die in der Mittelspalte unserer Übersicht unten angegeben sind. Die zweite Formelzeile zeigt, daß ein Ausdruck gebildet worden ist, der mit $\left(\dfrac{8}{9}\right)^2 2t$ äquivalent ist. Wir haben aber oben (S. 123) gesehen, daß $\left(\dfrac{8}{9}\right)^2$ die ägyptische Approximation von $\dfrac{\pi}{4}$ ist, so daß also die ganze Rechnung durch die Formel

$$F = t\left\{\left(2t - \frac{1}{9}\,2t\right) - \frac{1}{9}\left(2t - \frac{1}{9}\,2t\right)\right\} \approx \frac{1}{2}\,t^2\pi$$

wiederzugeben ist.

Bis hierher sind keine wesentlichen Unsicherheiten der Interpretation zu überwinden gewesen. Alles kommt jetzt aber darauf an, welche sachliche Bedeutung man der Größe t zuweist. Auch ohne näheres Eingehen auf den Wortlaut des Textes liegt es nahe, in der einzig gegebenen Größe t im Rahmen einer Rechnung, die offensichtlich etwas mit dem Kreis zu tun hat, entweder den Durchmesser d oder den Radius r zu verstehen. Macht man die erste Annahme, d. h. setzt man $t = d$, so ist die berechnete Fläche durch

$$F = \frac{1}{2}\,d^2\pi$$

gegeben. Wählt man aber die zweite Interpretation, so ist

$$F = \frac{1}{2}\,r^2\pi\,.$$

Da der erste Ausdruck das Vierfache des zweiten ist, so bedeutet die erste Annahme die Interpretation unserer Aufgabe als Berechnung der Halb*kugel*oberfläche, die zweite als Berechnung der Halb*kreis*fläche. Ohne also irgendwie auf die Einzelheiten des Textwortlautes einzugehen, zeigt schon unsere erste Übersicht über den Gang der Rechnung, daß wir zwischen zwei grundsätzlich verschiedenen Möglichkeiten wählen können, ohne daß die Rechnung als solche die Entscheidung bringen kann.

Wir wenden uns nun der Diskussion der Anfangszeilen des Textes zu und behandeln diejenige Interpretation, die ihr von dem ersten Bearbeiter des Textes, W. STRUVE in Leningrad, gegeben worden ist. Wir müssen auch hier von dem gesichertsten Teil ausgehen. Zunächst ist es gewiß mit dem Wortlaut des Textes durchaus verträglich, daß man in der Bezeichnung „Korb" einen Terminus für Halbkugel erblickt. Das Zeichen der Hieroglyphe nb ⌣ spricht ja auch unmittelbar für diese Auslegung. Mit der Interpretation von M 10 als Halbkugelproblem ist auch die Bemerkung von Zeile 6a, „weil die $nb.t$ die Hälfte des . . . ist", verträglich. Hier beginnen allerdings die ersten Schwierigkeiten. Die eine ist nicht sehr wesentlich und bezieht sich auf den ersten Schritt der Ausrechnung „nimm $\frac{1}{9}$ von 9", was wir als das bilden von $\frac{1}{9}$ von $2t$ ausgelegt haben. Es ist nicht ganz einzusehen, warum gerade bei diesem Schritt bemerkt werden soll, daß die Halbkugel die Hälfte — man wird einsetzen: der Vollkugel — ist. Gegen dieses Bedenken kann man sich aber dadurch helfen, daß man sagt, üblicherweise hätte die Formel zur Berechnung der Kugeloberfläche heißen müssen

$$F = t\left\{\left(4t - \frac{1}{9}\,4t\right) - \frac{1}{9}\left(4t - \frac{1}{9}\,4t\right)\right\},$$

und daß der Rechner darauf aufmerksam gemacht werden sollte, daß es sich hier nur um die halbe Kugel handle, also von vornherein mit $2t = 9$ statt mit $4t = 18$ gerechnet werden könne.

Die zweite und sehr viel wesentlichere Schwierigkeit liegt aber darin, daß man, wie wir es ja schon getan haben, in die Lücke am Schluß dieser eingeschobenen Begründung ein Wort einsetzen muß, das „Kugel" bedeutet. Nun kennen wir zwar überhaupt kein ägyptisches Wort, das Kugel bedeutet. In der Lücke ist aber noch der Anfang des Wortes zu lesen (vgl. Fig. 42), nämlich das Zeichen ⧘ i[1], und der erste Gedanke, den jeder bei einiger Kenntnis des Ägyptischen haben wird, ist der, daß er das Wort itn ergänzen wird, das ganz häufig ist und soviel wie „Sonne"[2], aber auch „Mondscheibe" und ähnliches

---

[1] Man beachte, daß hier im Druck die Hieroglyphen von links nach rechts zu lesen sind, dagegen in dem hieratischen Text und der Autographie von Fig. 42 von rechts nach links. Vgl. dazu das oben S. 73 Gesagte. — Für den Zusammenhang der hier besprochenen hieratischen Zeichen mit den Hieroglyphen vgl. Fig. 24 von S. 75.

[2] Das Wort wird auch den Außenstehenden schon oft begegnet sein, es wird nämlich auch gebraucht als Bezeichnung des Sonnengottes „Aton" (itn — über die Vokalisierung ägyptischer Worte vgl. das oben S. 75 Gesagte) und steckt in dem Namen des religiösen Reformators der Amarnazeit, des Königs „Echnaton". Auch sein Nachfolger „Tutanchamon" (twt-$^{c}n\underline{h}$-imn = „Schön an Leben ist Amon") hieß ursprünglich „Tutanchaton" (twt-$^{c}n\underline{h}$-itn = „Schön an Leben ist Aton").

bedeutet, sich also ausgezeichnet zu einem Terminus für Kugel eignen
würde. Leider ist die Zerstörung des Textes nicht ausreichend, um
diese naheliegende Ergänzung ausführen zu können, denn die noch
erhaltenen Schriftzeichen schließen die Gruppe ⌓ ⊙ aus. Es ist aus
den noch erhaltenen Zeichenresten mit Sicherheit festzustellen, daß
das untere der beiden auf *i* 𓇋 folgenden Zeichen nicht ein *n* 〰
war, sondern ein Zeichen, das höchstwahrscheinlich *t* ⌓ zu lesen ist[1].
Und schließlich gehört als Determinativ zum Worte *itn* die „Sonnenscheibe" ⊙, und auch zu diesem Zeichen passen die Reste des De-
terminativs, die man gerade noch auf der anderen Seite der Lücke
im Papyrus erkennen kann, nur schlecht. So ist also die Ergänzung *itn*
mit Sicherheit auszuschließen. Andererseits aber ist leider nicht zu
sehen, wie man die erhaltenen Zeichenreste zu einem bekannten Wort
zusammenfassen soll. STRUVE hat folgenden Ausweg vorgeschlagen:
Er liest das Zeichen links unten neben dem *i* als ⌣ *r* — in der Tat
wäre dies auch nicht ganz unmöglich, wenn auch gesagt werden muß,
daß *t* wesentlich besser als *r* wäre. Das Zeichen links oben von *i* faßt
er als den Anfang eines *n* 〰 und ergänzt das Determinativ zur Hieroglyphe des „Eies", d. h. er liest so, wie es in unserer Fig. 42 in der
Transkription von Zeile 6 des Textes angegeben ist, wobei vor dem
Determinativ des Eies noch ein anderes Determinativ, nämlich das
Determinativ □ des Steines, eingesetzt ist, das zu dem Wort *inr*
gehört. Dieses *inr* bedeutet im allgemeinen „Stein" und wird dann
selbstverständlich ohne das Determinativ des Eies geschrieben. Es
gibt aber eine Ableitung aus diesem Wort, in der auch noch das Determinativ des Eies vorkommt, die in mythologischem Zusammenhang
(im sog. „Totenbuch") vorkommt und dort in der Tat etwas wie Ei
bedeuten dürfte, wenn auch nur in einer sehr weitläufigen Verbindung.
STRUVE sieht also „Ei" als den Terminus für „Kugel" an.

Wir müssen uns nun den Angaben zuwenden. Die zweite Zeile
wiederholt wie üblich das einleitende Stichwort (*nb.t*). Dann folgen
die Worte (Zeile 2b) *m tp-r³*. Dies *tp-r³* ist ein auch in mathematischem
Zusammenhang bekannter Terminus, der wörtlich übersetzt soviel wie
„vorne im Munde", d. h. „Mündung" bedeutet. Mit diesem Terminus

---

[1] Man kann dies unmittelbar durch den Vergleich von Photographie und
Autographie in Zeile 6 (des Textes) erkennen (vgl. Fig. 42). Unmittelbar vor (d. h.
rechts von) dem Zeichen *i*, dessen hieratische Form von der hieroglyphischen
kaum abweicht (vgl. Fig. 24 S. 75), steht nämlich das Zeichen *n*, während links
unten neben dem *i* das fragliche Zeichen steht, das viel zu kurz für ein *n* ist. Wohl
aber paßt es unmittelbar zu der hieratischen Form von *t* ⌓, die man etwa am Ende
von Zeile 1 oder am Ende von Zeile 5 unter dem Zeichen für *nb* ⌣ erkennen kann,
oder am besten in Zeile 5 unmittelbar vor dem *i* 𓇋 in der Gruppe *ntt* 〰⌓⌓.

wird z. B. auch die Basis eines gleichschenkligen Dreiecks bezeichnet. Wenn also hier von einer „Mündung" unseres Objektes gesprochen wird, so liegt es gewiß nahe, mit STRUVE darin den Durchmesser des Randkreises der Halbkugel zu sehen. So weit bestehen also keine wesentlichen Schwierigkeiten. Diese setzen erst wieder ein, wenn man den grammatischen Zusammenhang betrachtet, in dem dieses Wort hier auftritt. Es steht nämlich zwischen zwei Präpositionen, voran steht ein m ⟨hierogl.⟩, und es folgt ein r ⟨hierogl.⟩. Die Partikel m kommt ungemein häufig im Ägyptischen vor. Ursprünglich heißt sie soviel wie „innen". Daraus entwickeln sich eine Reihe von Bedeutungen, nämlich „in" sowohl zeitlich wie räumlich, „unter", „mit", „mittels" usw. Eine wichtige Funktion kommt dieser Partikel im sog. Nominalsatz zu, d. h. in einem Satz der Bauart „A ist B", wo A und B unserem Subjekt und Prädikat entsprechen. Eine häufige Form dieser Nominalsatzkonstruktion ist die mit m, nämlich „A m B". Darin drückt m die Gleichheit der beiden Begriffe A und B aus. In den mathematischen Texten ist daher die Partikel m sehr häufig geradezu wie ein Gleichheitszeichen zu lesen, etwa in der Verbindung „$\frac{2}{3}$ von ihm ist (m) 4". Wenn demnach der Gebrauch der Partikel m ein sehr mannigfaltiger ist und in unserer Sprechweise nicht immer leicht wiedergebbar, so hat dagegen die Partikel r meist die einfache Bedeutung „in Richtung auf etwas hin", „zu".

Schließlich ist noch das letzte Wort aus Zeile 3 zu besprechen, nämlich `$\underline{d}$. Es heißt gewöhnlich „wohlbehalten sein" und ähnliches. Bei STRUVES Interpretation muß die Größe $4\frac{1}{2}$ den Durchmesser des Großkreises der Kugel bedeuten, und er übersetzt daher „$4\frac{1}{2}\ m\ `\underline{d}$" durch „$4\frac{1}{2}$ in Erhaltung" und sieht darin einen Ausdruck dafür, daß der Durchmesser eines „möglichst großen" und nicht irgendeines Kreises zu nehmen sei. Die vorausgehende Partikel r „zu" und den Satz $m\ tp\text{-}r^3$ zieht er zu „von Mündung zu $4\frac{1}{2}$" zusammen und interpretiert das „zu", das grammatisch an dieser Stelle sehr ungewöhnlich ist, als einen Ausdruck dafür, daß die Länge $4\frac{1}{2}$ sowohl in einer Richtung wie in einer dazu senkrechten Richtung gemessen werden kann. Seine ganze Übersetzung hätte man also etwa ausführlich so wiederzugeben: „eine korbförmige Fläche, deren Mündung in jeder Richtung $4\frac{1}{2}$ ist und dabei möglichst groß sein soll".

Diese ganze Übersetzung der Angaben ist grammatisch nicht ohne Bedenken, aber sie verträgt sich wenigstens mit der Interpretation unserer Aufgabe als Halbkugeloberfläche. Die Hauptstütze dieser Auffassung ist aber nicht der Wortlaut des Textes, sondern eigentlich nur der Umstand, daß die Zahl $4\frac{1}{2}$ dem Wort für „Mündung" zugeordnet werden muß und „Mündung" naturgemäß den Durchmesser und nicht den Radius bezeichnen dürfte. STRUVES Übersetzung ist also vollkommen Funktion seiner Interpretation der Rechnung mit $t = d$.

Eine grundsätzlich neue Situation hat T. E. PEET geschaffen durch die Annahme eines Schreibfehlers. Er ergänzt nämlich im Anfang der Zeile 2b die Worte $n\ 4\frac{1}{2}$ und bekommt so einen grammatisch vollständig einwandfreien Satzbau, nämlich

nb. t	eine *nb. t*
$\left[n\ 4\frac{1}{2} \right]\ m\ tp\text{-}r^{3}$	$\left[\text{von}\ 4\frac{1}{2} \right]$ an Mündung
$r\ 4\frac{1}{2}\ m\ {}^{\text{c}}\underline{d}$	zu $4\frac{1}{2}$ an ${}^{\text{c}}\underline{d}$.

Der grammatische Bau dieser Sätze ist nun ein vollständig einwandfreier. Die *nb. t* wird durch zwei parallele Angaben beschrieben, $4\frac{1}{2}\ m\ tp\text{-}r^{3}$ und $4\frac{1}{2}\ m\ {}^{\text{c}}\underline{d}$, die zueinander durch die Partikel r in Gegensatz gestellt werden, genau so, wie wir das Wort „zu" bei Maßangaben verwenden. Damit ist zunächst in die Syntax der Angaben eine befriedigende Ordnung gebracht. Allerdings beruht dies auf der Annahme eines Schreibfehlers. Diese Annahme ist aber einerseits dadurch zu motivieren, daß die Auslassung von $n\ 4\frac{1}{2}$ durch das doppelte Auftreten des Zeichens $4\frac{1}{2}$ leicht erklärt werden kann (unser Text ist selbstverständlich auch ein mehrmals abgeschriebener Text), andererseits durch den grammatisch fast unmöglichen Satzbau ohne diese Ergänzung. Von philologischer Seite ist also PEETS Vorschlag weitaus die beste Lösung.

Einen weiteren Ergänzungsvorschlag macht PEET am Schluß von Zeile 6a bezüglich der Ausfüllung der Lücke. Wir haben oben gesehen, daß die beste Lesung der Reste sein würde: $i \ \ t \ $. PEET ergänzt dies zu *ip. t* , was ebenfalls mit den Resten und dem verfügbaren Platz sehr gut verträglich ist.

So scheint also durch PEETS Vorschläge zunächst einmal der Text als solcher richtig hergestellt zu sein. Es erhebt sich nunmehr wieder die Frage nach der Interpretation auf Grund dieser neuen Sachlage. Unsere bisherigen Überlegungen beruhten auf der Annahme, daß nur eine einzige Größe in den Angaben gegeben war; dann blieb nichts übrig als die Alternative zwischen Durchmesser oder Radius, d. h. zwischen Kugel oder Kreis. Jetzt aber haben wir zwei Größen in den

Angaben zur Verfügung, die „Mündung" $d = 4\frac{1}{2}$ und die als $^{\backprime}\underline{d}$ bezeichnete Größe $a = 4\frac{1}{2}$ (die numerische Gleichheit von d und a ist selbstverständlich durch die Ausrechnung, die wir ja schon kennen, gefordert). Die naturgemäß als Durchmesser d zu deutende Größe $tp\text{-}r^3$ wird man selbstverständlich zur Kreisberechnung verwenden, also wie bei STRUVE den ersten Teil durch die Formel beschreiben:

$$\left(2d - \frac{1}{9} \cdot 2d\right) - \frac{1}{9}\left(2d - \frac{1}{9} \cdot 2d\right) = \left(\frac{8}{9}\right)^2 \cdot 2d\,.$$

Nun verlangt der Text nochmals eine Multiplikation mit $4\frac{1}{2}$. Im Gegensatz zu der alten STRUVEschen Interpretation können wir jetzt diese Zahl $4\frac{1}{2}$ für die z w e i t e gegebene Größe, nämlich a, in Anspruch nehmen. So erhalten wir als Schlußformel

$$F = a\left(\frac{8}{9}\right)^2 2d \approx a\,\frac{d\pi}{2}\,.$$

Wenn man a und d als zueinander senkrechte Richtungen auffaßt, so hat man es hier mit einer Fläche zu tun, die man als Fläche eines Halb-

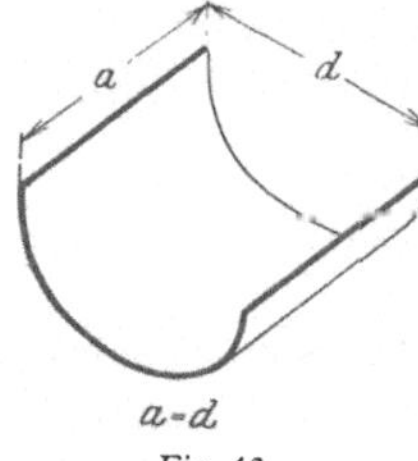

Fig. 43.

zylinders des Durchmessers d und der Höhe a interpretieren kann (vgl. Fig. 43), wie es auch PEET getan hat.

Es erhebt sich jetzt selbstverständlich die Frage nach der Wortbedeutung von $nb.t$, von $^{\backprime}\underline{d}$ und von $\dot{\imath}p.t$. PEET sah in dem Objekt von Fig. 43 eine Art Tragkorb, in $^{\backprime}\underline{d}$ einen neuen, bisher unbekannten Terminus, der die Länge des Korbrandes angeben muß, und $\dot{\imath}p.t$ brachte er mit einem bekannten Getreidemaß dieses Namens in Beziehung. Eine etwas andere Auffassungsweise habe ich vorgeschlagen mit Rücksicht darauf,

Fig. 44.

daß man die gegebenen Maßzahlen im allgemeinen als Ellen auffassen muß, was dann für den „Korb" übermäßig große Dimensionen geben würde. Mir scheint daher eine gewisse Möglichkeit für die Annahme zu bestehen, daß es sich um die Oberflächenberechnung (Material-verbrauch) für einen jener kuppel-förmigen Speicher handelt, wie sie uns aus Ägypten in vielen Darstellungen bekannt sind (vgl. Fig. 44). Unsere Oberflächenberechnung würde dann gemäß Fig. 45 und 46 eine grobe, aber auch konstruktiv naheliegende Näherungsformel bedeuten. Auch die Dimensionierungen würden sehr gut mit den tatsächlichen Verhältnissen übereinstimmen.

Ich habe diese Interpretationsfragen von M 10 mit solcher Ausführlichkeit behandelt, weil sie mit besonderer Deutlichkeit zeigen, welche Fülle von Schwierigkeiten sich bei einem etwas komplizierteren Textabschnitt sofort einstellen. Kennt man nicht alle diese Einzelheiten, so ist es vollständig unmöglich, ein ernst zu nehmendes Urteil über historisch so weittragende Ansichten auszusprechen wie die Annahme, daß M 10 die Berechnung der Halbkugeloberfläche enthält. Erst wenn man die Einzelheiten der beiden Betrachtungsmöglichkeiten von STRUVE und von PEET einander gegenüberstellen kann, wird man verstehen, auf wie unsicheren Füßen manche historische Behauptungen stehen, die als gesicherte Tatsachen in die Literatur übergegangen sind.

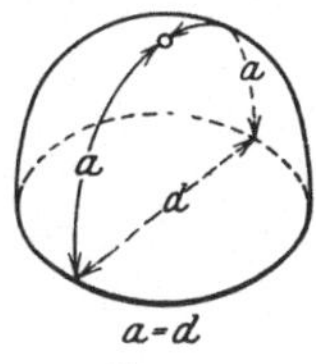

Fig. 45.

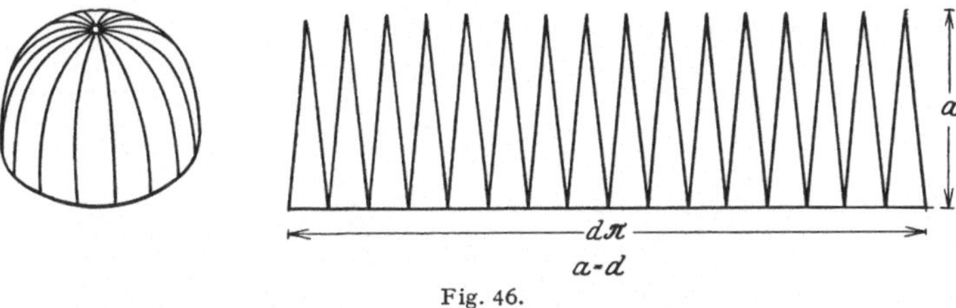

Fig. 46.

Im Falle von M 10 halte ich persönlich die PEETsche Textrekonstruktion, die also zwei gegebene Größen liefert, für die bei weitem wahrscheinlichere. Jedenfalls genügt das bloße Bestehen einer solchen Möglichkeit wie der PEETschen Ergänzung, um der Halbkugelinterpretation jede Sicherheit zu nehmen. Eine ganz andere Frage ist dann die nach der Einzelerklärung der Termini im Falle der PEETschen Auffassung. Das sind aber Fragen, die nicht mehr wesentlich unsere Auffassung der ägyptischen Mathematik beeinflussen können, sondern Einzelheiten betreffen, die den Rahmen unserer Darstellung hier überschreiten.

§ 3. Ägyptische Bruchrechnung.

a) Hilfszahlenalgorithmus.

Wir wenden uns jetzt wieder den grundsätzlichen Fragen zu, die wir im ersten Paragraphen dieses Kapitels gestellt haben und die sich auf die Entstehungsgeschichte der eigentümlichen Methode beziehen, die von der ägyptischen Mathematik beim Operieren mit Brüchen verwendet wird. Unsere bisherigen Darlegungen müssen wir jetzt, wo wir auf Einzelheiten der Bruchrechnung einzugehen haben, noch um einen wesentlichen Punkt ergänzen.

In auffallendem Gegensatz zur Schwerfälligkeit und Primitivität der ägyptischen Bruchrechnung steht die Tatsache, daß oft relativ komplizierte Umformungen scheinbar direkt vorgenommen werden. So wird z. B. in R 30 konstatiert, daß die beiden Stammbruchsummen $\overline{3} + \overline{46} + \overline{138}$ und $\overline{5} + \overline{10} + \overline{230}$ zusammen 1 ergeben. Man fragt sich selbstverständlich, wie man eine solche Addition von Brüchen gänzlich verschiedener Nenner ohne weiteres auszuführen imstande war. Die Antwort auf diese Frage scheint eine Rechnung wie die von R 22 zu geben, in der

$$\overline{\overline{3}} + \overline{5} + \overline{10} + \overline{30} = 1$$

gebildet wird, aber sich unter den mit der üblichen schwarzen Tusche geschriebenen Zahlzeichen für die Brüche auch noch rot geschriebene Zahlen finden, nämlich

$$\overline{\overline{3}} + \overline{5} + \overline{10} + \overline{30} = 1.$$
$$20 \qquad 6 \qquad 3 \qquad 1$$

Es könnte scheinen, daß damit unsere Frage nach der Addition von Brüchen bereits vollständig beantwortet ist, denn die roten Ziffern lassen sich ohne weiteres interpretieren als die Zähler der einzelnen Summanden, wenn man 30 als kleinsten gemeinsamen Nenner einführt:

$$\frac{20}{30} + \frac{6}{30} + \frac{3}{30} + \frac{1}{30} = 1.$$

Man hätte es demnach bei den roten Zahlen, die wir im folgenden immer als „*Hilfszahlen*" bezeichnen werden, mit einer nur äußerlich von der unseren verschiedenen Schreibweise für „gemischte" Brüche, d. h. Brüche eines von 1 verschiedenen Zählers, zu tun. Diese Annahme läßt sich aber sofort durch andere Beispiele widerlegen. Die folgende Bruchaddition (aus R 33)

$$(36 + \quad \overline{\overline{3}} \quad + \quad \overline{4} + \overline{28}) + (\overline{28} + \overline{84}) = 37$$
$$3621 + \overline{3} \quad 1358 \quad 194 \quad 194 \quad 64 + \overline{\overline{3}}$$

läßt sich keinesfalls mehr als Einführung eines kleinsten gemeinsamen Nenners interpretieren. Dies zeigt sich nicht nur darin, daß dieser kleinste gemeinsame Nenner 84 wäre und nicht 5432, wie es unseren Hilfszahlen entsprechen würde, sondern auch dadurch, daß es ja der einzige Sinn der Einführung von gemeinsamen Nennern ist, daß man ganzzahlige Zähler erhält, was hier nicht der Fall ist. Das Auftreten von Brüchen in den Hilfszahlen, das wir auch sonst des öfteren beobachten können, macht also die Interpretation, daß sie zur Bestimmung gemeinsamer Nenner dienen, unmöglich.

Es handelt sich hier um eine Frage von grundsätzlicher Bedeutung. Wären die Hilfszahlen wirklich nur der Einführung eines gemeinsamen Nenners äquivalent, so hätte man es der Sache nach mit der Existenz eines ganz allgemeinen Bruchbegriffes in Ägypten zu tun. Es geht also um einen entscheidenden Punkt in der Beurteilung dieses Teiles der vorgriechischen Mathematik, wenn wir nun die Einzelheiten des Hilfszahlen-Algorithmus untersuchen. Schon das bisher Erwähnte zeigt, daß sich die Frage ziemlich unmittelbar in negativer Richtung erledigen läßt, nämlich dahin, daß es sich nicht um ein Rechnen mit „Zähler" und „Nenner" handeln kann. Aber wir werden eine Reihe von Erscheinungen diskutieren müssen, um auch die positive geschichtliche Rolle der Hilfszahlen zu verstehen.

Wir wollen zunächst eine eigentümliche Verwendungsweise der Hilfszahlen besprechen, die nochmals unterstreicht, daß es sich dabei nicht um den kleinsten gemeinsamen Nenner handeln kann. Wir finden nämlich in R 14 folgende Rechnung (Multiplikation von $\overline{28}$ mit $1+\overline{2}+\overline{4}$):

$$
\begin{array}{cc}
1 & \overline{28} \\[2mm]
\overline{2} & \overline{56} \\[2mm]
\overline{4} & \overline{112} \\
\end{array}
$$

$$\text{zusammen } \overline{16}.$$

Wären die Hilfszahlen als Zähler nach Einführung eines gemeinsamen Nenners zu verstehen, so hätte diese Addition $\overline{28} + \overline{56} + \overline{112} = \overline{16}$ zu lauten

$$
\underset{4 \quad\ 2 \quad\ 1}{\overline{28} + \overline{56} + \overline{112}} \qquad \text{und nicht} \qquad \underset{1 \quad\ \overline{2} \quad\ \overline{4}}{\overline{28} + \overline{56} + \overline{112}}.
$$

Diese Erscheinung läßt sich aber doch erklären, wenn man ein Beispiel wie R 14 nicht isoliert für sich betrachtet, sondern zusammen mit einer Gruppe von Beispielen, die sachlich zusammengehören und die in der umstehenden Tabelle zusammengestellt sind. Betrachten wir etwa die erste Reihe der umstehenden Zusammenstellung, so sehen wir, daß die Rechnungen dieser drei Beispiele als Ganzes auseinander durch fortgesetztes Halbieren hervorgehen. Die Beispiele R 11 und R 12 enthalten zwar keine Hilfszahlen. Wenn wir sie aber, wie in eckigen Klammern angegeben ist, so ergänzen, daß sie ebenfalls durch Halbierung von Beispiel zu Beispiel auseinander hervorgehen, so werden die Hilfszahlen des ersten Beispiels sinngemäß, nämlich beim k l e i n s t e n

Bemerkung: In den Beispielen der beiden oberen Reihen wird immer mit $1+\bar2+\bar4$ multipliziert, in der unteren Reihe mit $1+\bar{\bar3}+\bar3$.

R 11

1	$\bar7$	[4]
$\bar2$	$\overline{14}$	[2]
$\bar4$	$\overline{28}$	[1]
zus.	$\bar4$	

R 12

1	$\overline{14}$	[2]
$\bar2$	$\overline{28}$	[1]
$\bar4$	$\overline{56}$	[2]
zus.	$\bar8$	

R 14

1	$\overline{28}$	1
$\bar2$	$\overline{56}$	$\bar2$
$\bar4$	$\overline{112}$	$\bar4$
zus.	$\overline{16}$	

R 9

1	$\bar2$	$+\ \overline{14}$
	[14]	[2]
$\bar2$	$\bar4$	$+\ \overline{28}$
	[7]	[1]
$\bar4$	$\bar8$	$+\ \overline{56}$
	[3+2]	[2]
zusammen	1	

R 7, R 7b, R 10

1	$\bar4$	$+\ \overline{28}$
	7	1
$\bar2$	$\bar8$	$+\ \overline{56}$
	$3+\bar2$	$\bar2$
$\bar4$	$\overline{16}$	$+\ \overline{112}$
	$1+\bar2+\bar4$	4
zusammen	$\bar2$	

R 13

1	$\overline{16}$	$+\ \overline{112}$
	$1+2+\bar4$	$\bar4$
$\bar2$	$\overline{32}$	$+\ \overline{224}$
	$\bar2+\bar4+8$	8
$\bar4$	$\overline{64}$	$+\ \overline{448}$
	$4+\bar8+\overline{16}$	$\overline{16}$
zusammen	$\bar8$	

R 15

1	$\overline{32}$	$+\ \overline{224}$
	$\bar2+\bar4+8$	8
$\bar2$	$\overline{64}$	$+\ \overline{448}$
	$\bar4+\bar8+\overline{16}$	$\overline{16}$
$\bar4$	$\overline{128}$	$+\ \overline{896}$
	$8+\overline{16}+\overline{32}$	$\overline{32}$
zusammen	$\overline{16}$	

R 16

1	$\bar2$	[9]
$\bar{\bar3}$	$\bar3$	[6]
$\bar3$	$\bar6$	[3]
zus.	1	

R 17

1	$\bar3$	[6]
$\bar{\bar3}$	$\bar6+\overline{18}$	[4]
$\bar3$	$\bar9$	[2]
zus.	$\bar{\bar3}$	

R 8[1]

1	$\bar4$	$4-\bar2$
$\bar{\bar3}$	$\bar6$	3
$\bar3$	$\overline{12}$	$1+\bar2$
zus.	$\bar2$	9

R 18

1	$\bar6$	[3]
$\bar{\bar3}$	$\bar9$	[2]
$\bar3$	$\overline{18}$	[1]
zus.	$\bar3$	

R 19

1	$\overline{12}$	$1+\bar2$
$\bar{\bar3}$	$\overline{18}$	1
$\bar3$	$\overline{36}$	$\bar2$
zus.	$\bar6$	

R 20

1	$\overline{24}$	$\bar2+\bar4$
$\bar{\bar3}$	$\overline{36}$	$\bar2$
$\bar3$	$\overline{72}$	$\bar4$
zus.	$\overline{12}$	

[1] Entweder durch Halbieren aus R 16 oder durch Addition von R 18 und R 19 zu gewinnen ($2 = 3 + 6$).

Bruch und entsprechend beim größten . Daß diese Rekonstruktion das Richtige trifft, bewährt sich nun in dem Beispiel der zweiten Horizontalreihe. Betrachten wir etwa die Beispielsgruppe R 7, R 7b, R 10 [1]. Die erste Zeile $\overline{4} + \overline{28}$ ist der Einführung von 28 als gemeinsamem

Nenner äquivalent. Die zweite Zeile halbiert sowohl die schwarzen wie die roten Zahlen, und dies wiederholt sich nochmals in der dritten Zeile. Wir übertragen nun diese Rechnung als Ganzes um einen Schritt nach rechts, indem wir sowohl schwarze wie rote Zahlen halbieren. Diese Rechnung ist im Text nicht erhalten, wohl aber sofort der nächste und der übernächste Schritt, bei denen nochmals sämtliche schwarze und rote Zahlen jeweils halbiert werden. Ganz entsprechendes gilt für alle anderen Beispiele unserer Übersicht.

Schon aus dem Bisherigen ergibt sich also folgendes: Nimmt man etwa ein Beispiel wie R 15 (rechtes Ende der mittleren Reihe unserer Übersicht), so wird man, wenn man es für sich betrachtet, die komplizierten Bruchaggregate der Hilfszahlen für eine volle Absurdität ansehen und ihre rechnerische Rolle gar nicht verstehen können. Erst der Zusammenhang mit den links stehenden Aufgaben und in letzter Linie mit dem Schema

$$\overline{4} + \overline{28}$$
$$7 \qquad 1$$

der ersten Zeile von R 7 und die Einsicht, daß man derartige Rechnungen als Ganzes dem dyadischen Verfahren unterwerfen muß, machen die inneren Gesetzmäßigkeiten zwischen den Zahlen klar. So ist unser erstes Ergebnis also dieses: An gewissen Ausgangsstellen umfangreicherer Rechnungen erscheinen die Hilfszahlen tatsächlich in der Funktion der Einführung eines gemeinsamen Nenners. Dann aber werden sie nach uns gänzlich fremden Gesichtspunkten rein schematisch modifiziert und ergeben so schließlich Ausdrücke, die etwas ganz anderes besagen als die Einführung gemeinsamer Nenner. Rein äußerlich ist aber damit wenigstens so viel gewonnen, daß wir bei Rechnungen mit ganz unübersehbaren Gruppen von Hilfszahlen, also vor allem bei gebrochenen Hilfszahlen, immer versuchen dürfen, durch Rückwärtsrechnen nach dem dyadischen Schema oder nach einem anderen Schema der ägyptischen Rechentechnik, etwa dem dezimalen,

---

[1] Hier zeigt sich übrigens wieder deutlich, wie unsere Texte durch Abschreiben modifiziert worden sind: Die sinngemäße Anordnung, die unsere Übersicht angibt, ist bereits mehrfach gestört worden, wie man an den Aufgabennummern erkennt (z. B. Vertauschung von R 13 und R 14). Das dritte Beispiel der zweiten Reihe fehlt jetzt ganz und ist nur von mir ergänzt. Statt dessen erscheint das vorangehende zweimal (R 7 und R 7b; R 10 ist nur eine zugehörige irrtümliche Rechnung).

die einfachen Ausgangshilfszahlen aufzufinden, die man durch das Schema

$$\begin{array}{cc} 1 & n \\ \dfrac{1}{n} & 1 \end{array}$$

ausdrücken kann.

Wenn also die soeben hingeschriebene Grundfigur zwischen Brüchen und Hilfszahlen der Sache nach darauf hinauskommt, daß man wenigstens an einem geeigneten Ausgangspunkt einer Serie von Rechnungen die Hilfszahlen zur Einführung eines gemeinsamen Nenners verwendet, so muß doch die Rolle der Hilfszahlen noch eine andere gewesen sein. Um sie zu verstehen, müssen wir ein umfangreicheres Beispiel einer Rechnung mit Brüchen in ihren Einzelheiten verfolgen. Es sei etwa R 33 zugrunde gelegt. Es soll da eine Unbekannte bestimmt werden (es ist eine der '$\dot{h}$'-Rechnungen, die wir oben S. 111ff. besprochen haben), die der Relation genügt

$$x + \bar{\bar{3}}x + \bar{2}x + \bar{7}x = 37\,.$$

Das führt auf die Aufgabe, 37 durch $(1 + \bar{\bar{3}} + \bar{2} + \bar{7})$ zu dividieren. Nach den ägyptischen Divisionsregeln hat man also diesen Ausdruck zunächst so lange zu verdoppeln, bis man beim nächsten Schritt 37 überschreiten würde. Wir folgen nun den Operationen des Textes. Der erste Schritt lautet

$$\begin{array}{cl} 1 & 1 + \bar{\bar{3}} + \bar{2} + \bar{7} \\ 2 & 4 + \bar{3} + \bar{4} + \overline{28}\,. \end{array}$$

In diesem Übergang steckt eine kanonische $\dfrac{2}{n}$-Zerlegung, nämlich $\dfrac{2}{7} = \bar{4} + \overline{28}$. Die nächste Zeile heißt

$$\begin{array}{cl} 4 & 9 + \bar{6} + \overline{14}\,. \end{array}$$

Dahinter steckt die kanonische Regel $\bar{\bar{3}} + \bar{2} = (\bar{2} + \bar{6}) + \bar{2} = 1 + \bar{6}$. Die nächste Zeile ist klar, nämlich

$$\begin{array}{cl} 8 & 18 + \bar{3} + \bar{7} \end{array}$$

(von dem Kürzen mit 2 wird hier wie sonst immer selbstverständlich Gebrauch gemacht). Und die letzte Zeile heißt

$$\begin{array}{cl} \diagup\ 16 & 36 + \bar{\bar{3}} + \bar{4} + \overline{28}\,, \end{array}$$

wobei wieder von der Zerlegung $\dfrac{2}{7} = \bar{4} + \overline{28}$ Gebrauch gemacht ist. Hiermit sind wir am Ende der Verdoppelung angelangt, denn wir sollen ja im ganzen nur 37 erreichen und sind bereits bei einer Zahl angekommen, die etwas größer als 36 ist. Wir schreiben nun nochmals die ganze Rechnung, soweit sie im Text steht, hin, wobei wir in der letzten Zeile noch die Hilfszahlen notieren, die im Text das erstemal an dieser Stelle auftreten.

$$
\begin{array}{lllll}
1 & 1+\bar{\bar{3}}+ & \bar{2} & + & \bar{7} \\
2 & 4+\bar{3}+ & \bar{4} & + & \overline{28} \\
4 & 9+\bar{6}+ & \overline{14} & & \\
8 & 18+\bar{3}+ & \bar{7} & & \\
\diagup\;16 & 36+\bar{\bar{3}}+ & \bar{4} & + & \overline{28}
\end{array}
$$

$$28 + 10 + \bar{2} + 1 + \bar{2} = 40\,.$$

Nach unserem Ergänzungsprinzip werden wir nun versuchen, die Ausgangshilfszahlen zu finden. Man hat dazu nichts anderes zu tun als die Hilfszahlen der letzten Zeile schrittweise zurückzurechnen, wie sie beim sukzessiven Verdoppeln auseinander hervorgehen würden. Man erhält dann sofort für die erste Zeile folgendes Hilfszahlenschema

$$
1 + \bar{\bar{3}} + \bar{2} + \bar{7}
$$
$$
42 + 28 + 21 + 6 = 97\,.
$$

Unser Prinzip hat sich also vollständig bewährt, denn diese erste Zeile heißt soviel, als daß 42 als kleinster gemeinsamer Nenner in der ersten Zeile eingeführt worden ist. Das Ausgangsschema unserer Rechnung heißt somit

$$
\begin{array}{cc}
1 & 42 \\
\hline
\overline{42} & 1\,.
\end{array}
$$

Die roten Zahlen sind also soviel wie die Anzahl von 42-teln. Wir haben demnach in der letzten Zeile durch die Hilfszahlensumme unter den Bruchbestandteilen, nämlich $28 + (10 + \bar{2}) + (1 + \bar{2}) = 40$, ausgedrückt, daß, was über 36 hinausgeht, den Wert von 40 42-teln hat. Nun sagt der Text „Rest 2". Das bedeutet erstens, daß durch das Versechzehnfachen 36 ganze Einheiten vermehrt um einen Bruchbestandteil erreicht worden sind, daß aber zweitens 37 erreicht werden muß, also dieser Bruchbestandteil zu 1 ergänzt werden muß. Da er bereits 40 42-teln äquivalent ist, fehlen also 2 42-tel. Die Aufgabe der Rechnung besteht also jetzt darin, aus der Ausgangszeile $1 + \bar{\bar{3}} + \bar{2} + \bar{7}$ noch 2 42-tel zu gewinnen. In Hilfszahlen, d. h. in 42-teln ausgedrückt hat aber, wie wir gesehen haben, die ganze Ausgangszeile den Wert von 97. Es soll also aus

$$
\begin{array}{cc}
1 & 97 \\
\hline
\overline{97} & 1
\end{array}
$$

die Hilfszahl 2 gewonnen werden. Das bedeutet aber nur, daß man $\overline{97}$ zu verdoppeln hat, und das geschieht nach der kanonischen Regel der ägyptischen Bruchrechnung, die besagt, daß $2:97$ der Stammbruchsumme $\overline{56} + \overline{679} + \overline{776}$ äquivalent ist. Dies steht auch im Text, der schreibt

$$\overline{97} \qquad\qquad \overline{42} \quad 1$$
$$\diagup \;\overline{56} + \overline{679} + \overline{776} \quad \overline{21} \quad 2\,.$$

Damit ist das Resultat erreicht, nämlich

$$x = 16 + \overline{56} + \overline{679} + \overline{766}\,.^{[1]}$$

Der hier geschilderte Rechenvorgang zeigt, daß die Rolle der Hilfszahlen doch eine ganz andere ist, als es durch das Wort „Einführung eines gemeinsamen Nenners" beschrieben werden kann. Die aufzulösende Gleichung

$$x + \overline{\overline{3}}x + \overline{2}x + \overline{7}x = 37$$

---

[1] Wir wollen als zweites Beispiel noch den Gang der Rechnung analysieren, die wir schon oben S. 115f. angeführt haben, nämlich die Division von 2 durch $1 + \overline{3} + \overline{4}$. Wir beginnen mit

$$1 \qquad 1 + \overline{3} + \overline{4}$$
$$12 + 4 + 3 = 19\,.$$

Die Zuordnung 1 12 legt die Verwendung der $\overline{3}$-Reihe nahe. Also gehen wir gleich zu den 3-fachen Hilfszahlen, d. h. zu 1   , über, um gebrochene Hilfszahlen zu vermeiden, und schreiben

$$1 \qquad 1 + \overline{3} + \overline{4} \qquad 57$$
$$\diagup\; \overline{\overline{3}} \qquad 1 + \overline{18} \qquad 38 \qquad \text{(s. S. 116)}$$
$$\diagup\; \overline{3} \qquad 2 + \overline{36} \qquad 19$$
$$\diagup\; \overline{6} \qquad 4 + \overline{72} \qquad 9 + \overline{2}\,.$$

Obwohl wir schon auf gebrochene Hilfszahlen gestoßen sind, reicht ihre Summe $66 + \overline{2}$ noch nicht aus, denn 2 entspricht ja 72. Wir müssen also noch weiterrechnen und verdoppeln dazu nochmals die Hilfszahlen zu 1 72. Aber auch das reicht, wie der nächste Schritt zeigt, noch nicht aus, so daß man nochmals verdoppeln muß, also 1 144 zugrunde zu legen hat. Dann hat man

$$1 \qquad 1 + \overline{3} + \overline{4} \qquad 228$$
$$\diagup\; \overline{\overline{3}} \qquad 1 + \overline{18} \qquad 152$$
$$\diagup\; \overline{3} \qquad 2 + \overline{36} \qquad 76$$
$$\diagup\; \overline{6} \qquad 4 + \overline{72} \qquad 38$$
$$\diagup\; \overline{12} \qquad 8 + \overline{144} \qquad 19$$

und die Hilfszahlensumme 285, die von 2 288 nur noch um $3 = 1 + 2$ differiert. Dies ergänzt man nun unmittelbar auf Grund der ersten Zeile und der Zuordnung 1 144 durch

$$\diagup\; \overline{228} \qquad 1 \qquad 144$$
$$\diagup\; \overline{114} \qquad 2 \qquad 72\,,$$

womit unser Resultat von S. 115 wieder erreicht ist. Unsere Rekonstruktion wird durch den Text voll bestätigt, der neben der S. 115 angegebenen Rechnung noch ausdrücklich unsere zuletzt angegebene Hilfszahlenfolge aufschreibt.

würde, wenn man die 42-tel wirklich als gemeinsamen Nenner einführen würde, ergeben

$$\frac{97}{42}\, x = 37.$$

Es wäre also x dadurch zu berechnen, daß man 37 mit 42 multipliziert
und dann in der üblichen Weise durch 97 dividiert — alles Operationen, die uns in der ägyptischen Rechentechnik wohlbekannt sind,
die aber hier nicht vorgenommen werden. Im Text wird vielmehr
37 direkt in der oben geschilderten Weise durch den Koeffizienten
$1 + \bar{\bar{3}} + \bar{2} + \bar{7}$ von x dividiert, und die Einführung der Hilfszahlen
dient nur dazu, die einzelnen Schritte des Rechenverfahrens zu kon-
trollieren und zu zeigen, welche Schritte noch vorzunehmen sind bis
zur vollständigen Erreichung des erstrebten Resultates 37. Obwohl
also die Einführung der Hilfszahlen mathematisch genommen der Einführung eines gemeinsamen Nenners äquivalent ist, so spielt sie im
Rahmen der ägyptischen Rechentechnik doch nur die Rolle von Zeigern
für die einzelnen Schritte des üblichen additiven Verfahrens. So wie
bei den üblichen Multiplikationen und Divisionen die links stehenden
Zahlen (die „Kennziffern") $1, 2, 4 \ldots$ bzw. $1, \bar{2}, \bar{4} \ldots$ die einzelnen
Schritte des Rechnens begleiten, so zählen auch die roten Hilfszahlen
innerhalb der einzelnen Ausdrücke das relative Verhältnis der dort
auftretenden Größen. Sie entsprechen also vollständig der naturgemäßen
und naiven Einstellung, daß die einzelnen Bruchteile ihrerseits gezählt
werden, und zeigen so mit aller Deutlichkeit, wie entfernt man von

der Einführung irgendeines einheitlichen Symbols $\frac{a}{b}$ für eine Anzahl

von a b-teln ist. Überall zeigt sich, daß man nicht im entferntesten
daran denkt, daß Multiplum eines Stammbruches als einen einheitlichen
Zahlbegriff zu fassen, sondern es sind wirklich nur die naiven Anzahlen,
die in den Rechnungen auftreten und die man zählt und teilt nach
einem Verfahren, das genau dem üblichen Verfahren mit ganzen Zahlen
nachgebildet ist. Es heißt, die innere Einheitlichkeit des ägyptischen
Rechnens vollständig mißzuverstehen, wenn man, wie es gewöhnlich
geschieht, neben das dyadische Verfahren, neben das Aufspalten des
Doppelten eines Stammbruches in Stammbruchsummen, kurz neben
das ganze rein additiv abzählende Verfahren immer noch ein geheimnis-
volles Rechnen mit „gemischten Brüchen" hinzunimmt, für das nur
die geeignete Symbolik gefehlt haben soll.

Wir müssen unseren Betrachtungen nun noch eine wichtige Ergänzung hinzufügen. Wir haben erkannt, daß die eigentliche Rolle der
Hilfszahlen die ist, als Kontrollorgane komplizierterer Rechnungen zu
fungieren, d. h. die Stelle anzugeben, an der man sich befindet, und
den Abstand vom gewünschten Resultat anzuzeigen. Dazu ist nötig,
die auftretenden Bruchteile miteinander vergleichen zu können, und

R 31

$$4 + \bar{3} + \bar{4} + \overline{28}$$
$$1 + \bar{2}$$
$$+ 9 + \bar{6} \qquad + \overline{14}$$
$$3$$
$$+ 18 + \bar{3} \qquad + \bar{7}$$
$$6$$
$$+ \bar{4} + \bar{6} + \bar{8} + \overline{28}$$
$$5 + \bar{4}\; 1 + \bar{2}$$

R 32

$$1 + \bar{6} + \overline{12} + \overline{114} + \overline{228}$$
$$76 \qquad 8 \qquad 4$$
$$+ \bar{3} + \overline{18} + \overline{36} + \overline{342} + \overline{684}$$
$$50 + \bar{\bar{3}}\; 25 + 3 \quad 2 + \bar{\bar{3}} \quad 1 + \bar{3}$$
$$+ \bar{4} + \overline{24} + \overline{48} + \overline{456} + \overline{912}$$
$$38 \qquad 19 \qquad 2 \qquad 1$$

R 34

$$5 + \bar{2} + \bar{7} + \overline{14}$$
$$8 \qquad 4$$
$$2 + \bar{2} + \bar{4} + \overline{14} + \overline{28}$$
$$4 \qquad 2$$
$$1 + \bar{4} + \bar{8} + \overline{28} + \overline{56}$$
$$2 \qquad 1$$

R 36

$$\bar{4} + \overline{53} + \overline{106} + \overline{212}$$
$$20 \qquad 10 \qquad 5$$
$$+ \bar{2} + \overline{30} + \overline{318} + \overline{795} + \overline{53} + \overline{106}$$
$$35 + \bar{3} \quad 3 + \bar{3} \quad 1 + \bar{3} \qquad 20 \qquad 10$$
$$+ \overline{12} + \overline{159} + \overline{318} + \overline{636}$$
$$88 + \bar{3} \quad 6 + \bar{3} \quad 3 + \bar{3} \quad 1 + \bar{3}$$
$$+ \overline{20} + \overline{265} + \overline{530} + \overline{1060}$$
$$53 \qquad 4 \qquad 2 \qquad 1$$

R 37

$$\bar{2} + \bar{4} + \bar{8} + \overline{72} + \overline{16} + \overline{32} + \overline{64} + \overline{576}$$
$$8 \qquad 36 \qquad 18 \qquad 9 \qquad 1$$
$$\bar{2} + \bar{4} + \overline{32} + \overline{16} + \overline{12} + \overline{96} + \overline{36} + \overline{288} + \overline{36} + \overline{288}$$
$$9 \qquad 18 \qquad 24 \qquad 3 \qquad 8 \qquad 1 \qquad 8 \qquad 1$$

R 38

$$319 + \bar{\bar{3}} + \overline{11} + \overline{11} + \overline{22} + \overline{22} + \overline{33} + \overline{66} + \overline{66}$$
$$6 \qquad 6 \qquad 3 \qquad 3 \qquad 2 \qquad 1 \qquad 1$$

dazu dient eben die oben geschilderte Art der Einführung der Hilfszahlen. Aber diese Aufgabe ergibt sich nur dann, wenn die in der Rechnung auftretenden Ausdrücke zu kompliziert sind, d. h. nicht mehr „übersehbar" sind. Der Begriff der „Übersehbarkeit" einer Rechnung mit Brüchen stellt sich nun in Parallele zu der früher behandelten Trennung der Brüche in „natürliche Brüche" und „algorithmische Brüche". Nachdem wir früher bei Besprechung der allgemeinen sprachlichen und schriftlichen Ausdrucksmittel der Zahlen die Inhomogenität der Zahlenreihe und der Reihe der Brüche erkannt haben, ist zu erwarten, daß diese Scheidung in das Rechentechnische selbst noch eingreift. Ein Algorithmus, ein bestimmtes technisches Verfahren wie das Hinzufügen von Hilfszahlen, ist nicht nötig bei jenen Bruchteilen, die als bekannte Individuen mit übersehbaren Relationen gefaßt werden, also bei den natürlichen Brüchen; nötig wird er erst bei dem Teil einer Rechnung, die nur durch das Rechenschema zwangläufig hereinkommt, aber bereits außerhalb des Bereichs dieser natürlichen Bruchteile liegt. Die Texte rechtfertigen vollauf diese Vermutung. Die nebenstehende Übersicht zeigt sehr deutlich, wie gerade die Brüche $\bar{2}, \bar{4}, \bar{8}$ und $\bar{\bar{3}}, \bar{3}, \bar{6}$ von dem Hilfszahlenalgorithmus frei gelassen werden. Hier wie überall sonst ist die ägyptische Mathematik dadurch so besonders lehrreich, daß sie auch noch in ihrem voll entwickelten Stadium die vorstellungsmäßigen Grundlagen zu erkennen gestattet, auf denen sie in letzter Linie ruht. Diese Grundlagen sind auch in Babylonien nicht anders gewesen. Aber die Modifikationen, die das allmähliche Entstehen eines Algorithmus gebracht hat, haben dort sehr viel stärker und einheitlicher das ganze Gebiet der Rechentechnik durchdrungen und die Spuren einer früheren Entwicklungsphase verwischt.

b) Der Aufbau der $\frac{2}{n}$-Tabelle.

Unsere bisherigen Betrachtungen über die ägyptische Bruchrechnung können wir etwa in folgende Hauptpunkte zusammenfassen:

1. Die Tatsache, daß das Rechnen mit ganzen Zahlen durch bloßes Verdoppeln erfolgt, liefert zusammen mit der als „Stammbruchpostulat" bezeichneten Regel, nur mit Stammbrüchen, d. h. Brüchen des Zählers 1 zu operieren, die einzige Aufgabe, Brüche der Form $\frac{2}{n}$ in Stammbrüche zu zerlegen. Die textlich belegte Art, diese Aufgabe zu erledigen, ist eine absolut feste, und diese Zerlegungen bilden in ihrer Gesamtheit die „$\frac{2}{n}$-Tabelle".

2. Die grundsätzliche Gliederung des Bereichs der Brüche in „natürliche" und „algorithmische" setzt sich in die Rechentechnik hinein fort in die Unterscheidung zwischen „übersehbarem" in Gegensatz zu dem des Hilfszahlenalgorithmus bedürftigen Rechnen.

3. Das dyadische Verfahren im Bereich der ganzen Zahlen zusammen mit dem Wechselspiel zwischen Stammbruch und Komplementbruch ergibt die doppelte Methodik der Bruchrechnung, nämlich das Operieren sowohl mit der rein dyadischen Reihe der Halbierungsbrüche $\left(\frac{1}{2}\text{-Reihe}\right)$ als auch mit der $\frac{2}{3}$-Reihe, die von $\bar{\bar{3}}$ ihren Ausgangspunkt nimmt.

Das praktisch wichtigste Instrument dieser ganzen Rechentechnik ist also die $\frac{2}{n}$-Tabelle. Während die anderen hier geschilderten Eigentümlichkeiten in ihrer ganzen geschichtlichen Entwicklung durchaus begreiflich sind, ist die $\frac{2}{n}$-Tabelle in ihrem Aufbau keineswegs unmittelbar verständlich. Vor allem ergeben sich zwei Fragen. Zunächst: Wenn schon das Stammbruchpostulat und das dyadische Verfahren verlangen, $\frac{2}{n}$ als Stammbruchsumme darzustellen, so wird man doch in erster Linie an die triviale Zerlegung $\frac{2}{n} = \bar{n} + \bar{n}$ denken. Gerade diese ist aber in allen Texten absolut ausgeschlossen. Verbietet man aber diese Zerlegung, so ist die Aufgabe beliebig vieldeutig. So ergibt sich also als zweites Problem die Frage: Woher kommt es, daß die textlich belegte $\frac{2}{n}$-Tabelle und alle Anwendungsbeispiele keineswegs diese Vieldeutigkeit zeigen, sondern zu jedem n immer eine ganz bestimmte Zerlegung als kanonische auszeichnen? Die Antwort auf diese zweite Frage ist selbstverständlich direkt mit der Aufgabe verknüpft, die Entstehungsgeschichte der Zerlegungen aufzuklären, denn offenbar kann ein solches Auswahlprinzip nicht mathematisch, sondern nur historisch begründet sein.

Die Antwort auf die erste Frage, nämlich auf die Ursache des Verbotes der Zerlegung $\bar{n} + \bar{n}$, ergibt sich eigentlich fast unmittelbar, wenn man sich überlegt, was es bedeuten würde, wenn man dieses Verbot nicht hätte. Die ägyptische Rechentechnik ist ja wesentlich in dem dyadischen Verfahren verankert, und wir hätten daher z. B. das Fünffache eines Stammbruches, etwa $\bar{11}$, in folgender Weise zu bilden:

$$
\begin{array}{rlllll}
/\;1 & \bar{11} \\
2 & \bar{11} & \bar{11} \\
/\;4 & \bar{11} & \bar{11} & \bar{11} & \bar{11} \\
\text{zusammen} & \bar{11} & \bar{11} & \bar{11} & \bar{11} & \bar{11}\,.
\end{array}
$$

Das Ergebnis jeder Vervielfachung eines Stammbruches würde also sein, daß man den Stammbruch so oft nebeneinander schreibt (Nebeneinanderschreiben bedeutet ja in allen antiken Ziffernsystemen zunächst Addition), als es die Vielfachheit angibt. Man würde also nicht mehr erhalten als sozusagen die Definition dieser Vielfachheit und niemals ein rechnerisch neues und für weitere Operationen verwertbares Resultat. Nehmen wir dagegen das Verfahren, das auf Grund der kanonischen $\frac{2}{n}$-Zerlegungen zu verwenden ist, dann heißt unsere Rechnung

$$
\begin{array}{rl}
/\ 1 & \overline{11} \\
2 & \overline{6} + \overline{66} \\
/\ 4 & \overline{3} + \overline{33} \\
\text{zusammen} & \overline{3} + \overline{11} + \overline{33}\,.
\end{array}
$$

Hat man mit diesem Ausdruck weitere Rechnungen durchzuführen, so kommen immer wieder auf die einzelnen Bestandteile die Regeln der $\frac{2}{n}$-Tabelle zur Anwendung. Wie auch schon unser Beispiel zeigt, lehrt die Erfahrung an unsern Texten[1], daß sich dabei sehr oft die Anzahl der Glieder durch das Verdoppeln nicht erhöht, weil der Nenner durch 2 teilbar ist[2] und in solchen Fällen unmittelbar gekürzt wird (vgl. den Übergang von 2 zu 4 in unserem Beispiel).

Es muß aber sogleich darauf hingewiesen werden, daß nicht etwa derartige praktische Gründe, wie wir sie hier an die Spitze gestellt haben, die tiefere Ursache einer solchen Vorschrift gewesen sind; selbstverständlich handelt es sich in Wirklichkeit gar nicht um eine willkürlich erlassene Regel über das Operieren mit Brüchen, sondern um eine mit der Struktur des Zahlbegriffes ganz tief zusammenhängende Erscheinung, die nur in ihrem Effekt verstärkt und erhalten worden ist durch die praktischen Vorteile, die mit diesem Verfahren verknüpft waren. Tatsächlich handelt es sich um nur historisch erfaßbare Prozesse. Wir haben sowohl an dem sprachlichen Material wie auch an Prozessen, wie sie zur Ausbildung des Sexagesimalsystems wesentlich waren, immer wieder erkennen können, daß unsere formale Gliederung der Zahlen in ganze Zahlen und Brüche keineswegs das ist, was dem geschichtlich gewordenen Zustand entspricht. Es ist von entscheidender Bedeutung für das Verständnis gerade der wichtigsten Punkte in der Entwicklung der vorgriechischen Mathematik, daß man sich über den Individualcharakter der Bruchbegriffe klar ist: $\frac{1}{2}, \frac{1}{3}, \frac{1}{4}$ sind nicht aus den ganzen Zahlen unter mathematischen Gesichtspunkten abgeleitete Begriffe, sondern es

---

[1] Es sei hier ausdrücklich betont, daß man zu einem wirklichen Verständnis der ägyptischen Bruchrechnung nur gelangen kann, wenn man selbst mit ausschließlicher Verwendung ägyptischer Methoden zu rechnen lernt. Man wird dann sehr bald bemerken, wie innerlich einheitlich diese ganze Rechentechnik ist und wie sinnlos es ist, sie nur als eine Art von schwerfälliger Verschleierung unserer Rechenweise erklären zu wollen.

[2] Wir werden sehr bald verstehen, woher diese Erscheinung kommt: Sie ist in letzter Linie auf der Rolle des dyadischen Verfahrens begründet, das auch in ganz bestimmter Weise der Ableitung der $\frac{2}{n}$-Tabelle als solcher zugrunde liegt (vgl. unten S. 159f.).

sind sozusagen Qualitäten der Dinge und nicht Quantitäten. So absurde „Definitionen" von Brüchen, wie man sie heute in Schulbüchern finden kann, etwa, daß sie „angezeigte Divisionen" seien, sind selbstverständlich niemals in der natürlichen Entwicklung dieser Begriffe aufgetreten, sondern sind nur das Produkt des fruchtlosen Nachdenkens von Menschen, die das fertige Rechnen mit Rationalzahlen zwar gelernt, aber nie verstanden haben. In der geschichtlichen Entwicklung ist eine gewisse Gruppe von Bruchbegriffen allmählich entstanden, und die fortschreitende Algorithmisierung gliedert sie allmählich in den Bereich eines systematischen Rechnens ein. Selbstverständlich ergibt sich dann die Notwendigkeit, Anzahlen auch dieser Individuen zu bilden, genau so wie man Anzahlen der Stufen 10 oder 100 bildet. Der ursprünglich anschauliche Kern aller Zahlbegriffe und vor allem aller Bruchbegriffe mit ihrer Verkoppelung mit metrologischen Dingen ist zunächst ein Bereich von gleichberechtigten Individuen ohne schematische Verknüpfungen durch irgendeinen Rechenalgorithmus, der etwa die Bruchteile als abgeleitete Begriffe neben die ganzen Zahlen stellt. Aber der praktische Gebrauch, insbesondere der Maßbegriffe, lehrt ganz von selbst, solche Relationen kennen und ausnutzen zu lernen, wie die Tatsache, daß sich gewisse Maßbruchteile zu anderen solchen oder zu vollen Einheiten ergänzen. Dies führt naturgemäß dazu, die Umformungen durchzuführen, die sich bei der der Addition oder Vervielfachung von Bruchteilen ergeben. Selbstverständlich kann nie eine Schwierigkeit darin bestanden haben, sich eine Anzahl von sieben Fünfteln ebenso vorzustellen wie eine Anzahl von sieben Zehnern oder überhaupt von sieben zählbaren Gegenständen. Aber niemals ist man in der ganzen Antike auf die Idee gekommen, eine solche Anzahl von sieben Fünfteln zu einem einheitlichen Zahlbegriff, nämlich der Rationalzahl $\frac{7}{5}$ zusammenzufassen. Auch die griechische Mathematik hat diesen Schritt nicht getan, wenn sie ihm auch in der sog. „Proportionenlehre" nahe genug gekommen ist. Die Möglichkeit eines solchen Schrittes hängt eng zusammen mit der Entstehung einer einheitlichen Symbolik für Zahlbegriffe überhaupt, entweder dadurch, daß man die Lösung irgendeines numerischen Problems grundsätzlich mit einem Buchstaben bezeichnet oder die Rationalzahlen als Punkte einer Strecke repräsentiert. Von diesen beiden symbolischen Methoden war die ganze antike Mathematik weit entfernt und selbstverständlich erst recht von einer mathematisch wirklich einwandfreien Definition des Begriffes der allgemeinen Rationalzahl. Geschichtlich gesehen ist es daher eine Absurdität, die Frage zu stellen, ob etwa die Ägypter den „Begriff" des gemischten Bruches gekannt haben oder nicht; und auch der Umfang einer auf diese Frage bezüglichen Literatur kann noch nicht die Berechtigung dieser Frage erweisen. Diese Literatur verdankt ihre Entstehung nur dem Glauben, daß man eine Frage nur auf die Form „Ja oder Nein?" zu bringen braucht, um sie auch beantworten zu können, und bemerkt nicht, daß eine Frage auch so gestellt werden kann, daß sie mit den Dingen überhaupt nichts zu tun hat. Man könnte etwa meinen, daß man die Frage: „Haben die Ägypter bzw. die Babylonier den Begriff des gemischten Bruches gekannt oder nicht?" im ersten Fall mit „Nein", im zweiten Fall mit „Ja" zu beantworten habe. Beides ist gleich falsch. In beiden Kulturen sind Anzahlbegriffe entwickelt worden wie in jeder anderen Kultur, die es zu einem systematischen Zählen überhaupt gebracht hat. In beiden Kulturen sind Bruchbegriffe entwickelt worden, ursprünglich anschließend an die naturgemäßen Längen- und Gewichtsmaße und ähnliches. In Ägypten wie in Babylonien hat sich schließlich die Notwendigkeit zu einem wirklichen Rechnen und einer Rechentechnik herausgebildet, und nur in der äußeren Form sind allmählich diese beiden Systeme zu so vollständig verschiedenen Möglichkeiten gelangt wie die ägyptische Bruchrechnung auf der einen, die Sexagesimalbruchentwicklung auf der anderen Seite. Wir haben im dritten Kapitel ausführlich auseinandergesetzt, wie auch das Sexagesimalsystem, dessen wesentlichstes Merkmal sein Positionscharakter ist, nur allmählich entstanden ist aus relativen Stufen von Anzahlen und wie sich die Bruchteile der oberen Stufen als ganzzahlige Multipla der kleineren Stufen darstellen und es nur einem allmählichen Verschleifungsprozeß zu verdanken ist, daß sich daraus eine Symbolik entwickelt hat, die von selbst dieselben Rechenregeln bei Brüchen wie bei ganzen Zahlen anzuwenden gestattete, nämlich die Positionsschreibung. Auch in Ägypten ist die Situation nicht wesentlich anders, so sehr das äußere Bild dagegen zu sprechen scheint. Auch in Ägypten ist die innere Konsequenz der ganzen Rechentechnik sehr viel größer, als es zunächst den Anschein hat. Nur überkreuzen sich in Ägypten noch eine Reihe der ursprünglichsten Ideenverbindungen auch noch im letzten Zustand des Systems, während in Babylonien die ursprünglichen Ausgangspunkte allmählich viel weiter in den Hintergrund getreten sind zugunsten der einen, aus der Metrologie erwachsenen Positionsbezeichnung. Es liegt hier ein geschichtlich äußerst merkwürdiger Gegensatz vor. Wir haben gesehen, daß sich das Sexagesimale gerade dadurch verstehen läßt, daß der Prozeß der Algorithmisierung im metrologischen Gebiet in einer besonders frühen Phase einsetzt, nämlich in dem Zustand, wo einerseits der Bereich der dezimalen Struktur bereits bei $10 \cdot 10$ abgeschlossen ist und andererseits auch der Bereich der natürlichen Brüche noch nicht die engste Gruppe, nämlich $\frac{1}{2}$ und $\frac{1}{3}$ und $\frac{2}{3}$, überschritten hat. In Ägypten liegt die Situation nur um ein klein wenig anders. Die ursprünglichen Bereiche sind genau dieselben, nämlich Dezimalstruktur und natürliche Brüche. Aber die Rechentechnik macht in Ägypten von beiden Bereichen gleichartig Gebrauch, indem auf den engsten Bereich $\frac{2}{3}$, $\frac{1}{3}$ und $\frac{1}{2}$ bereits die Halbierungsteilung angewandt wird, so daß sich allmählich noch die ersten Brüche sowohl der $\frac{1}{2}$- wie der $\frac{2}{3}$-Reihe zum Bereich der „natürlichen" Brüche gesellen und ihre Verknüpfungen als „übersehbar" betrachtet werden. Analog entwickelt sich im Bereich der ganzen Zahlen das Verfahren der Verdoppelung und wird, wie wir gesehen haben, nur unwesentlich modifiziert durch das dezimale Verfahren der Verzehnfachung oder deren Halbierung. So stehen wir bei dem Vergleich von ägyptischer und babylonischer Bruchrechnung vor einer höchst merkwürdigen und lehrreichen Erscheinung. Geschichtlich gesehen ist nämlich das babylonische System im Grunde das primitivere. Es beruht ja, wie wir gesehen haben, darauf, daß es zunächst gar keine Bruchrechnung kennt, sondern nur ein Operieren mit sehr engen dezimalen Gruppen ganzer Zahlen, deren bloße Wiederholung (ohne durchgehende dezimale Systematik) zur positionellen Schreibweise führt. Nur dieser losen Kopplung der einzelnen Gruppen ist es dann zu danken, daß die Zahlen der einen Gruppe als Bruchteile der darüberliegenden gefaßt werden können und so die „Bruchrechnung" von selbst in eine positionelle Symbolik einbezogen wird, durch die allein der babylonischen Mathematik, sozusagen zufällig, die Sorge einer eigenen „Bruchrechnung" erspart geblieben ist. Das Ägyptische ist mathematisch viel konsequenter. Es beruht auf einer Ausdehnung der Rechenverfahren des ganzzahligen Bereichs auf den Bereich der Brüche und versucht diese Methoden wirklich so weit als irgend möglich auszudehnen. Wir werden noch im einzelnen zu verfolgen haben, wie sich diese Ausdehnung des additiv-dyadischen Rechenverfahrens auf den Bereich der natürlichen Brüche und seine Erweiterung zu den algorithmischen Brüchen auswirkt. Wir werden sehen, daß die Weitläufigkeit der ägyptischen Bruchrechnung eben durch die Konsequenz bedingt ist, mit der ein noch sehr „primitives" Rechenverfahren auf den Bruchbereich ausgedehnt worden ist, nämlich das abzählend-additive Zusammenfassen. Eine Form dieser Übertragung haben wir schon kennengelernt, nämlich das Auszählen der Brüche mittels der „Hilfszahlen", sobald die Bruchrelationen nicht mehr „übersehbar" werden. Wir werden jetzt, wenn wir uns den Grundprinzipien im Aufbau der $\frac{2}{n}$-Tabellen zuwenden, sehen, wie dort in erster Linie der andere Teil des Rechnens mit ganzen Zahlen zur Geltung kommt, nämlich das dyadische Verfahren. So ist es also das eigentliche Ziel der jetzt folgenden Betrachtung, zu zeigen, wie innerlich einheitlich und natürlich geschichtlich entstanden auch der komplizierte Apparat der ägyptischen Bruchrechnung ist und wie er sich begrifflich völlig an die Seite stellen läßt der Entwicklung des Babylonischen, nämlich als allmähliche Ausdehnung der im Bereich der ganzen Zahlen, d. h. des natürlichen Zählens entwickelten Methoden. Mit angeblichen „Begriffen" von Stammbrüchen oder gemischten Brüchen hat weder die ägyptische noch die babylonische Bruchrechnung irgend etwas zu tun.

n	$\frac{2}{n}$	$1 + \alpha$ [1]
3	$\bar2 + \bar6$	$1 + \bar2$
5	$\bar3 + \overline{15}$	$1 + \overline{\overline{3}}$
7	$\bar4 + \overline{28}$	$1 + \bar2 + \bar4$
9	$\bar6 + \overline{18}$	$1 + \bar2$
11	$\bar6 + \overline{66}$	$1 + \overline{\overline{3}} + \bar6$
13	$\bar8 + \overline{52} + \overline{104}$	$1 + \bar2 + \bar8$
15	$\overline{10} + \overline{30}$	$1 + \bar2$
17	$\overline{12} + \overline{51} + \overline{68}$	$1 + \overline{\overline{3}} + \overline{12}$
19	$\overline{12} + \overline{76} + \overline{114}$	$1 + \bar2 + \overline{12}$
21	$\overline{14} + \overline{42}$	$1 + \bar2$
23	$\overline{12} + \overline{276}$	$1 + \overline{\overline{3}} + \bar4$
25	$\overline{15} + \overline{75}$	$1 + \overline{\overline{3}}$
27	$\overline{18} + \overline{54}$	$1 + \bar2$
29	$\overline{24} + \overline{58} + \overline{174} + \overline{232}$	$1 + \bar6 + \overline{24}$
31	$\overline{20} + \overline{124} + \overline{155}$	$1 + \bar2 + \overline{20}$
33	$\overline{22} + \overline{66}$	$1 + \bar2$
35	$\overline{30} + \overline{42}$	$1 + \bar6$
37	$\overline{24} + \overline{111} + \overline{296}$	$1 + \bar2 + \overline{24}$
39	$\overline{26} + \overline{78}$	$1 + \bar2$
41	$\overline{24} + \overline{246} + \overline{328}$	$1 + \overline{\overline{3}} + \overline{24}$
43	$\overline{42} + \overline{86} + \overline{129} + \overline{301}$	$1 + \overline{42}$
45	$\overline{30} + \overline{90}$	$1 + \bar2$
47	$\overline{30} + \overline{141} + \overline{470}$	$1 + \bar2 + \overline{15}$
49	$\overline{28} + \overline{196}$	$1 + \bar2 + \bar4$
51	$\overline{34} + \overline{102}$	$1 + \bar2$
53	$\overline{30} + \overline{318} + \overline{795}$	$1 + \overline{\overline{3}} + \overline{10}$
55	$\overline{30} + \overline{330}$	$1 + \overline{\overline{3}} + \bar6$
57	$\overline{38} + \overline{114}$	$1 + \bar2$
59	$\overline{36} + \overline{236} + \overline{531}$	$1 + \bar2 + \overline{12} + \overline{18}$
61	$\overline{40} + \overline{244} + \overline{488} + \overline{610}$	$1 + \bar2 + \overline{40}$
63	$\overline{42} + \overline{126}$	$1 + \bar2$
65	$\overline{39} + \overline{195}$	$1 + \overline{\overline{3}}$
67	$\overline{40} + \overline{335} + \overline{736}$	$1 + \bar2 + \bar8 + \overline{20}$
69	$\overline{46} + \overline{138}$	$1 + \bar2$
71	$\overline{40} + \overline{568} + \overline{710}$	$1 + \bar2 + \bar4 + \overline{40}$
73	$\overline{60} + \overline{219} + \overline{292} + \overline{365}$	$1 + \bar6 + \overline{20}$
75	$\overline{50} + \overline{150}$	$1 + \bar2$
77	$\overline{44} + \overline{308}$	$1 + \bar2 + \bar4$
79	$\overline{60} + \overline{237} + \overline{316} + \overline{790}$	$1 + \bar4 + \overline{15}$
81	$\overline{54} + \overline{162}$	$1 + \bar2$
83	$\overline{60} + \overline{332} + \overline{415} + \overline{498}$	$1 + \bar3 + \overline{20}$
85	$\overline{51} + \overline{255}$	$1 + \overline{\overline{3}}$
87	$\overline{58} + \overline{174}$	$1 + \bar2$
89	$\overline{60} + \overline{356} + \overline{534} + \overline{890}$	$1 + \bar3 + \overline{10} + \overline{20}$
91	$\overline{70} + \overline{130}$	$1 + \bar5 + \overline{10}$
93	$\overline{62} + \overline{186}$	$1 + \bar2$
95	$\overline{60} + \overline{380} + \overline{570}$	$1 + \bar2 + \overline{12}$
97	$\overline{56} + \overline{679} + \overline{776}$	$1 + \bar2 + \bar8 + \overline{14} + \overline{28}$
99	$\overline{66} + \overline{198}$	$1 + \bar2$
101	$\overline{101} + \overline{202} + \overline{303} + \overline{606}$	1

[1] Diese Spalte steht nicht im Text (s. S. 157 ff.).

Wir wenden uns jetzt der Entstehungsgeschichte der $\frac{2}{n}$-Tabelle zu

Die Liste der bekannten $\frac{2}{n}$-Zerlegungen gibt die vorstehende Übersicht. Sie ist dem ersten Abschnitt von R entnommen. Teile davon sind auch in anderen Texten enthalten. Vor allem sind diese und nur diese Zerlegungen in allen Beispielen in den uns erhaltenen ägyptisch-mathematischen Texten und Textbruchstücken angewandt. Unser Ziel wird sein, diese Zerlegungen zu verstehen unter ausschließlicher Beschränkung auf Begriffsbildungen und Rechenmethoden, die uns aus der übrigen ägyptischen Rechentechnik bekannt sind. Jedoch wollen wir uns darauf beschränken, nur die Grundprinzipien einer solchen Erklärung auseinanderzusetzen. Alles wirklich Wesentliche wird dabei zur Sprache kommen. Für die Diskussion im einzelnen sei auf meine Arbeit in QS B 1, 301 ff. (Lit.-Verz. IV, 5) und auf die dort zitierte Literatur verwiesen.

Wir nehmen unseren Ausgangspunkt von einem kleinen Londoner Textfragment, das eine Reihe von Bruchrechnungsrelationen enthält, sonst aber keinen weiteren Kommentar gibt. Unter diesen Relationen finden sich zunächst die trivialen

$$\bar{6} + \bar{6} = \bar{3} \qquad \bar{6} + \bar{6} + \bar{6} = \bar{2} \qquad \bar{3} + \bar{3} = \bar{\bar{3}}.$$

Es sind dies selbstverständliche, rein additiv abzählende Relationen zwischen natürlichen Brüchen, aus deren ersten beiden man unmittelbar abliest, daß

$$\bar{3} + \bar{6} = \bar{2}$$

ist und daraus wieder zusammen mit der dritten

$$\bar{2} + \bar{6} = \bar{\bar{3}}.$$

Diese beiden Relationen sind nun für die ganze ägyptische Bruchrechnung von größter Bedeutung. Nicht nur, daß sie in den Rechnungen immer auf Schritt und Tritt verwendet werden (auch in von uns zitierten Beispielen sind sie uns schon begegnet, vgl. oben S. 142), sondern sie bilden das Band, das die Brüche der $\frac{1}{2}$-Reihe mit denen der $\frac{2}{3}$-Reihe verknüpft. Ich habe schon des öfteren betont, von welcher grundsätzlichen Wichtigkeit es ist, sich klarzumachen, daß längst vor aller systematischen Rechentechnik individuelle Bruchbegriffe existieren, an die sich erst im Lauf der geschichtlichen Entwicklung die algorithmischen Brüche anschließen. Hier haben wir den Punkt, wo das erstemal bereits eine rechnerische Verknüpfung zwischen Bruchteilen existiert und unmittelbar anschaulich beweisbar ist. Wir werden sogleich sehen, daß die Relation

$$\bar{\bar{3}} = \bar{2} + \bar{6}$$

das Vorbild für eine wichtige und erste Gruppe von $\frac{2}{n}$-Zerlegungen gegeben hat[1].

---

[1] Es ist in der Literatur der originelle „Einwand" gegen meine Auffassung von der Entstehungsgeschichte der $\frac{2}{n}$-Tabelle erhoben worden, daß zu der Zeit,

Der Text enthält weiter eine Reihe von Rechnungen, die in der folgenden Übersicht angegeben sind:

$$\overline{3} + \overline{6} = \overline{2} \qquad\qquad \overline{2} + \overline{3} + \overline{6} = 1$$
$$\overline{6} + \overline{12} = \overline{4}$$
$$\overline{9} + \overline{18} = \overline{6} \qquad\qquad \overline{6} + \overline{9} + \overline{18} = \overline{3}$$
$$\overline{12} + \overline{24} = \overline{8}$$
$$\overline{15} + \overline{30} = \overline{10} \qquad\qquad \overline{10} + \overline{15} + \overline{30} = \overline{5}$$
$$\overline{18} + \overline{36} = \overline{12}$$
$$\overline{21} + \overline{42} = \overline{14} \qquad\qquad \overline{14} + \overline{21} + \overline{42} = \overline{7}$$
$$\overline{24} + \overline{48} = \overline{16}$$
$$\overline{27} + \overline{54} = \overline{18} \qquad\qquad \overline{18} + \overline{27} + \overline{54} = \overline{9}$$
$$\overline{30} + \overline{60} = \overline{20}$$
$$\overline{33} + \overline{66} = \overline{22} \qquad\qquad \overline{22} + \overline{33} + \overline{66} = \overline{11}\,.$$

Diese Relationen zeigen sehr deutlich, in welcher Weise man operiert hat. Jede Zeile geht aus der vorangehenden in einfacher gesetzmäßiger Weise hervor, was wir durch die Formeln

$$\frac{1}{n} + \frac{1}{2\,n} = \frac{3}{2\,n} \qquad \text{bzw.} \qquad \frac{3}{2\,n} + \frac{1}{n} + \frac{1}{2\,n} = \frac{3}{n}$$

wiedergeben können, wobei n alle durch 3 teilbaren Zahlen durchläuft[1]. Diese beiden Kolumnen von Rechnungen sind äußerst charakteristisch

---

aus der unsere Texte stammen, von so primitiven Begriffsbildungen, wie ich sie zum Ausgangspunkt der Erklärung mache, nicht mehr die Rede sein könne. Um solche Mißverständnisse auszuschalten, möchte ich ausdrücklich bemerken, daß es mir nie in den Sinn gekommen ist anzunehmen, daß die $\frac{2}{n}$-Tabelle von R gleichzeitig oder wenigstens im wesentlichen gleichzeitig mit der Niederschrift des Textes oder seiner Vorlage erstmalig berechnet worden ist. Alles, was ich hier auseinandersetze, ist die Rekonstruktion eines lange dauernden geschichtlichen Prozesses, der zur Zeit des Mittleren Reiches selbstverständlich längst abgeschlossen war. Was ich behaupte, ist nur, daß man auch noch aus dem endgültigen Zustand, wie er in unseren Texten vorliegt, die Kräfte erschließen kann, die in sehr viel früherer Zeit den Anstoß zu Rechenverfahren gegeben haben, deren Endergebnis die uns bekannte ägyptische Bruchrechnung und mit ihr die $\frac{2}{n}$-Tabelle ist. Die einzelnen Phasen dieses Prozesses, die ich hier schildern werde, liegen sicherlich zeitlich weit auseinander und reichen in ihren allerersten Anfängen gewiß in die ältesten Perioden einer selbständigen ägyptischen Kultur zurück. Die Dinge liegen hier ganz ähnlich wie im Babylonischen. Aus dem bis in die Seleukidenzeit hinein gebräuchlichen System von Multiplikations- und Reziprokentabellen läßt sich auch noch eine Entwicklungsstufe rekonstruieren, die zeigt, daß diese Tabellensysteme ursprünglich unter sehr viel primitiveren Voraussetzungen entwickelt worden sind, als es dem späteren Gebrauch entspricht. Eine solche Betrachtungsweise ist selbstverständlich nicht auf Mathematisches beschränkt, sondern liegt im Wesen jeder sinnvollen historischen Forschung.

[1] Unsere Relationen sind also wirklich nur Stammbruch-Relationen.

für das ganze ägyptische Verfahren, aus einer Relation durch einfache Prozesse, wie Verdoppeln und Verdreifachen von Zahlen, neue Relationen zu gewinnen. Es ist dies genau dasselbe Verfahren, das uns schon oben bei den Hilfszahlenrechnungen (vgl. S. 141) als „Übertragungsprinzip" entgegengetreten ist und auf dem in letzter Linie ja auch der ganze Multiplikations- und Divisionsalgorithmus beruht. Immer wenn wir komplizierte Einzelrelationen finden, sieht man, daß sie nicht direkt gewonnen sind, sondern als Endglied einer Kette einfachster Operationen aus einem ersten unmittelbar übersehbaren Glied hergeleitet sind. Betrachten wir jetzt den mathematischen Zusammenhang der beiden Formeln, die den Inhalt der linken bzw. rechten Kolumnen unserer Rechnungen wiedergeben. Aus der linken Formel

$$\frac{1}{n} + \frac{1}{2n} = \frac{3}{2n}$$

kann man sofort eine Formel für $\frac{2}{n}$ gewinnen, indem man auf beiden Seiten noch ein weiteres halbes n-tel hinzufügt und entsprechend auf der rechten Seite. Dann ergibt sich

$$\frac{2}{n} = \frac{3}{2n} + \frac{1}{2n},$$

und auf der rechten Seite stehen, weil wir es hier nur mit durch 3 teilbaren n zu tun haben, nur Stammbrüche. Dieselbe Relation können wir auch aus der rechten Formel

$$\frac{3}{2n} + \frac{1}{n} + \frac{1}{2n} = \frac{3}{n}$$

gewinnen, indem wir auf der rechten wie auf der linken Seite je ein n-tel wegnehmen. Aus beiden Formeln haben wir also für durch 3 teilbare ungerade[1] n eine Zerlegung von $\frac{2}{n}$ in eine Stammbruchsumme erhalten, nämlich

$$\frac{2}{n} = \frac{3}{2n} + \frac{1}{2n}.$$

Man überzeugt sich leicht davon, daß alle Zerlegungen der $\frac{2}{n}$-Tabelle für die durch 3 teilbaren n diesem Gesetz folgen.

Der Text, den wir hier besprochen haben, liefert also für alle durch 3 teilbaren ungeraden ganzen Zahlen ein Schema, nach dem man die zugehörige $\frac{2}{n}$-Zerlegung unmittelbar gewinnen kann. Die Zerlegung selbst nennt dieser Text nicht, ebenso wie er auch nicht die allbekannte

---

[1] Für gerade n ist ja eine $\frac{2}{n}$-Zerlegung überflüssig, denn bei geradem n kürzt man immer unmittelbar durch 2 (vgl. oben S. 149). Demgemäß gibt ja auch nur jede zweite Zeile in der linken Spalte unserer Rechnungen zu einer $\frac{2}{n}$-Zerlegung Anlaß.

Zerlegung $\bar{\bar{3}} = \bar{2} + \bar{6}$ ausdrücklich angab, die aus den zuerst genannten Relationen ebenso unmittelbar zu gewinnen waren; er gibt offenbar nur die Erklärungen zu den bekannten Relationen. Wir sehen jetzt, daß die Relation $\bar{\bar{3}} = \bar{2} + \bar{6}$ nur der Anfang einer Reihe vollständig analog gebauter Zerlegungen für die durch 3 teilbaren ungeraden n bildet, und wir haben weiter die rein schematische Methode kennengelernt, mit deren Hilfe man aus einer unmittelbar übersehbaren Beziehung zwischen natürlichen Brüchen eine ganze Folge weiterer Zerlegungen hergeleitet hat. Die beiden Wurzeln des Verfahrens sind also einerseits das Ausgehen von „übersehbaren" Relationen, andererseits die Anwendung des schematischen „Übertragungsprinzips" von Rechnungen, das auch sonst die ganze ägyptische Mathematik beherrscht. Wir werden sehen, daß es im Grunde bei allen anderen Zerlegungen der $\frac{2}{n}$-Tabelle auch nur immer wieder diese einfachen Prinzipien sind, die zur Aufstellung aller übrigen $\frac{2}{n}$-Zerlegungen geführt haben.

Die eben besprochenen Gruppen von $\frac{2}{n}$-Zerlegungen, die in einer übersehbaren Relation zwischen natürlichen Brüchen ihren Ausgangspunkt haben, d. h. also die Zerlegungen für durch 3 teilbare n, haben gewiß einmal den einzigen Bestand von Bruchrechnungsregeln gebildet. Wir wollen jetzt versuchen, uns klarzumachen, wie man das bisher besprochene Verfahren entwickeln kann, um weitere solche Relationen zu gewinnen. Wir wollen also annehmen, daß man, wie es ja in unserem Textstück der Fall war, bereits über irgendeine Beziehung zwischen Stammbrüchen verfügt, die etwa die Form haben möge

$$\bar{a} = \bar{n} + \alpha\,\bar{n} \qquad \alpha < 1.$$

Das soll folgendes bedeuten: Wir nehmen an, daß wir eine Beziehung kennen, die aus einem Stammbruch $\bar{n}$ durch Hinzufügen eines Bruchteils dieses Stammbruches wieder einen Stammbruch liefert. Dieser Bruchteil muß dabei nicht notwendig ein einfacher Bruchteil sein, wie etwa die Hälfte von $\bar{n}$ [1], sondern kann auch ein komplizierterer Ausdruck etwa $\frac{1}{2} + \frac{1}{4}$ von $\bar{n}$ sein oder ein ähnlicher Ausdruck. Hat man eine solche Ausgangsrelation

$$\bar{a} = \bar{n} + \alpha\,\bar{n} \qquad \alpha < 1,$$

so kann man durch Hinzufügen des komplementären Bruchteils

$$\beta = 1 - \alpha,$$

der α zu 1 ergänzt, sofort eine $\frac{2}{n}$-Zerlegung gewinnen, denn es ist ja offenbar

$$(\bar{n} + \alpha\,\bar{n}) + \beta\,\bar{n} = \bar{n} + (\alpha + \beta)\,\bar{n} = \bar{n} + \bar{n} = \frac{2}{n} = \bar{a} + \beta\,\bar{n}.$$

---

[1] Dieses ist übrigens gerade das Schema, das der linken Gruppe unserer soeben besprochenen Rechnungen zugrunde liegt, nämlich $\bar{3} + \bar{6} = \bar{2}$ $\left(\bar{n} = \bar{3},\ \alpha = \frac{1}{2},\ \bar{a} = \bar{2}\right)$.

Kennt man also eine Stammbruchrelation

$$\bar{a} = \bar{n} + \alpha\,\bar{n} \qquad\qquad \alpha < 1$$

und kennt man den Komplementbruch β zu α, so ist

$$\frac{2}{n} = \bar{a} + \beta\,\bar{n}\,.$$

Wir müssen diese Überlegungen jetzt wieder mit den historischen Tatsachen in Verbindung bringen. Zunächst ist auf eine Beziehung sofort hinzuweisen. Der Übergang von einem Ausdruck der Form $\bar{n} + \alpha\,\bar{n}$ zu $\dfrac{2}{n}$ durch Hinzufügung des komplementären Bruchteils $\beta\,\bar{n}$ ist etwas, das, wie wir in Kap. III § 3 gesehen haben, ganz tief mit der Struktur der ursprünglichsten Bruchbegriffe verknüpft ist, nämlich mit dem Wechselspiel zwischen Stammbruch und Komplementbruch. Wir haben ja dort ausführlich beschrieben, wie diese beiden Begriffe und das Ergänzen zur vollen Einheit das eigentliche Leitmotiv aller sprachlichen und schriftlichen Bruchbezeichnungen ausmachen.

Um unsere Überlegungen aber für historische Aussagen verwertbar zu machen, müssen wir unseren Rechnungen noch zwei wesentliche Einschränkungen hinzufügen. Wenn man sie nämlich als Ausgangspunkt für die Aufstellung komplizierter Beziehungen ansehen will, so müssen sie selbst einfach genug sein, um wirklich als naturgemäßer Ausgangspunkt gelten zu können. Das verlangt zweierlei Einschränkungen. Einerseits müssen die Bruchteile α und $1 - \alpha = \beta$ von $\bar{n}$ selbst einfach sein, d. h. sie müssen vor allem Stammbrüche sein[1]. Andererseits muß auch die ganze Relation $\bar{a} = \bar{n} + \alpha\,\bar{n}$ als solche einfach sein, d. h. sie muß in der von uns eingeführten Terminologie eine „übersehbare" Relation sein oder was dasselbe bedeutet: in dem Ausdruck $\bar{a} = \bar{n} + \alpha\,\bar{n}$ dürfen nur „natürliche" Bruchteile von $\bar{n}$ auftreten. Sind diese Forderungen erfüllt, so haben wir es nur mit Gesetzmäßigkeiten zu tun, die dem ersten und ursprünglichsten Bruchbereich angehören und keinerlei systematische Überlegungen voraussetzen, sondern wirklich sozusagen mit diesem Bereich mitgegeben sind.

Die oben besprochenen Zerlegungen für durch 3 teilbare n, die von $\bar{3} = \bar{2} + \bar{6}$ ausgehen, haben genau diesen Typus. Drittel und halbes Drittel geben zusammen wieder einen Stammbruch $\bar{a} = \bar{2}$, und das beiderseitige Hinzufügen des Komplementbruches zu einem halben Drittel, also von $\dfrac{1}{2}\bar{3} = \bar{6}$, liefert einerseits das Doppelte des Drittels, andererseits die Stammbruchzerlegung $\bar{2} + \bar{6}$. Schließlich setzt das formale „Übertragungsprinzip" ein und erzeugt aus dieser Ausgangs-

---

[1] $\bar{3}$ gilt in unserer Terminologie immer als „Stammbruch".

relation ohne irgendwelche zusätzliche Überlegungen die Gesamtheit aller weiteren Relationen, die wir durch die Formel

$$\frac{2}{n} = \frac{3}{2n} + \frac{1}{2n} \qquad n \equiv 0 \ (3)$$

beschreiben können.

Wir können aber jetzt unseren Gedankengang sofort noch weiter ausdehnen, indem wir nach anderen ebenso einfachen Ausgangsrelationen fragen. Der nächst einfache Fall nach $\alpha = \frac{1}{2}$, $\beta = \frac{1}{2}$ ist selbstverständlich der mit $\alpha = \frac{2}{3}$, $\beta = \frac{1}{3}$. Wir haben ja gerade bei diesen Brüchen mit besonderer Deutlichkeit gesehen, daß das Drittel immer als der Teil gilt, der „die beiden Teile" des Zweidrittel zu 1 „voll macht" (siehe oben S. 90). In unseren Formeln bedeutet das, daß wir nach einer Stammbruchrelation suchen, die sich durch

$$\bar{a} = \frac{1}{n} + \frac{2}{3n}$$

beschreiben läßt. Der Ausdruck $\frac{1}{n} + \frac{2}{3n}$ kann aber nur dann ein Stammbruch sein, wenn n durch 5 teilbar ist, denn es ist ja

$$\frac{1}{n} + \frac{2}{3n} = \frac{5}{3n}.$$

Die zugehörige $\frac{2}{n}$-Zerlegung heißt dann

$$\frac{2}{n} = \frac{5}{3n} + \frac{1}{3n},$$

also im einfachsten Fall $\frac{2}{5} = \bar{3} + \overline{15}$. Wie man sieht (vgl. oben S. 153), ist dies die kanonische Zerlegung der $\frac{2}{n}$-Tabelle und gilt entsprechend für die ganze Folge der Zerlegungen für ungerade und durch 5 teilbare n (sofern sie noch nicht durch die von $\bar{\bar{3}} = \bar{2} + \bar{6}$ ausgehenden Zerlegungen erfaßt sind).

In dieser Weise kann man weitergehen. Das nächste Paar α und β wird natürlich sein $\alpha = \bar{2} + \bar{4}$, $\beta = \bar{4}$, das zu einer Stammbruchrelation

$$\bar{a} = \frac{1}{n} + \frac{1}{2n} + \frac{1}{4n} = \frac{7}{4n}$$

und einer zugehörigen $\frac{2}{n}$-Zerlegung Anlaß gibt, wenn n durch 7 teilbar ist.

Man sieht, wie wir ganz naturgemäß zu Betrachtungen kommen, die mit dem fundamentalen Verfahren der ägyptischen Bruchrechnung, mit dem Operieren mit $\frac{1}{2}$- und $\frac{1}{3}$-Reihen zusammenhängen. Das hat zur Folge, daß in den $\frac{2}{n}$-Zerlegungen immer wieder Glieder auftreten, deren Nenner den Faktor 2 enthalten, die also bei einer im Laufe einer Rechnung vorkommenden Verdopplung zu keiner Erhöhung der Anzahl der Summanden in der Stammbruchzerlegung Anlaß geben.

Durch das bisher Besprochene ist bereits eine große Anzahl von $\frac{2}{n}$-Zerlegungen erfaßt. Es sind immer ganze Folgen von Zerlegungen, die sich an jede übersehbare Ausgangsrelation anschließen und so aus der Menge aller ganzen ungeraden Zahlen n sozusagen nach einem „Siebverfahren" geeignete Teilmengen aussondern und in völlig eindeutiger Weise eine $\frac{2}{n}$-Zerlegung liefern. Selbstverständlich kann man durch geeignete Wahl von α schließlich jede Zahl n erreichen, und man kann dies auch noch in Fortführung unserer Diskussion an den Zerlegungen der Tabelle bestätigen. Wir wollen aber diese Einzeldiskussion hier nicht weiter verfolgen, sondern bemerken, daß man nicht vergessen darf, daß unsere Überlegungen historische Sachverhalte erklären sollen und wir daher nicht in den Fehler verfallen dürfen, anzunehmen, daß man dieses Siebverfahren nun beliebig weit erstreckt hat. Wir müssen nämlich immer die oben (S. 158) genannten einschränkenden Bedingungen einhalten, also vor allem, daß die Ausgangsrelation übersehbar sein muß. Das hat zur Folge, daß durch das bisher geschilderte Verfahren eine Reihe von Zahlen n nicht erfaßt werden kann (nämlich solche, die nur Primfaktoren enthalten, die größer sind als die Zähler, die sich aus unseren einfachen Darstellungen von $\bar{a} = \bar{n} + \alpha\bar{n}$ ergeben können). Man kann also sofort sagen, daß die Beschränkung unserer Überlegungen auf die historisch möglichen Ausgangskombinationen die Menge der $\frac{2}{n}$-Zerlegungen unsere Tabelle in zwei Klassen teilen muß: eine Gruppe, deren Zerlegungen nach dem bisher geschilderten Verfahren aufgebaut sind (dazu gehören z. B. die durch 3, 5, 7 teilbaren n), und einer Restmenge, deren Zerlegungen einem anderen Gesetz folgen müssen.

Dies bestätigt sich nun vollauf bei der Durchsicht der überlieferten $\frac{2}{n}$-Zerlegungen. Es bleibt eine Reihe von Zerlegungen für größere n übrig, die sich nicht mehr in der bisherigen Weise verstehen lassen, weil sie nicht mehr von einer „übersehbaren" Ausgangsrelation erfaßbar sind. Aber auch dann brauchen wir nirgends zur Erklärung der vorliegenden kanonischen Zerlegungen den Bereich der wohlbekannten ägyptischen Rechenmethoden zu verlassen. Wir kennen nämlich schon das Hilfsmittel, das allmählich für das Rechnen mit nicht übersehbaren Bruchrelationen ausgebildet worden ist: es ist das Rechnen mit „Hilfszahlen". Wir werden sehen, daß alle derartige Zerlegungen jetzt einer ganz andersartigen Gesetzmäßigkeit unterliegen, die wir wieder aufdecken können, sobald wir nur versuchen, unsere bisherigen Überlegungen unter ausschließlicher Verwendung ägyptischer Rechenmethoden auch auf nicht übersehbare Relationen auszudehnen.

Um den Gedankengang leichter verständlich zu machen, wollen wir aber zunächst den Sachverhalt unter Benutzung moderner Formeln beschreiben. Wir gehen wieder davon aus, daß wir eine Stammbruchrelation

$$\bar{n} + \alpha \bar{n} = \bar{a}$$

suchen, die leicht zu einer $\frac{2}{n}$-Zerlegung durch Hinzufügung des Komplementbruchteils $\beta \bar{n}$ ergänzt werden kann. Das Neue unserer jetzigen Überlegung ist nur, daß wir annehmen müssen, daß $\alpha \bar{n}$ nicht mehr ein natürlicher Bruchteil von $\bar{n}$ ist, sondern nur durch einen komplizierten, nicht „übersehbaren" Ausdruck beschrieben werden kann. Ein solcher Ausdruck

$$\bar{n} + \alpha \bar{n} = \frac{1}{n} \cdot (1 + \alpha) = \frac{1}{n} \cdot \frac{r}{s}$$

wird nur ein Stammbruch $\bar{a}$ sein, wenn der Zähler r in $n \cdot s$ enthalten ist, also sicher im einfachsten Fall, wenn $r = n$ ist. Die Anzahl der n-tel, die in dem Ausdruck $\bar{n} + \alpha \bar{n}$ enthalten ist, hat man ägyptisch durch eine Stammbruchsumme

$$1 + \alpha = 1 + \bar{a}_1 + \bar{a}_2 + \cdots + \bar{a}_k$$

geschrieben zu denken und muß versuchen, ihre Gesamtsumme zum n-fachen eines Stammbruches zu machen, d. h. also

$$1 + \bar{a}_1 + \bar{a}_2 + \cdots + \bar{a}_k = n\bar{a}\,.$$

Wenn man dieses Ziel erreicht, so ist ja

$$\bar{n} + \alpha \bar{n} = (1 + \bar{a}_1 + \cdots + \bar{a}_k)\bar{n} = n\bar{a} \cdot n = \bar{a}$$

ein Stammbruch. Man hat dann nur wieder die Aufgabe, zu dem Bruchausdruck α das Komplement zu bestimmen, das ihn zu 1 ergänzt, um in $\bar{a} + \beta \bar{n}$ eine Zerlegung von $\frac{2}{n}$ zu gewinnen. Die ganze Aufgabe besteht also nur darin, eine Stammbruchsumme $1 + \bar{a}_1 + \cdots + \bar{a}_k$ so zu bestimmen, daß sie das n-fache eines Stammbruches wird, wenn man eine Zerlegung für $\frac{2}{n}$ sucht.

Wir wollen jetzt diese Aufgabe in die Sprache der ägyptischen Rechentechnik übersetzen.

Unsere ganzen Überlegungen beziehen sich jetzt nur noch auf den Fall, wo $\frac{1}{\alpha}$ nicht mehr ein übersehbarer Bruchausdruck ist, wo man also gezwungen ist, die Summe der Bruchteile mit Hilfe von „Hilfszahlen" auszuzählen. Soll also ein Ausdruck

$$1 + \bar{a}_1 + \bar{a}_2 + \cdots + \bar{a}_k = n\bar{a}$$

gebildet werden, so heißt dies im Rahmen des Hilfszahlenalgorithmus, daß man eine Summe von Brüchen so zu bestimmen hat, daß die Summe der ihm zugeordneten Hilfszahlen die Anzahl n ergibt, wenn als Einheit der Hilfszahlen a-tel genommen werden, d. h. wenn man die Zuordnung

$$\begin{array}{cc} 1 & a \\ \bar{a} & 1 \end{array}$$

zugrunde legt. Unserer Summe $1 + \bar{a}_1 + \cdots + \bar{a}_k$ entspricht dann nach dem Schema

$$\begin{array}{cccc} 1 + \bar{a}_1 + \bar{a}_2 + \cdots + \bar{a}_k \\ a \quad b_1 \quad b_2 \quad\quad b_k \end{array}$$

eine gewisse Summe von Hilfszahlen

$$a + b_1 + b_2 + \cdots + b_k,$$

die den Gesamtwert n haben soll. Unsere Aufgabe, eine $\frac{2}{n}$-Zerlegung zu finden (wobei n selbstverständlich eine ungerade Zahl ist), reduziert sich somit auf das Problem, zu der Zahl n eine Anzahl von Hilfszahlen so anzugeben, daß ihre Summe gleich n ist:

$$a + b_1 + b_2 + \cdots + b_k = n.$$

Diese Aufgabe sieht gewiß beliebig vieldeutig aus, ist es aber keineswegs im Rahmen der ägyptischen Rechentechnik. Wir haben es ja jetzt nur noch mit einer Aufgabe für ganze Zahlen zu tun und haben eine gewisse ganze (ungerade) Zahl n additiv aus irgendwelchen Summanden aufzubauen. Diese Aufgabe ist aber gerade diejenige, die auch den Kern des ägyptischen Multiplikationsverfahrens ausmacht. Dieses besteht ja genau in demselben Problem: das Multiplizieren soll ersetzt werden durch eine Folge von Additionen, und die Art der Auswahl der einzelnen Summanden ist dabei praktisch vollständig festgelegt. Im allgemeinen ist es nämlich die Folge 1, 2, 4, ..., d. h. genauer gesagt, die dyadische Zerlegung des einen Faktors. Nur die dezimale Struktur des Zahlensystems wird als Abkürzung zugelassen (vgl. oben S. 114). Die Aufgabe, n als Summe von ganzen Zahlen darzustellen, ist also im Rahmen der ägyptischen Rechentechnik praktisch eindeutig. Sobald aber eine solche Zerlegung von n vorliegt, sobald also die Summanden $a, b_1, \ldots, b_k$ festliegen, liegen auch die zugehörigen Bruchteile $\bar{a}_1$, $\bar{a}_2 \ldots \bar{a}_k$ fest, also auch der Bruchteil α von $\bar{n}$, also auch sein Komplement β und schließlich die $\frac{2}{n}$-Zerlegung.

Wir wollen als Beispiel die Zerlegung von $\frac{2}{61}$ berechnen. Dazu hat man also einen Bruchausdruck $\frac{1}{\alpha}$ so zu bestimmen, daß seine Hilfszahlsumme 61 wird. Die ägyptische Zerlegung von 61 lautet selbstverständlich

$$61 = 40 + 20 + 1.$$

Man muß sich ja nur das ägyptische Ziffernsystem vergegenwärtigen, um zu sehen, daß man die 6 Zehner-Zeichen selbstverständlich ebenso in $2 + 4$ Zeichen zerlegt, wie 6 Einermarken in $2 + 4$. Die zugehörigen Bruchteile ergeben sich sofort aus dem Schema

$$40 \qquad 1$$
$$1 \qquad \overline{40}.$$

Man erhält offenbar

$$61 = 40 + 20 + 1$$
$$1 + \overline{2} + \overline{40},$$

und dieses $1 + \overline{2} + \overline{40}$ ist unser $1 + \alpha$, d. h. es ist

$$\overline{61} + (\overline{2} + \overline{40})\overline{61} = (1 + \alpha)\overline{n} = \overline{40} = \overline{a}$$

ein Stammbruch. Man hat jetzt nur nach gut ägyptischen Methoden das Komplement β von α zu 1 zu berechnen, oder was dasselbe besagt, das Komplement β unseres Ausdrucks $1 + \alpha$ zu 2. Aus

$$1 \qquad 40$$

folgt aber

$$2 \qquad 80.$$

Wir wissen schon, daß unsere Bruchsumme $1 + \alpha$ den Wert

$$1 + \alpha \qquad 61$$

hat (das war ja der Ausgangspunkt unserer ganzen Überlegung). Also muß das Komplement β, das $\frac{1}{\alpha}$ zu 2 voll macht, den Wert von $80 - 61 = 19$ Hilfseinheiten haben. Es müssen also jetzt solche Bruchteile berechnet werden, daß ihre Hilfszahlsumme ist. Dies ist wieder nichts anderes, als die übliche Grundaufgabe der ägyptischen Division. Man hat demnach nur zu bilden

$$\begin{array}{cc} 1 & 40 \\ \overline{2} & 20 \\ \diagup \overline{4} & 10 \\ \diagup \overline{8} & 5. \end{array}$$

Damit sind bereits 15 von 19 gewonnen. Die restlichen 4 ergeben sich selbstverständlich durch

$$\diagup \overline{10} \qquad 4.$$

Also lautet der gesuchte Komplementbruch

$$\beta = \overline{4} + \overline{8} + \overline{10}.$$

Somit lautet die $\frac{2}{n}$-Zerlegung für $n = 61$

$$\frac{2}{n} = \overline{a} + \beta\overline{n} = \overline{40} + (\overline{4} + \overline{8} + \overline{10})\overline{61}$$
$$= \overline{40} + \overline{244} + \overline{488} + \overline{610},$$

und dies ist in der Tat die kanonische $\frac{2}{n}$-Zerlegung (vgl. oben S. 153).

Ähnlich wie das eben besprochene Beispiel lassen sich auch die restlichen $\frac{2}{n}$-Zerlegungen erklären, die noch nicht in die Folgen von Zerlegungen einbezogen sind, die von übersehbaren Relationen ihren Ausgangspunkt nehmen. Eine grundsätzliche Ausnahme macht nur die letzte der Zerlegungen, die uns in R erhalten sind, nämlich die von $\frac{2}{101}$. Sie lautet

$$\frac{2}{101} = \overline{101} + \overline{202} + \overline{303} + \overline{606}$$

und ist offenbar trivial, da sie den zu zerlegenden Bestandteil $\overline{101}$ in sich enthält und bloß von der Tatsache Gebrauch macht, daß

$$\overline{2} + \overline{3} + \overline{6} = 1$$

ist. Nach diesem Schema hätte man selbstverständlich für alle $\frac{2}{n}$ vorgehen können. Ich halte es für möglich, daß es sich bei diesem einzigen Ausnahmefall um eine der Zutaten eines Abschreibers von R handelt. Ein ähnliches Beispiel ist uns ja schon oben S. 125 begegnet.

Wenn wir auf den Gang unserer Überlegungen zurückblicken, die die Entstehungsgeschichte der $\frac{2}{n}$-Tabelle betrafen, so können wir zwei Entwicklungsphasen feststellen. Die eine besteht in der ohne irgendeine mathematische Überlegung sich aus dem Wesen der Bruchbegriffe ergebenden Methode, die einfachsten Bruchteile miteinander zu kombinieren und zu dem Doppelten des einen von ihnen zu ergänzen. Dies allein reicht aus, um durch eine rein formale Übertragung, die noch durch die Art der Bruchbezeichnung, die ja das gewohnte Zahlenbild der ganzen Zahlen kaum verläßt, unterstützt worden ist, eine große Anzahl von $\frac{2}{n}$-Zerlegungen zu liefern. Der zweite Abschnitt, bei dem es sich um die Erfassung von nicht mehr „übersehbaren" Bruchaggregaten handelt, verlangt aber bereits eine mathematische Einsicht. Man muß sich dazu einmal klargemacht haben, wie man aus Summen von Bruchteilen eines n-tels durch systematisches Ergänzen auf $\frac{2}{n}$ kommen kann. Dies ist aber auch der einzige Gedanke, der hier neu hinzukommt. Er ist gar nicht auf dieses spezielle Gebiet beschränkt, sondern tritt in vollständig analoger Weise auch beim ägyptischen Divisionsverfahren, ja im Grunde auch schon beim Multiplizieren auf. Bei allen Operationen der ägyptischen Mathematik handelt es sich immer wieder um die eine und entscheidende Frage: Wieviel hat man noch additiv hinzuzufügen, um ein gewisses Resultat zu erreichen? So ist auch der komplizierteste Teil bei der Berechnung der $\frac{2}{n}$-Tabelle, nämlich derjenige, der die Verwendung von Hilfszahlen erforderlich macht, in allen seinen Teilen genau dem Verfahren nachgebildet, das uns textlich in zahlreichen Beispielen belegt ist. Wenn man unsere letzten Erörterungen mit den Rechnungen, die wir früher (S. 143 f.) besprochen haben, vergleicht, so wird der volle Parallelismus des ganzen Verfahrens unmittelbar klar werden.

Die ägyptische Rechentechnik, die zunächst ein sonderbares Gemisch von größter Primitivität und erstaunlich weitläufigen und komplizierten Rechnungen zu sein scheint, erweist sich also durch unsere Betrachtungen als ein völlig einheitliches und in sich geschlossenes Gebäude. Der eigentlich entscheidende Punkt für das Verständnis der ägyptischen Mathematik liegt in der Einsicht in ihren ausschließlich additiven Charakter. Eigentlich kennt die ägyptische Mathematik nur eine einzige Operation, nämlich die Addition. Alle ihre Methoden beruhen in letzter Linie wesentlich auf dieser Additivität. Ihr merkwürdig komplizierter Bau kommt nur daher, daß dieses additiv-abzählende Verfahren auf einen Zahlbereich angewandt werden mußte, der noch nicht über die ursprünglichste Form eines additiv-dezimalen Systems einerseits und selbständig daneben stehender ursprünglicher Bruchbegriffe andererseits hinaus entwickelt worden war. So kann man also sagen, daß die ägyptische Mathematik das einzige uns erhaltene reine Beispiel einer in ihren Leistungen doch recht weit entwickelten Rechentechnik ist, die in ihrer ganzen Geschichte keine wesentliche Diskontinuität erlebt hat, sondern die wirklich noch ganz auf dem ursprünglichsten Fundament des Rechnens ruht, nämlich dem Zählen und den individualen Bruchbegriffen. Alle anderen Systeme, so in unserem Bereich vor allem das babylonische, haben tief einschneidende Einflüsse anderer Art erlebt, die die unmittelbare Verbindung zu den allerersten Begriffsbildungen zerstört und an ihre Stelle formale Operationen gesetzt haben, die, wie die Geschichte aller symbolischen Methoden in der Mathematik lehrt, nachträglich immer weit über das hinausführen, was ursprünglich in ihnen gelegen zu sein schien.

Literaturverzeichnis zu Kapitel IV.

a) Zu § 1.

(IV, 1) PEET, T. E.: The Rhind mathematical papyrus. Liverpool: University Press 1923.

Edition von M:

(IV, 2) STRUVE, W. W.: Mathematischer Papyrus des staatlichen Museums der schönen Künste in Moskau. Quellen und Studien zur Geschichte der Mathematik, Abtlg. A 1. Berlin: Julius Springer 1930. Vgl. dazu auch die Rezension von PEET in Journal of Egyptian Archaeology Vol. 17, 154 ff. (1931).

(IV, 1) wird immer die grundlegende Bearbeitung von R bleiben. Eine neuere Bearbeitung ist

(IV, 3) CHACE, BULL, MANNING and ARCHIBALD: The Rhind Mathematical Papyrus. Mathematical Association of America. Ohio: Oberlin 1929. — In ihr ist vor allem der Text photographisch reproduziert, ferner ein äußerst sorgfältiges und fast vollständiges Literaturverzeichnis zur gesamten ägyptischen Mathematik von ARCHIBALD.

(IV, *4*) PEET: Mathematics in ancient Egypt. Manchester. The Bulletin of the John Rylands Library Vol. 15, Nr. 2 (1931). (Auch als Sonderdruck.)

(IV, *5*) NEUGEBAUER: Arithmetik und Rechentechnik der Ägypter. QS B (V, *1*) 1, 301 ff. (1930).

b) Zu § 2.

(IV, *6*) NEUGEBAUER: Die Geometrie der ägyptischen mathematischen Texte. QS B (V, *1*) 1, 413 ff. (1930).

Insbesondere zu M 10 außer STRUVE in (IV, *2*):

(IV, *7*) PEET: A problem in Egyptian geometry. The Journal of Egyptian Archaeology Vol. 17, 100 ff. (1931).

c) Zu § 3.

(IV, *8*) NEUGEBAUER: Die Grundlagen der ägyptischen Bruchrechnung. Berlin: Julius Springer 1926. Dort ist die hier nur in ihren Grundzügen dargestellte Diskussion der $2/n$-Tabelle in allen Einzelheiten durchgeführt. Ergänzungen dazu finden sich in (IV, *5*).

(IV, *9*) GLANVILLE, S. R. K.: The mathematical leather roll in the British Museum. The Journal of Egyptian Archaeology Vol. 13, 232 ff. (1927). (Ausführliche erste Publikation der S. 154 f. besprochenen Londoner Lederrolle; nochmals auszugsweise als Anhang zu (IV, *3*).)

(IV, *10*) VOGEL, K.: Die Grundlagen der ägyptischen Arithmetik. München: Beckstein 1929.

V. Kapitel.

Babylonische Mathematik.

§ 1. Geometrie.

Wir haben schon mehrmals erwähnt, daß die grundsätzlich interessanten Erscheinungen in der babylonischen Mathematik auf dem Gebiete des Algebraischen liegen, d. h. in den Fragen, die wir erst in den nächstfolgenden Paragraphen besprechen werden. Wir wollen aber doch zunächst, wenn auch nur kurz, die Geometrie besprechen — nicht nur aus Gründen der Vollständigkeit, sondern auch mit Rücksicht darauf, daß ja auch in den Texten geometrische Tatsachen dauernd benutzt werden und wir uns daher auch hier über ihre Art und ihren Umfang einen Überblick verschaffen müssen.

Gerade die ältesten Texte des keilschriftlichen Kulturkreises sind zu einem überwiegend großen Anteil sog. „Wirtschaftstexte". Das sind meist Listen von Zahlungen, Inventare und ähnliches, von denen wir Tausende von Exemplaren besitzen. Zu dieser Gattung von Aufzeichnungen gehört auch eine Art von Texten, die man mit einem gewissen Recht als die ältesten geometrischen Texte bezeichnen kann, nämlich die sog. „Felderpläne". Es sind dies meist ziemlich roh gezeichnete Pläne von aneinanderstoßenden Feldern, auf denen angegeben ist, wie

groß die einzelnen Stücke und welches ihre Flächen sind. Diese Felderpläne haben also genau den Typus wie die bekannte Schenkungsurkunde
von Edfu, die wir oben S. 123 besprochen haben. Die Zeichnungen der
babylonischen Felderpläne sind meist metrisch sehr ungenau und geben
nur die allgemeinen Lage- und Gestaltverhältnisse der Felder wieder.
Vergleicht man die angegebenen Flächeninhalte mit den Zahlen der Kanten,
so zeigt sich, daß des öfteren nur Mittelwerte verwendet worden sind, wie
es uns ähnlich auch schon aus den ägyptischen Katastern bekannt ist.

Dieses Abschätzen von Inhalten aus Mittelwerten ist an sich etwas
Naheliegendes und wird auch noch in sehr viel späterer Zeit immer
wieder verwendet. Ein Teil der Aufgaben, die sich in den mathematischen Texten finden, betrifft praktische Fragen, wie die Berechnung
der Anzahl von Leuten, die man braucht, um gewisse Erdarbeiten auszuführen, etwa den Aushub von Kanälen oder Bauwerksfundamenten,
das Errichten von Dämmen oder Wäl-
len. In diesem Zusammenhang finden
wir beispielsweise für das Volumen eines
Körpers (es handelt sich um einen Be-
lagerungswall) die Formel

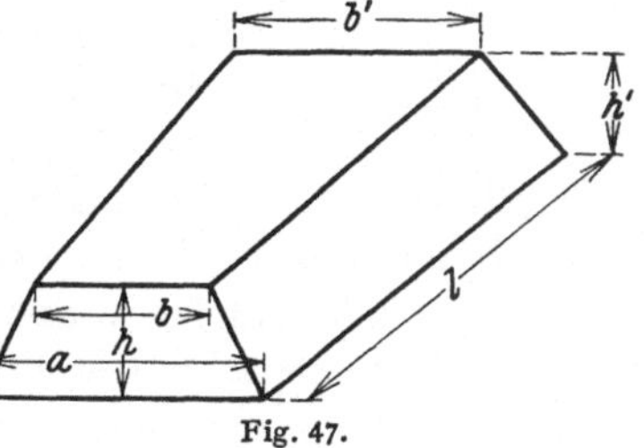

$$V = \frac{1}{2}\left(\frac{a+b}{2} + \frac{a'+b'}{2}\right) \cdot \frac{h+h'}{2} \cdot l,$$

wobei $a \ldots l$ die in Fig. 47 angegebene
Bedeutung haben.

Fig. 47.

Wenn auch derartige Aufgaben zweifellos eine rein praktische Bedeutung haben, so ergibt sich aus ihnen doch die Tatsache der Kenntnis einer Reihe elementargeometrischer Beziehungen wie etwa Ausnutzung einfacher Proportionalitäten im Dreieck und ähnliches. Daß auch
beim Messen von Böschungen eine Verhältnisgröße vorkommt, die unserem
ctg des Neigungswinkels entspricht, haben wir schon gelegentlich der
analogen ägyptischen Begriffsbildung erwähnt (S. 124). Diese Größe gibt
das Verhältnis des in GAR gemessenen Rücksprungs zu den in Ellen ge-.
messenen Höhen. Dieses Verhältnis wird durch den Terminus šà-gal
bezeichnet, dessen akkadische Lesung vermutlich *ukullû* ist und jedenfalls mit dem Terminus *akâlu* zusammenhängt[1], der der Terminus der
Multiplikation ist (vgl. oben S. 68 und 55). Er wird demgemäß etwa mit
„Faktor", „Koeffizient" zu übersetzen sein. Wegen der Verwendung
verschiedener Maßgrößen ist diese Funktion durch $\frac{1}{\mu}\,\mathrm{ctg}\,\alpha$ zu beschreiben,
wo μ durch

$$1\ \text{Elle} : 1\ \text{GAR} = 1 : 12 = 1 : \mu$$

gegeben ist.

Aus diesem Aufgabenkreis kennen wir auch die grobe Näherungsformel

$$F = \frac{U^2}{12}$$

---

[1] In einem Text findet sich die syllabische Schreibung *i-ku-ul*.

zwischen Kreisumfang U und der Kreisfläche F, die auf der Approximation von π durch 3 beruht (vgl. oben S. 126). Auf die Frage, ob π nicht auch durch bessere Werte approximiert worden ist, werden wir bald eingehen.

Eine geschichtlich wichtige Relation wird benutzt bei der Berechnung der Länge einer Sehne in einem Kreis bzw. der Höhe des von der Sehne abgeschnittenen Segments (man bezeichnet diese Größe auch als „Pfeil" oder „sinus versus"). Die Formel, nach der die Berechnung der Sehne s aus Durchmesser d und Segmenthöhe a erfolgt, lautet:

$$s = \sqrt{d^2 - (d - 2a)^2}.$$

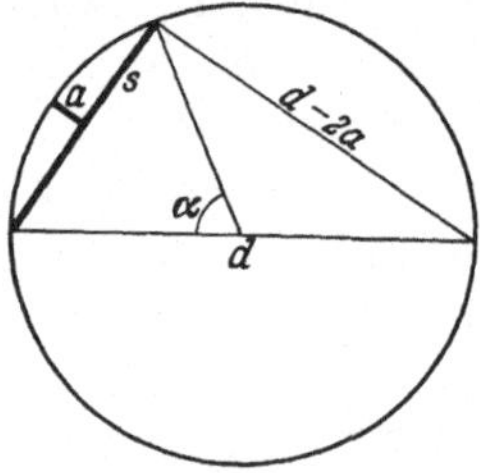

Fig. 48.

Entsprechend lautet die Umkehrung

$$a = \frac{1}{2}\left(d - \sqrt{d^2 - s^2}\right).$$

Die Richtigkeit dieser Relation folgt unmittelbar aus Fig. 48, wenn man berücksichtigt, daß der Winkel im Halbkreis ein rechter ist und den pythagoreischen Lehrsatz benutzt. Die Kenntnis dieser Relation ist durch unseren Text, der etwa der Mitte des zweiten Jahrtausends angehören dürfte, nachgewiesen. Abgesehen davon haben wir es hier mit einer für die spätere Geschichte der Astronomie wichtigen Frage zu tun, da ja bekanntlich die antike Trigonometrie nicht mit unseren trigonometrischen Funktionen operiert, sondern mit den Sehnen zum doppelten Winkel. Wir werden im dritten Band dieser Vorlesungen ausführlich auf die diesbezügliche Rechnung bei PTOLEMÄUS eingehen, der ja sein Lehrbuch der Astronomie mit der Berechnung einer sog. „Sehnentafel" beginnt, in der die Längen der Sehnen als Funktion der Zentriwinkel gegeben werden.

Selbstverständlich benutzen unsere mathematischen Texte auch eine Reihe von anderen Sätzen über elementare Flächeninhalte wie Dreieck, Rechteck, Trapez und dazugehörige Ähnlichkeitsrelationen sowie etwa die Berechnung der Höhe im gleichschenkligen Dreieck mit Hilfe des pythagoreischen Lehrsatzes und ähnliches mehr. Es ist dies das übliche Rüstzeug der Elementargeometrie, wie es sich ganz ähnlich auch in Ägypten ausgebildet hat (wenn man vielleicht vom pythagoreischen Lehrsatz absieht).

Etwas näher besprochen sei hier noch ein Text, der sich mit der Flächenberechnung von symmetrischen Figuren beschäftigt[1]. Leider werden die Ausrechnungen selbst nicht gegeben, sondern nur die Aufgaben in kurzen Worten formuliert, etwa zu Fig. 49 (die sich, mit andern ähnlichen Figuren, wie z. B. im folgenden auch Fig. 50, in diesem Text findet):

---

[1] Publiziert von C. J. GADD: RA **19**, 149ff. (V, *3*).

„1 (ist) die Länge. Ein Quadrat.
12 Dreiecke (und) 4 Quadrate habe ich gezeichnet.
Was sind ihre Flächen?"

Man übersieht leicht, daß die betreffenden Flächenberechnungen ohne
Schwierigkeiten durchführbar sind und höchstens die Benutzung des
pythagoreischen Lehrsatzes für die Quadratdia-
gonalen verlangen.

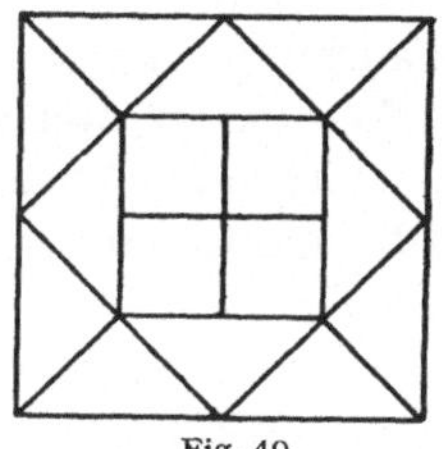

Fig. 49.

Am interessantesten in diesem Text ist die
Gruppe von Aufgaben, die sich mit Kreisflächen
beschäftigt, vor allem das Beispiel von Fig. 50. Es
wird wie üblich verlangt, die Inhalte der einzelnen
Teilgebiete, in die das Quadrat zerlegt wird, zu
berechnen. Daß man zur Lösung dieser Aufgaben völlig imstande war, ergibt sich mit Sicher-
heit aus den vollständig durchgeführten Beispielen vieler anderer Texte.
Im Falle von Fig. 50 verdient das Innengebiet, das aus der Vereinigung dreier Kreisscheiben besteht, besondere Be-
achtung. Um seinen Inhalt zu bestimmen, muß
man nämlich von der dreifachen Kreisfläche zwei
Kreisbogenzweiecke subtrahieren (vgl. Fig. 51), d. h.
man ist gezwungen, sich mit der Inhaltsberechnung
derartiger Figuren zu beschäftigen. Obwohl es nicht
direkt mit den Aufgaben der babylonischen Mathematik zu tun hat, muß hier auf einen Zusammenhang hingewiesen werden, der uns im zweiten

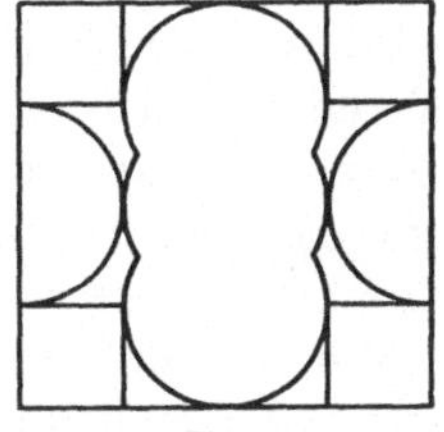

Fig. 50.

Band dieser Vorlesungen bei der Geschichte des Quadraturproblems
beschäftigen wird. Dort wird es uns dann von Bedeutung sein, zu wissen,
daß schon die babylonische Mathematik
zur Betrachtung von Figuren gelangt ist,
die im Rahmen grundsätzlicher Fragen
über den Inhalt geometrischer Gebilde von
Wichtigkeit geworden sind. Wir wollen mit
Φ (vgl. Fig. 51) das zwei Kreisen gemeinsame Kreisbogenzweieck bezeichnen, mit
F_K die Kreisfläche, mit F_6 die Fläche
des eingeschriebenen regulären Sechsecks.
Dann ist

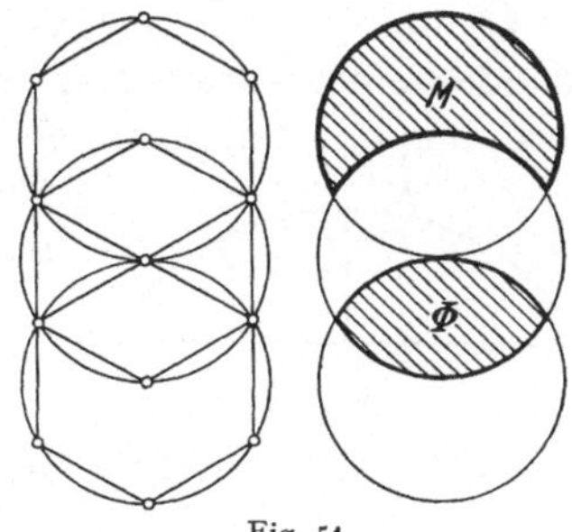

Fig. 51.

$$\Phi = \frac{2}{6}F_6 + \frac{4}{6}(F_K - F_6) = \frac{2}{3}F_K - \frac{1}{3}F_6.$$

Da die Gesamtfläche

$$F = 3F_K - 2\Phi$$

ist, so ist

$$F = \frac{5}{3}F_K + \frac{2}{3}F_6 = F_K + 2M,$$

wobei M die Fläche des „Möndchens" (vgl. Fig. 51) bedeutet. Die letzte Gleichung besagt aber, daß

$$M = \frac{1}{3}(F_K + F_6)$$

ist. Daraus ersieht man: Ist die Fläche des Möndchens „quadrierbar", d. h. in eine Polygonfläche verwandelbar, so ist auch die Kreisfläche quadrierbar, da ja F_6 quadrierbar ist.

Wie gesagt, werden uns ähnliche Zusammenhänge in der griechischen Geschichte des Quadraturenproblems wieder begegnen, und es ist daher nicht uninteressant zu sehen, daß schon die babylonische Mathematik Aufgaben gestellt hat, deren methodische Auswertung mit solchen Quadraturenproblemen in Beziehung gesetzt werden konnten. Wir haben aber keinen Anlaß zu vermuten, daß Relationen, wie wir sie hier abgeleitet haben, bereits in den babylonischen Texten irgendeine Rolle spielen. Wohl aber scheinen mir Beispiele wie das eben be-sprochene zu zeigen, daß die Approximation von π durch 3 nicht die einzige bekannte gewesen sein kann. Ganz abgesehen davon nämlich, daß diese Approximation schon empirisch als sehr roh erscheinen muß, müssen Beispiele von der Art der eben besprochenen unmittelbar zeigen, daß $\pi = 3$ nicht den genauen Wert für den Kreisumfang ergeben kann, denn dann ist ja der Umfang des regulären Sechsecks von dem des um-schriebenen Kreises nicht zu unterscheiden.

Wir müssen zum Schluß noch ein Beispiel erwähnen, das leider im Text einen expliziten Rechenfehler enthält, so daß eine gesicherte Inter-pretation nicht gegeben werden kann. Es handelt sich nämlich, wie Figur und Text zeigen, um die Berechnung der Fläche eines Kreis-segmentes, wenn die Länge des Bogens b und der Sehne s gegeben sind. Es könnte übrigens sein, daß in dem gegebenen Zahlenbeispiel die Sehne die des eingeschriebenen regulären Dreiecks sein soll, denn die Aus-rechnung des Zentriwinkels führt mit großer Genauigkeit auf $120°$. Die Rechnung des Textes kann man vielleicht durch folgende Formel beschreiben:

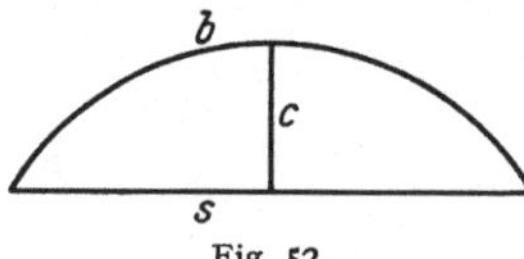

Fig. 52.

$$F = s \cdot (b - s) - \frac{1}{2} \begin{cases} c^2 \\ (b - s)^2 \end{cases} \cdot$$

Dabei ist sicher richtig die Interpretation des ersten Summanden als $s \cdot (b - s)$, aber bereits in dem Koeffizienten $\frac{1}{2}$ des zweiten Ausdrucks steckt eine Unsicherheit. Bei der weiteren Interpretation der Rech-nung hat man unter anderen Möglichkeiten die Wahl zwischen der Inter-pretation gemäß der oberen oder unteren Zeile im rechten Summanden, d. h. als c^2 oder als $(b - s)^2$, wobei c die Höhe des Segmentes (vgl. Fig. 52) bedeutet. Da überhaupt nicht recht einzusehen ist, wie man zu einer Segmentflächenformel von einer derartigen Bauart kommen konnte, ist zwischen diesen verschiedenen Möglichkeiten nicht mit Sicherheit zu unterscheiden, zumal eben, wie gesagt, der Text einen Rechenfehler enthält, von dessen Berichtigung die Interpretationsmöglichkeiten abhängen. Eine wirkliche Entscheidung kann nur weiteres Textmaterial bringen.

Neben trivialen Volumberechnungen (Würfel, Quader, prismatische Körper mit trapezförmigem Querschnitt) findet sich auch die Berechnung des Volumens eines Kegelstumpfes durch die Näherungsformel

$$V = \frac{1}{2}\left(\frac{u_1^2}{12} + \frac{u_2^2}{12}\right)h$$

(wobei u_1 der Umfang des einen Randkreises der Fläche F_1, u_2 der von F_2 ist), was mit Rücksicht auf die Approximation von π durch 3 bedeutet, daß

$$V = \frac{F_1 + F_2}{2}h$$

gesetzt ist. Eine entsprechende Näherungsformel findet sich auch für das Volumen des quadratischen Pyramidenstumpfes. Daneben findet sich aber auch die **exakte** Volumformel

$$V = h\left(\left(\frac{a+b}{2}\right)^2 + \frac{1}{3}\left(\frac{a-b}{2}\right)^2\right),$$

wobei a und b die Kanten der großen bzw. der kleinen quadratischen Deckfläche bedeuten. Bei der Interpretation dieser Formel besteht insofern eine kleine Unsicherheit, als der Text im zweiten Glied der Klammer auch eine Beschreibung der Zahlen der Rechnung durch $\frac{a-b}{4}$ statt durch $\frac{1}{3}\left(\frac{a-b}{2}\right)^2$ zuläßt. Da dies aber schon aus Dimensionsgründen zu völlig falschen Resultaten führen würde, so scheint mir die hier gegebene Interpretation praktisch gesichert zu sein.

§ 2. Arithmetisches.

Ich habe die Schilderung der babylonischen Geometrie so knapp gehalten, weil in diesem Bereich nicht die wesentlichen neuen Erkenntnisse über die Art der vorgriechischen Mathematik gelegen sind. Gewiß lehrt uns die babylonische Geometrie, daß eine Reihe mathematischer Tatsachen bekannt gewesen sind, deren Entdeckung man oft erst in sehr viel spätere Zeit verlegen zu müssen geglaubt hat. Wenn man aber weiß, daß überhaupt in einer Kultur eine einigermaßen umfangreiche mathematische Literatur entwickelt worden ist, so gehören Einsichten, wie wir sie in dem vorangehenden Paragraphen geschildert haben, zu den naturgemäß an erster Stelle zu gewinnenden Ergebnissen. Was wir aber jetzt in diesem und den folgenden Paragraphen besprechen werden, geht weit über das hinaus, was sich bei einer ersten Beschäftigung mit mathematischen Fragen ergeben muß. Wir werden nämlich zunächst zwei „arithmetisch" zu nennende Beispiele aus mathematischen Texten besprechen und dann im folgenden sehen, daß es sich hier nicht nur um isolierte und sozusagen zufällige Ergebnisse der babylonischen Mathematik handelt, sondern daß sie ihrem ganzen Niveau nach eine algebraische Stufe erreicht hat, die erst zu Beginn der neueren Geschichte unserer Mathematik wieder errungen worden ist.

Wir wollen zunächst eine Formel besprechen, die die Summe der Quadrate der ersten 10 Zahlen angibt. Die Rechnung folgt, wenn wir $n = 10$ setzen, dem folgenden Gesetz

$$\sum_{i=1}^{n} i^2 = \frac{1}{3} (1 + 2n) \sum_{i=1}^{n} i.$$

Diese Formel ist selbstverständlich in speziellen Zahlen vorgerechnet, in der Weise, wie wir dies ja schon früher an einzelnen Beispielen gesehen haben und sogleich wieder im Wortlaut bei anderen Aufgaben verfolgen werden.

Wie man zu einer Gesetzmäßigkeit wie dem obigen Ausdruck für die Summe der Quadrate der ganzen Zahlen gekommen ist, läßt sich aus unserem Textmaterial natürlich nicht sagen, da ja alle unsere Texte immer nur das geschlossene Endresultat angeben und nie eine Ableitung. Aus der Natur des Problems folgt aber, daß dieser Endformel eine irgendwie geartete Umrechnung vorausgegangen sein muß. Das Resultat muß ja selbstverständlich eine ganze Zahl sein, während in der Formel Brüche vorkommen. Derartige zahlentheoretische Relationen verlangen also notwendig einen gewissen Rechenprozeß: Formeln, die scheinbar gebrochene Zahlen enthalten, können nicht unmittelbar an den ganzen Zahlen selbst abgelesen werden.

Ein Vorschlag, wie die obige Formel abgeleitet werden kann, sei aber doch gemacht, weil er unmittelbar im Rahmen der Hilfsmittel der babylonischen Mathematik gelegen ist und auf die hier angegebene Formel führt und nicht auf die uns geläufige:

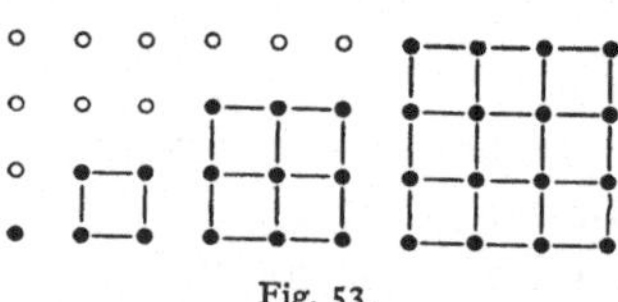

Fig. 53.

$$\sum_{i=1}^{n} i^2 = \frac{1}{6} n (n + 1) (2n + 1)$$

(die man aber aus ihr erhält, wenn man für $\sum_{1}^{n} i$ den Ausdruck $\frac{n(n+1)}{2}$ einsetzt). Wir betrachten eine Anordnung nach dem Schema von Fig. 53. An dieser Figur kann man direkt folgendes ablesen: Die Summe der Quadratzahlen (repräsentiert durch die schwarzen Punkte) läßt sich dadurch abzählen, daß man zunächst sämtliche Punkte auszählt, indem man alle Horizontalreihen addiert, d. h. $n \cdot \sum_{1}^{n} i$ bildet und davon wieder diejenigen Punkte abzieht, die man dabei zuviel genommen hat, nämlich zunächst die oberste Horizontalreihe d. h. $\sum\limits_{1}^{n-1} i$, dann die zweitoberste Reihe, d. h. $\sum\limits_{1}^{n-2} i$ usw. bis zur zweiten Reihe von unten, die nur noch einen überzähligen Punkt enthält. Also ist

$$\sum_{1}^{n} i^2 = n \sum_{1}^{n} i - \left(\sum_{1}^{n-1} i + \sum_{1}^{n-2} i + \cdots + 1 \right).$$

Die Summanden in der runden Klammer bestehen aus lauter arithmetischen Reihen, deren Wert $k\dfrac{k+1}{2}$ ist, wenn k Glieder addiert werden. Für die ganze runde Klammer können wir also setzen

$$\sum_{i=1}^{n-1} \frac{i(i+1)}{2}$$

oder, wenn wir die Multiplikation unter dem Summenzeichen ausführen,

$$\frac{1}{2} \sum_{1}^{n-1} i^2 + \frac{1}{2} \sum_{1}^{n-1} i.$$

Nun hat diese Summe aber nur $n-1$ Glieder statt n Glieder. Ersetzen wir daher die Summe durch eine über n Glieder erstreckte, so müssen wir, um diese Abänderung wieder gutzumachen, je das höchste Glied wieder subtrahieren, d. h. wir haben

$$\sum_{1}^{n-1} i + \sum_{1}^{n-2} i + \cdots + 1 = \frac{1}{2} \sum_{1}^{n} i^2 + \frac{1}{2} \sum_{1}^{n} i - \left(\frac{1}{2} n^2 + \frac{1}{2} n \right).$$

Der Ausdruck $\dfrac{n^2}{2} + \dfrac{n}{2}$ ist aber wieder nichts anderes als die Summe der ganzen Zahlen von 1 bis n, was wir ja schon benutzt haben. Also liefert unsere Abzählung

$$\sum_{i=1}^{n} i^2 = n \sum_{i=1}^{n} i - \left(\frac{1}{2} \sum_{i=1}^{n} i^2 + \frac{1}{2} \sum_{i=1}^{n} i - \sum_{i=1}^{n} i \right)$$

$$= \frac{2n+1}{2} \sum_{i=1}^{n} i - \frac{1}{2} \sum_{i=1}^{n} i^2.$$

Nehmen wir die auf der rechten Seite stehende halbe Summe der Quadratzahlen auf die linke Seite, so ergibt sich

$$\frac{3}{2} \sum_{1}^{n} i^2 = \frac{2n+1}{2} \sum_{1}^{n} i.$$

Für die Summe der Quadratzahlen selbst ergibt dies aber die Formel unseres Textes.

Die hier gegebene Ableitung enthält nichts, was nicht in den Kräften der babylonischen Mathematik gelegen wäre. Aber es ist nochmals ausdrücklich zu sagen, daß wir für den tatsächlichen Beweisgang keinerlei textliche Unterlagen besitzen, so daß unsere Überlegung immer nur den Wert einer grundsätzlich möglichen Herleitung haben kann.

Wir wollen nun ein anderes Beispiel besprechen, das eine **arithmetische Progression** betrifft und wo der Text so ausführlich gehalten ist, daß wir alle Schritte der Überlegung im einzelnen verfolgen können. Die Angaben des Textes lauten:

„10 Brüder (und) $1\frac{2}{3}$ Minen Silber. Bruder über Bruder hat sich (hinsichtlich seines Anteils) erhoben. Was er sich erhoben hat, weiß ich nicht. Der Anteil des 8-ten ist 6 Schekel. Bruder über Bruder, um wieviel hat er sich erhoben?"

Das bedeutet also: ein Vermögen in Höhe von $1\frac{2}{3}$ Minen Silber, d. h. von einer Mine und 40 Schekel (s. oben S. 101 f.), ist unter $n = 10$ Brüder zu verteilen. Die Anteile A_i der Brüder unterscheiden sich um eine konstante Differenz δ — der Text sagt allerdings nicht ausdrücklich, daß dieser Unterschied der Anteile **konstant** sein soll, aber die Rechnung wird es uns sofort zeigen, abgesehen davon, daß ja sonst das Problem völlig unbestimmt wäre. Eine solche Knappheit der Angaben ist übrigens sehr häufig. Sie zeigt deutlich, daß die Texte durch einen mündlichen Unterricht ergänzt worden sind und eine Menge Angaben implizit gemacht sind, die sicher oft auch aus der lebendigen Kenntnis der tatsächlichen Sachverhalte selbstverständlich waren, von uns heute aber mühsam erschlossen werden müssen. Im vorliegenden Falle allerdings liegt keinerlei wesentliche Schwierigkeit vor.

Die Rechnung verläuft nun folgendermaßen:

„Das Reziproke von 10, den Leuten, bilde und 0;6 gibt es. 0;6 mit $1\frac{2}{3}$ Minen Silber multiplizierst Du und 0;10 gibt es. 0;10 verdopple und 0;20 gibt es."

Damit ist also das Doppelte des mittleren Anteils berechnet, d. h.

$2A_m$, wobei $A_m = \frac{1}{n}\Sigma A_i$ ist. Der Text setzt fort mit:

„0;6, den Anteil des Achten, verdopple und 0;12 gibt es. 0;12 von 0;20 subtrahiert und 0;8 gibt es. 0;8 behalte Dein Kopf."

Hier kam also die Angabe zur Geltung, daß der Anteil des achten Bruders 6 Schekel $= 0;6$ Minen ist. Damit wurde gebildet $2A_m - 2A_8$. Fortsetzung des Textes:

„1 und 1 . . . addiert und 2 gibt es. 2 verdopple und 4 gibt es. 1 zu 4 fügst Du hinzu und 5 gibt es. 5 von 10, der Anzahl der Leute, subtrahiert und 5 gibt es."

Die Interpretation dieser Stelle verlangt etwas Überlegung. Von der

Anzahl $n = 10$ der Brüder wird die Zahl 5 subtrahiert, die durch $2(1 + 1) + 1$ gewonnen ist. Leider ist das Wort hinter $1 + 1$ nicht verständlich. Aber der Sache nach muß 5 die Anzahl a der Anteilintervalle sein, die zwischen achtem und drittem Bruder liegen. Veranschaulichen wir uns die Abzählung dieser Intervalle an Fig. 54. Zwischen erstem und drittem Bruder liegen $1 + 1$ Intervalle und ebenso zwischen achtem und zehntem. Also zusammen $2(1 + 1)$ Intervalle. Die Anzahl der zwischen drittem und achtem Anteile liegenden Intervalle ist dann

$n — (2(1 + 1) + 1)$, und dies entspricht genau dem Gang unserer Rechnung. Der Text fährt fort:

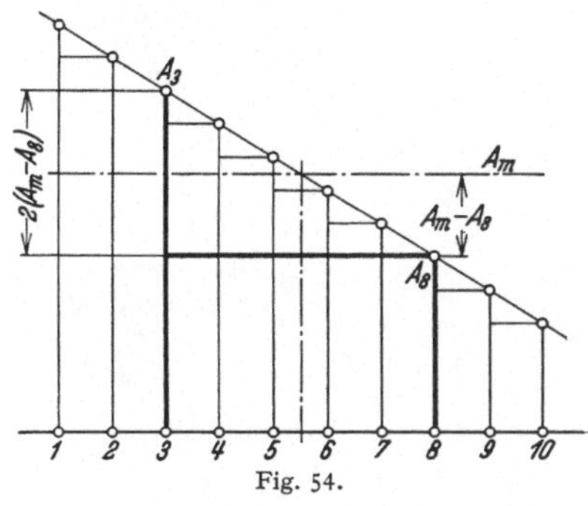

Fig. 54.

„Das Reziproke von 5 bilde und $0;12$ gibt es. $0;12$ mit $0;8$ multipliziert und $0;1,36$ gibt es." Das bedeutet (vgl. Fig. 54), daß die im vorangehenden Abschnitt berechnete Differenz $2(A_m — A_8)$, die ja auch der Differenz zwischen dem unbekannten Anteil A_3 und dem gegebenen Anteil A_8 gleich ist, durch die Anzahl a der Intervalle zwischen A_3 und A_8 definiert wird. Also ist dieser Quotient die gesuchte Differenz zwischen zwei sukzessiven Intervallen. Und in der Tat sagt der Text:

„$0;1,36$ (Minen ist das, um) was Bruder über Bruder sich erhoben hat."

Man sieht: es ist hier die Differenz einer arithmetischen Reihe von gegebener Gliederzahl, gegebener Summe und einem gegebenen Glied genau in der Weise ausgerechnet, wie wir es heute auch nicht anders tun würden.

Unsere Texte geben noch eine Anzahl anderer ähnlicher Beispiele, die arithmetische und geometrische Progressionen betreffen und die Tatsache bestätigen, daß man sich über die hier vorliegenden Gesetzmäßigkeiten vollständig im klaren gewesen ist. Wir wollen uns daher mit diesen Beispielen nicht mehr länger aufhalten, sondern uns jenem Gebiet zuwenden, das die interessantesten Einblicke in den Typus der babylonischen Mathematik gestattet, nämlich den algebraischen Aufgaben.

§ 3. Algebra.

a) Lineare Gleichungssysteme.

1. Dreieckszerlegung (5 Unbekannte).

Wir beginnen mit der Besprechung eines Textes, dessen Äußeres Fig. 55 zeigt. Man erkennt darauf oben die Umrisse eines nach rechts zu schmaler werdenden Trapezes, das in zwei Teiltrapeze zerlegt ist, in denen bzw. die Zahlen 13,3 und 22,57 stehen. Über den oberen Teilstrecken stehen die Zahlen 1 und 3. Die nächsten Zeilen enthalten die Angaben, die folgendermaßen lauten:

„Ein Trapez, darinnen 2 Streifen. 13,3 ist die obere Fläche, 22,57 die 2-te Fläche. Der dritte Teil der unteren Länge für die obere Länge. Was die obere Breite über die Trennungslinie hinausgeht, und die Trennungslinie über die untere Breite hinausgeht, ist addiert 36. Die Längen, die Breiten und die Trennungslinie sind was?"

Wir wissen schon (vgl. S. 34), daß die Figuren um 90° gedreht zu denken sind, so daß der Text mit Recht die linke Teilfläche als obere Fläche bezeichnet. Die Figur, mit der wir es zu tun haben, ist also eigentlich so gemeint, wie es unsere Fig. 56 angibt. Der Vergleich mit

Fig. 55.

dem Text zeigt, daß die Zeichnung des Textes maßstäblich absolut falsch ist, eine Beobachtung, die wir auch sonst immer an den Figuren der Texte machen können. Die Figuren sind immer nur ganz generell skizziert und bilden nur eine Art übersichtlicher Zusammenfassung der Angaben. Für uns hat dies den Nachteil, daß wir aus den Figuren nichts schließen können über Fragen wie etwa Rechtwinkligkeit oder Symmetrie und ähnliches. Derartige Dinge lassen sich immer nur aus dem Gang der Rechnung beurteilen bzw. aus der Terminologie.

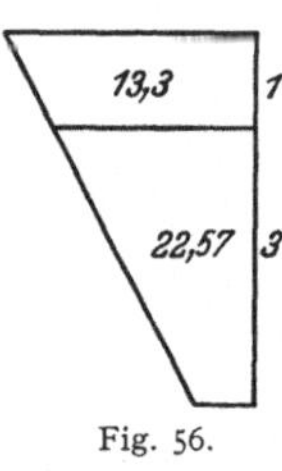
Fig. 56.

Unser Beispiel verlangt also, fünf unbekannte Größen (vgl. Fig. 57), nämlich

$$b_1, \; b_2, \; b_3, \; l_1, \; l_2,$$

zu berechnen, wenn gegeben ist

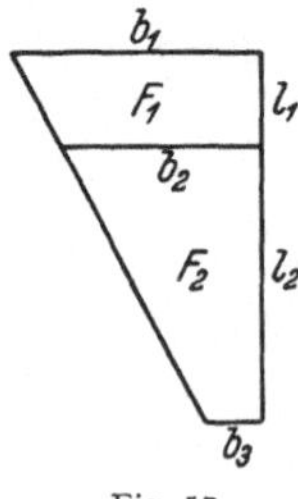
Fig. 57.

$$F_1 = 13,3$$
$$F_2 = 22,57$$
$$l_1 : l_2 = \alpha : \beta = 1 : 3$$
$$(b_1 - b_2) + (b_2 - b_3) = c = 36.$$

Die Angaben enthalten also eine Relation zuwenig, aber es ist klar, welche Zusatzbedingung gemacht werden muß. Es ergänzen sich ja die beiden Teiltrapeze zu einem einzigen Trapez, was so viel besagt, als daß

$$\frac{b_1 - b_2}{l_1} = \frac{b_2 - b_3}{l_2}$$

ist. Wir können also sagen, daß

$$\frac{b_1 - b_2}{b_2 - b_3} = \frac{l_1}{l_2} = \frac{\alpha}{\beta}$$

ist, wenn wir die dritte Angabe des Textes berücksichtigen oder, was dasselbe sagt,

$$b_1 - b_2 = \alpha \triangle$$
$$b_2 - b_3 = \beta \triangle \, .$$

Ziehen wir nun die vierte Angabe des Textes heran, so haben wir

$$(b_1 - b_2) + (b_2 - b_3) = (\alpha + \beta) \triangle = c = 36 \, .$$

Die Rechnung des Textes beginnt nun mit der Division von $c = 36$ durch die Summe $\alpha + \beta = 4$ und findet somit für die von uns als $\triangle$ bezeichnete Größe

$$\frac{c}{\alpha + \beta} = \triangle = 9 \, .$$

Dann multipliziert der Text 9 mit 1 und 9 mit 3, d. h. er bildet

$$\alpha \triangle = b_1 - b_2 = 9 \qquad \text{bzw.} \qquad \beta \triangle = b_2 - b_3 = 27$$

und bemerkt dazu:

> „9 ist es, was die obere Breite über die Trennungslinie hinaus- geht, 27 ist es, was die Trennungslinie über die untere Breite hinaus- geht."

Die Rechnung des Textes bestätigt also vollauf, daß in der Tat die von uns zu den expliziten Angaben hinzugefügte weitere Bedingung benutzt wurde. Das besagt selbstverständlich nicht mehr und nicht weniger, als daß man die hier von uns benutzten Zusammenhänge im vollen Umfang übersehen hat.

Der Text bildet nunmehr Schritt für Schritt den folgenden Ausdruck

$$\left(\frac{1}{\alpha} F_1 - \frac{1}{\beta} F_2 \right) \frac{2}{\alpha + \beta} = 2{,}42 \, .$$

Zum Verständnis dieser Rechnung gelangt man ganz zwangläufig, wenn man überlegt, daß wir ja noch nicht die beiden ersten Angaben aus- genutzt haben. Wir müssen jetzt irgendwie benutzen, daß sich die beiden Trapezflächen durch die unbekannten Strecken ausdrücken lassen:

$$F_1 = \frac{l_1}{2} (b_1 + b_2) \qquad \text{bzw.} \qquad F_2 = \frac{l_2}{2} (b_2 + b_3) \, .$$

Benutzen wir nochmals die dritte Angabe des Textes, die wir in die Form

$$l_1 = \alpha \Lambda \qquad \qquad l_2 = \beta \Lambda$$

kleiden können, so sehen wir, daß

$$\frac{1}{\alpha}F_1 - \frac{1}{\beta}F_2 = \frac{1}{2}\left(\frac{l_1}{\alpha}(b_1 + b_2) - \frac{l_2}{\beta}(b_2 + b_3)\right)$$

zusammengezogen werden kann zu

$$\frac{1}{\alpha}F_1 - \frac{1}{\beta}F_2 = \frac{1}{2}\Lambda(b_1 - b_3)\,.$$

Nun hat der Text bereits oben berechnet, daß

$$b_1 - b_2 = \alpha\triangle \qquad\qquad b_2 - b_3 = \beta\triangle$$

ist, also

$$b_1 - b_3 = (\alpha + \beta)\triangle\,.$$

Führt man dies in unsere letzte Formel ein, so ergibt sich, daß die Rechnung des Textes die folgende Bedeutung hat:

$$\left(\frac{1}{\alpha}F_1 - \frac{1}{\beta}F_2\right)\frac{2}{\alpha + \beta} = \Lambda\triangle = 2{,}42\,.$$

Da $\triangle$ bereits berechnet worden ist ($\triangle = 9$), so ist Λ durch eine einfache Division bestimmbar, und in der Tat liefert der Text so[1]

$$\Lambda = 18\,.$$

Nunmehr multipliziert er wieder 18 mit 1 und mit 3, d. h. er bildet $\Lambda\alpha = l_1$ bzw. $\beta\Lambda = l_2 = 54$. Damit sind die beiden ersten Unbekannten l_1 und l_2 bestimmt („18 ist die obere Länge", „54 ist die untere Länge").

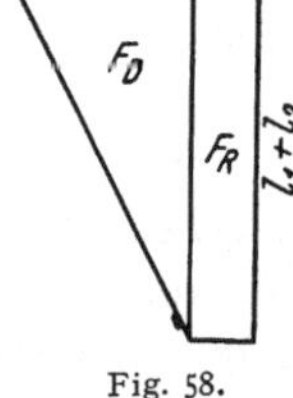

Fig. 58.

Um den letzten Teil der Rechnung unseres Textes zu verstehen, zerlegen wir unser Gesamttrapez nunmehr gemäß Fig. 58 in eine Rechtecksfläche F_R und eine Dreiecksfläche F_D. Der Text bildet

$$\frac{1}{2}\cdot 36\cdot 1{,}12 = 21{,}36\,.$$

36 ist uns bereits durch die Angaben als $c = b_1 - b_3$ bekannt. 1,12 ist die Summe $18 + 54$ der eben berechneten Längen. Also wurde berechnet

$$F_D = \frac{1}{2}(b_1 - b_3)(l_1 + l_2)\,.$$

Der nächste Schritt des Textes ist die Subtraktion $36{,}0 - 21{,}36 = 14{,}24$. Dabei ist, wie man sich sofort überzeugt, 36,0 die Summe der beiden gegebenen Teiltrapeze $F_1 = 13{,}3$ und $F_2 = 22{,}57$, während 21,36 die soeben berechnete Dreiecksfläche F_D ist. Es wurde also berechnet die Rechtecksfläche

$$F_R = (F_1 + F_2) - F_D\,.$$

---

[1] Allerdings mit einem kleinen (aber rein rechentechnischen) Umweg.

Somit ist jetzt in einem Rechteck die Fläche $F_R = 14{,}24$ und die eine Seitenkante $l_1 + l_2 = 1{,}12$ bekannt. Demgemäß erhält der Text sofort die untere Breite durch

$$b_3 = \frac{F_R}{l_1 + l_2} = 12\,.$$

Damit ist die dritte Unbekannte bestimmt.

Die beiden letzten Unbekannten ergeben sich nun in selbstverständlicher Weise durch

$$b_1 = (b_1 - b_2) + (b_2 - b_3) + b_3 = c + b_3 = 36 + 12 = 48$$

und

$$b_2 = b_3 + (b_2 - b_3) = b_3 + \beta\,\triangle = 12 + 27 = 39\,.$$

Die Aufgabe ist also in allen ihren Stücken korrekt gelöst.

Dieser Text ist ein in jeder Hinsicht besonders lehrreiches Beispiel für die Art der „eigentlich mathematischen Texte". Die Formulierung ist zwar hier noch eine geometrische, aber die Ausrechnung selbst ist nichts als ein rein algebraisches Bestimmen von Unbekannten auf Grund gewisser gegebener Relationen. Die Rechnung selbst folgt mit größter Eleganz genau dem Verfahren, das wir auch heute anwenden würden, und beweist mit aller Deutlichkeit, daß man die inneren Zusammenhänge vollständig beherrschte. Man beachte z. B., wie immer ausdrücklich auch mit 1 multipliziert wird, wenn die allgemeine Formel die Multiplikation mit α verlangt, obwohl dies ja für das Numerische gleichgültig ist. Insbesondere muß man die Unbekannten wirklich als solche mit ins Spiel bringen, denn unsere ganze Ausrechnung beruht wesentlich darauf, daß man weiß, welche allgemein gültigen Relationen zwischen den Größen bestehen, auch wenn man die Größen selbst nicht kennt. Und dieses Operieren mit Größen an sich, die gewissen Relationen genügen müssen, ohne daß man sie numerisch kennt, ist ja schließlich das, was das Wesen des *Algebraischen* ausmacht.

Auch für unser Verhältnis gegenüber den mathematischen Keilschrifttexten ist unser Beispiel lehrreich. Die Rechnungen sind zwar ohne alle Auslassungen Schritt für Schritt so durchgeführt, wie ich sie hier wiedergegeben habe, aber es ist keinerlei Erklärung über den Sinn und die innere Absicht der manchmal doch sehr komplizierten Ausdrücke hinzugefügt, die im Laufe der Rechnung gebildet werden. Diese Ausdrücke sind, wie wir gesehen haben, völlig sinnvoll und genau dem Problem angepaßt, aber um sie zu verstehen, muß man wirklich wissen, wie man ein derartiges Beispiel anzugreifen hat, und das zeigt uns wieder mit aller Deutlichkeit, daß diese Texte nur das Gerüst für eine mündliche Überlieferung bilden, die die allgemeinen Gesetzmäßigkeiten an Hand der Einzelbeispiele verständlich machte.

Ein Rückblick auf den Gesamtverlauf der Rechnung wird zeigen, daß tatsächlich keinerlei Unsicherheit in unserer Interpretation des

Textes steckt, aber es ist nachträglich wichtig, darauf hinzuweisen, wie erst die Rechnung selbst die Interpretation einengt und die Termini eindeutig festlegt. Weder die Figur des Textes noch die Benennungen der Größen als „obere" und „untere Breite". „obere" und „untere Länge" und „Trennungslinie" reichen zunächst aus, um mit Sicherheit den Sachverhalt eindeutig festzulegen. Daß die Teiltrapeze zu einem einzigen Trapez zusammengefaßt wurden, zeigt erst der rein mathematische Zusammenhang dadurch, daß noch von der Proportionalität

$$\frac{b_1 - b_2}{l_1} = \frac{b_2 - b_3}{l_2}$$

Gebrauch gemacht worden ist. Und auch dann liegt die Figur noch nicht absolut fest, denn man könnte immer noch meinen, daß es sich um kein rechtwinkliges Trapez handelt, d. h. daß die „Längen" nicht senkrecht auf den „Breiten" stehen, sondern daß die Trapezformeln nur Näherungsformeln wären. Erst die Tatsache, daß

$$F_R = (l_1 + l_2)\, b_3$$

benutzt wird, verlangt (wenn man nicht die absurde Annahme machen will, daß es sich auch hier um eine Näherungsformel handelt), daß $l_1 + l_2$ senkrecht auf b_3 steht.

So wie hier muß man sich auch bei allen anderen Beispielen schrittweise zu einer wirklich gesicherten Interpretation hindurchtasten. Selbstverständlich kommt als wesentliche Hilfe hinzu, daß die Interpretation jedes neuen Textes bereits von den Erfahrungen an anderen Texten Nutzen ziehen kann. So hat sich allmählich unsere Kenntnis der babylonischen Mathematik in allen Einzelheiten so verstärkt und gestützt, daß wir heute einen Text, wie den eben besprochenen, von vornherein mit voller Sicherheit übersetzen und erklären können. Die im folgenden herausgegriffenen charakteristischen Beispiele werden zur Genüge zeigen, ein wie einheitliches und in sich geschlossenes Bild der babylonischen Mathematik uns schon heute bekannt ist.

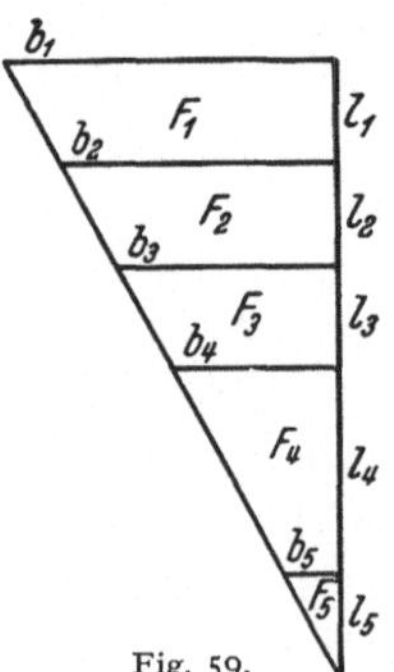

Fig. 59.

2. Dreieckszerlegung (10 Unbekannte).

Bevor wir zu anderen Aufgabentypen übergehen, sei aber noch ein Beispiel erwähnt, das dem eben besprochenen ganz analog ist, aber nicht nur 5, sondern 10 Unbekannte aus linearen Relationen zu ermitteln verlangt. Es handelt sich wieder um ein geometrisch formuliertes Problem, nämlich um die Zerlegung eines Dreiecks in Parallelstreifen gemäß Fig. 59. Gegeben sind die folgenden 6 Relationen

$$F_1 = 18,20$$
$$F_2 = 15,0$$
$$F_4 = 13,20$$
$$b_1 - b_2 = 13;20$$
$$b_2 - b_3 = 13;20$$
$$\frac{1}{2}(b_4 - b_5) = 13;20.$$

Es fehlen also noch 4 weitere Relationen, die wir wieder direkt aus den Ähnlichkeitsbeziehungen ablesen können:

$$\frac{b_1 - b_2}{l_1} = \frac{b_2 - b_3}{l_2} = \frac{b_3 - b_4}{l_3} = \frac{b_4 - b_5}{l_4} = \frac{b_5}{l_5}.$$

Gesucht sind die 10 Größen b_1 bis b_5 und l_1 bis l_5.

Die eben besprochene Aufgabe ist einem Text, der nur Aufgaben ohne Ausrechnung enthält, entnommen, so daß uns also der Gang der Rechnung fehlt. Es ist aber aus dem im vorigen Abschnitt Besprochenen klar, daß man alle Mittel an der Hand hatte, die gestellte Aufgabe vollständig zu lösen.

3. Zwei Unbekannte.

Es handelt sich im folgenden um zwei Texte, die zusammen zehn analog gebaute lineare Aufgaben mit vollständig durchgeführter Ausrechnung tragen, von denen eine hier als typisches Beispiel vorgeführt sei.

Die Einkleidung dieser Aufgaben ist folgende: Zwei Felder der Fläche F_1 bzw. F_2 liefern die Getreidemengen G_1 bzw. G_2 (gemessen in der Maßeinheit qa). Die spezifischen Erträgnisse seien g_1 bzw. g_2, d. h. es sei g_1 das Verhältnis der auf der Fläche φ (= 1 bur = 30,0 GAR² — s. oben S. 101) geernteten Getreidemenge γ_1 zu φ, entsprechend $g_2 = \gamma_2 : \varphi$. In unserem Beispiel ist dann gegeben:

$$\varphi = 30,0 \text{ GAR}^2 \qquad S = F_1 + F_2 = 30,0 \text{ GAR}^2$$
$$\gamma_1 = 20,0 \, qa \qquad \Sigma = G_1 + G_2 = 18,20 \, qa.$$
$$\gamma_2 = 15,0 \, qa$$

Gesucht ist F_1 und F_2.

Die Ausrechnung des Textes geschieht in folgenden Schritten: Zunächst wird berechnet

$$\frac{S}{2} \cdot \frac{\gamma_1}{\varphi} = 10,0 \qquad \text{und} \qquad \frac{S}{2} \cdot \frac{\gamma_2}{\varphi} = 7,30$$

und daraus

$$(1) \qquad \Sigma - \left(\frac{S}{2}\frac{\gamma_1}{\varphi} + \frac{S}{2}\frac{\gamma_2}{\varphi}\right) = 50.$$

Dann

$$\frac{\gamma_1}{\varphi} - \frac{\gamma_2}{\varphi} = 0;10,$$

also

$$1 : \left(\frac{\gamma_1}{\varphi} - \frac{\gamma_2}{\varphi} \right) = 6 \, .$$

Dies wird nun mit dem Resultat aus (1) multipliziert:

$$(2) \qquad \frac{1}{\dfrac{\gamma_1}{\varphi} - \dfrac{\gamma_2}{\varphi}} \left\{ \Sigma - \left(\frac{S}{2} \frac{\gamma_1}{\varphi} + \frac{S}{2} \frac{\gamma_2}{\varphi} \right) \right\} = 5{,}0$$

und daraus schließlich durch

$$(3) \qquad \frac{S}{2} \pm \frac{1}{\dfrac{\gamma_1}{\varphi} - \dfrac{\gamma_2}{\varphi}} \left\{ \Sigma - \left(\frac{S}{2} \frac{\gamma_1}{\varphi} + \frac{S}{2} \frac{\gamma_2}{\varphi} \right) \right\} = \begin{cases} 20{,}0 = F_1 \\ 10{,}0 = F_2 \end{cases}$$

die Unbekannten berechnet. Dabei ist die hier durch $\pm$ wiedergegebene Operation im Text durch die Worte beschrieben:

„5,0 von 15,0 $\left(\text{das ist } \dfrac{S}{2} \right)$ einmal ziehe ab, einmal addiere und erstens 20,0, zweitens 10,0 (ist es). 20,0 (ist) die Fläche des ersten Feldes, 10,0 (ist) die Fläche des zweiten Feldes.‘‘

Um den Sinn der hier durchgeführten Rechnungen zu verstehen, haben wir nachzusehen, was auf Grund der Definitionen der erste Ausdruck, der berechnet wurde, (1), bedeutet. Es ist demnach

$$\Sigma - \left(\frac{S}{2} \frac{\gamma_1}{\varphi} + \frac{S}{2} \frac{\gamma_2}{\varphi} \right) = G_1 + G_2 - \frac{S}{2\varphi} (\gamma_1 + \gamma_2) \, .$$

Nun ist aber offenbar die Gesamtmenge des Getreideerträgnisses der Felder aus den spezifischen Erträgnissen g_1 und g_2 zu finden durch

$$G_1 = g_1 F_1 = \frac{\gamma_1}{\varphi} F_1 \qquad\qquad G_2 = g_2 F_2 = \frac{\gamma_2}{\varphi} F_2 \, .$$

Also ist unser Ausdruck weiter umzuformen in

$$\Sigma - \left(\frac{S}{2} \frac{\gamma_1}{\varphi} + \frac{S}{2} \frac{\gamma_2}{\varphi} \right) = \frac{1}{\varphi} \left(\gamma_1 F_1 + \gamma_2 F_2 - \frac{S}{2} (\gamma_1 + \gamma_2) \right) \, .$$

S ist aber nach Definition $= F_1 + F_2$. Also können wir weiter umrechnen:

$$\Sigma - \left(\frac{S}{2} \frac{\gamma_1}{\varphi} + \frac{S}{2} \frac{\gamma_2}{\varphi} \right)$$

$$= \frac{1}{\varphi} \left(\gamma_1 F_1 + \gamma_2 F_2 - \frac{1}{2} (F_1 + F_2)(\gamma_1 + \gamma_2) \right)$$

$$= \frac{1}{\varphi} \left(\gamma_1 F_1 + \gamma_2 F_2 - \frac{1}{2} \gamma_1 F_1 - \frac{1}{2} \gamma_2 F_2 - \frac{1}{2} \gamma_1 F_2 - \frac{1}{2} \gamma_2 F_1 \right)$$

$$= \frac{1}{\varphi} \left(\frac{1}{2} \gamma_1 F_1 + \frac{1}{2} \gamma_2 F_2 - \frac{1}{2} \gamma_1 F_2 - \frac{1}{2} \gamma_2 F_1 \right)$$

$$= \frac{1}{2\varphi} (\gamma_1 - \gamma_2)(F_1 - F_2) \, .$$

Somit hat der Ausdruck (1) den Sinn, daß man

$$\Sigma - \left(\frac{S}{2}\frac{\gamma_1}{\varphi} + \frac{S}{2}\frac{\gamma_2}{\varphi}\right) = \left(\frac{\gamma_1}{\varphi} - \frac{\gamma_2}{\varphi}\right)\frac{F_1 - F_2}{2}$$

setzen kann. Damit ist aber auch alles weitere klar: man dividiert [vgl. (2)] diesen Ausdruck durch $\frac{\gamma_1}{\varphi} - \frac{\gamma_2}{\varphi}$ und hat somit in (2) den Wert von $\frac{F_1 - F_2}{2}$ gefunden. Die Formel (3) besagt dann nur, daß

$$\frac{F_1 + F_2}{2} \pm \frac{F_1 - F_2}{2} = \begin{cases}F_1 \\ F_2\end{cases}$$

ist.

Unser Beispiel zeigt also, daß man in völlig zielbewußter Weise darauf ausging, sich zur Kenntnis der halben Summe der Unbekannten auch die der halben Differenz zu verschaffen. Man hat also die grundsätzliche Bedeutung dieses Verfahrens vollständig gekannt. Es ist klar, daß dies auch für das Verständnis der Auflösungsformel quadratischer Gleichungen von Wichtigkeit ist.

b) Quadratische Gleichungen.

1. Dreieckszerlegung.

Der zu besprechende Text enthält keine Figur, aber Terminologie wie Rechnung zeigen, daß es sich um die Bestimmung dreier Strecken x, y_1 und y_2 sowie einer Trapezfläche F_1 und einer Dreiecksfläche F_2 handelt, die wie in Fig. 60 anzuordnen sind. Gegeben ist:

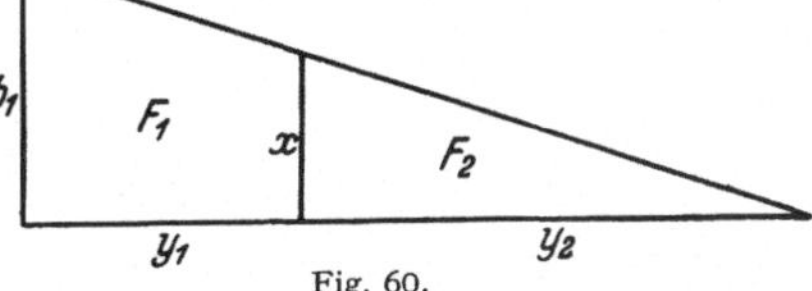

Fig. 60.

$$\triangle = F_1 - F_2$$
$$\delta = y_2 - y_1.$$

Die Lösung, die der Text Schritt für Schritt vorrechnet, folgt den folgenden Formeln

$$(1) \qquad x = \sqrt{\frac{1}{2}\left(\left(\frac{\triangle}{\delta} + b_1\right)^2 + \left(\frac{\triangle}{\delta}\right)^2\right)} - \frac{\triangle}{\delta}$$

$$(2) \qquad y_1 = (b_1 - x)\frac{\triangle}{\frac{1}{2}b_1^2 - x^2}$$

$$(3) \qquad F_1 = \frac{b_1 + x}{2}y_1$$

$$(4) \qquad y_2 = y_1 + \delta$$

$$(5) \qquad F_2 = \frac{x y_2}{2}.$$

Wir müssen jetzt wieder den Gedankengang rekonstruieren, der hinter diesen Rechnungen steht. Die Formeln (3) und (5) sind unmittelbar verständlich und geben die Flächeninhalte, nachdem x und y_1 durch (1) und bzw. (2) bestimmt sind. Ebenso folgt (4) direkt aus der Definition von δ. Aus diesen Formeln folgt übrigens die Richtigkeit unserer Annahme über die zugehörige Figur.

Um die entscheidenden Formeln für die Berechnung von x und y_1 zu verstehen, müssen wir von der gegebenen Differenz

$$\triangle = F_1 - F_2 = \frac{1}{2}\left((b_1 + x)\,y_1 - x y_2\right)$$

ausgehen und von der aus der Figur folgenden Ähnlichkeitsbeziehung

$$\frac{y_2}{y_1} = \frac{x}{b_1 - x}$$

Gebrauch machen. Dann ergibt sich

$$\frac{\triangle}{y_1} = \frac{1}{2}\left(b_1 + x - x\,\frac{y_2}{y_1}\right) = \frac{1}{2}\left(b_1 + x - \frac{x^2}{b_1 - x}\right) = \frac{\frac{1}{2}b_1^2 - x^2}{b_1 - x}.$$

Nehmen wir an, daß x bereits bekannt ist, so ist damit, da ja $\triangle$ und b_1 gegeben sind, auch y_1 bekannt. Unsere Formel ist aber mit der Formel (2) des Textes gleichwertig.

Aus der schon benutzten Beziehung

$$\frac{y_2}{y_1} = \frac{x}{b_1 - x}$$

folgt

$$\frac{y_2}{y_1} - 1 = \frac{x}{b_1 - x} - 1$$

oder

$$\frac{\delta}{y_1} = \frac{2x - b_1}{b_1 - x},$$

d. h.

$$\frac{\triangle}{y_1} = \frac{\triangle}{\delta} \cdot \frac{2x - b_1}{b_1 - x} = \frac{\frac{1}{2}b_1^2 - x^2}{b_1 - x}.$$

Daraus folgt, daß x der quadratischen Gleichung

$$x^2 + \frac{2\triangle}{\delta} \cdot x - \left(b_1 \cdot \frac{\triangle}{\delta} + \frac{1}{2}b_1^2\right) = 0$$

zu genügen hat, aus der sich somit ergibt

$$x = -\frac{\triangle}{\delta} \pm \sqrt{\left(\frac{\triangle}{\delta}\right)^2 + \frac{\triangle}{\delta}b_1 + \frac{1}{2}b_1^2}.$$

Verzichtet man auf das negative Vorzeichen der Wurzel (es würde ja zu einer negativen Lösung führen) und formt man die Diskriminante noch in die Summe zweier Quadrate um, so ergibt sich unmittelbar die Formel (1) des Textes.

Wieder zeigt sich also, daß sämtliche Rechnungen des Textes in völlig sachgemäßer Weise die gestellte Aufgabe lösen.

2. Weitere Dreieckszerlegungen.

Wir haben im vorigen Beispiel die explizite Durchführung einer Aufgabe kennengelernt, die auf quadratische Gleichungen führt und eine Dreieckszerlegung zum Gegenstand hat. Die Figur selbst hatten wir zu ergänzen. Wir kennen aber auch Texte, die derartige Figuren, wie wir sie rekonstruiert haben, tatsächlich zeigen. Fig. 61 betrifft einen Text, der eine ganze Reihe solcher Aufgaben stellt, die sämtlich auf quadratische Gleichungen führen. Wir wissen aus dem vorangehenden Beispiel, in welcher Weise man zu ihrer Lösung gelangt ist.

Fig. 61.

3. Unhomogene Gleichungen.

Während die bisher besprochenen Aufgaben an geometrische Relationen geknüpft waren, gestattet das jetzt zu besprechende Beispiel aus einem Aufgabentext nicht mehr eine geometrische Interpretation, obwohl es sich einer geometrischen Terminologie bedient. Dieselbe Tontafel, die auf der Vorderseite die Verteilungsaufgabe trägt, die wir im vorangehenden Paragraphen (S. 174f.) besprochen haben, trägt auf der Rückseite auch eine Reihe von Aufgaben ohne Ausrechnung. Eine davon lautet:

„Den 7-ten Teil der Länge, den 7-ten Teil der Breite und den 7-ten Teil der Fläche
addiert gibt 2. Länge und Breite addiert gibt 5;50.
Länge und Breite ist was? 3;30 ist die Länge, 2;20 die Breite."

Bezeichnen wir also mit x bzw. y die „Länge" bzw. „Breite", so besteht die Aufgabe darin, x und y aus den beiden Gleichungen

$$\frac{x}{7} + \frac{y}{7} + \frac{xy}{7} = a$$
$$x + y = b$$

zu berechnen. Die am Schluß genannten Zahlen sind in der Tat die Lösungen der zugehörigen quadratischen Gleichung.

Das grundsätzlich Interessante an diesen Aufgaben ist natürlich längst nicht mehr das Auftreten von Aufgaben quadratischen Charakters, sondern die inhomogene Formulierung des Problems ohne jede wirkliche Rücksicht auf die ursprüngliche Bedeutung der Termini „Länge", „Breite", „Fläche". Diese drei Termini sind hier wirklich nur noch Namen für die Unbekannten, so daß die für sie verwendeten sumerischen Ideogramme in ihrer Wirkung nichts anderes sind als unsere Symbole x, y, xy. Es liegt nur in der Richtung einer solchen Auffassungsweise, daß man auch ruhig „Flächen" miteinander multipliziert. *Hier haben wir es also auch äußerlich mit einer rein algebraischen Gedankenrichtung zu tun.*

Wie rein formal auch scheinbar auf die Praxis zugeschnittene Aufgaben oft zu fassen sind, mag folgendes Beispiel zeigen. Es handelt sich um einen Kanal von trapezförmigem Querschnitt, dessen Volumen leicht aus den gegebenen Dimensionen berechnet werden kann. Ferner ist die Leistung A eines Arbeiters pro Tag gegeben. Man soll die Anzahl A der Arbeiter und die Anzahl t der Arbeitstage berechnen, wenn außerdem bekannt ist, daß „die (Anzahl der) Leute und die Tage addiert 29;15 sind". Es handelt sich also nur um eine Einkleidung von $A \, \mathit{\Lambda} \, t = V$, $A + t = 29;15$, bei der man sich nur freuen kann, daß die Anzahl der Arbeiter ganzzahlig herauskommt $\left(A = 18,\ t = 11\frac{1}{4} \right)$.

4. Quadratische Gleichungen für reziproke Zahlen.

Mit diesem Beispiel verlassen wir gänzlich den Bereich der geometrischen Einkleidung. Die Unbekannten, die wir mit y_1 und y_2 bezeichnen wollen, werden hier als *igum* bzw. *igibum* bezeichnet. Es sind dies akkadisierte sumerische Termini, deren Ursprung uns bereits wohlbekannt ist. Es ist der Terminus igi, dem wir schon bei den Reziprokentabellen und auch sonst immer bei den Bruchbezeichnungen begegnet sind: igi n bedeutet soviel wie $\frac{1}{n}$[1]. Die zugehörige Sexagesimaldarstellung von $\frac{1}{n}$ wird dann, wie wir aus anderen Texten wissen, als igi-bi bezeichnet; *-um* ist nur die akkadische Nominativendung, die diesen Worten angehängt ist. *igum* und *igibum* sind somit Größen, die der Relation

$$y_1 \cdot y_2 = 1$$

genügen. Die Angaben des Textes sind nun folgende:

„den 13-ten Teil der Summe von *igum* und *igibum* mit 6 vervielfache. Vom *igum* ziehe es ab und 0;30 läßt es zurück. 1 ist die Fläche, *igum* und *igibum* ist was?"

---

[1] Vgl. oben S. 7.

Hier ist nun ganz klar, daß das Wort „Fläche" nichts mehr bedeutet als „Produkt". Die zweite Relation (die in der Angabe zuerst steht) ist durch die Formel zu beschreiben

$$y_1 - \frac{\alpha}{\beta}(y_1 + y_2) = \triangle ,$$

wobei

$$\alpha = 6 \qquad \beta = 13 \qquad \triangle = 0;30$$

gegeben sind. Die Rechnung des Textes folgt nun folgendem Schema. Es werden zunächst zwei Größen x_1 und x_2 berechnet nach der Vorschrift

$$\left.\begin{array}{c}x_1\\x_2\end{array}\right\} = \sqrt{\left(\frac{\beta\triangle}{2}\right)^2 + \alpha(\beta - \alpha)} \pm \frac{\beta\triangle}{2} ,$$

und daraus werden erst die eigentlichen Unbekannten bestimmt durch

$$y_1 = \frac{1}{\beta - \alpha} \cdot x_1$$

$$y_2 = \frac{1}{\alpha} x_2 .$$

Die Bedeutung dieser Transformationen erkennt man sofort, wenn man sie in das ursprüngliche Problem einführt. Dann ergibt sich nämlich, daß x_1 und x_2 die Wurzeln von

$$x_1 - x_2 = \beta\triangle$$

$$x_1 \cdot x_2 = \alpha(\beta - \alpha)$$

sind. Mit anderen Worten: das ursprüngliche Problem ist durch die Einführung neuer Unbekannter auf die eine der beiden „Normalformen" für quadratische Gleichungen reduziert worden, nämlich

$$x_1 \pm x_2 = a$$

$$x_1 \cdot x_2 = b ,$$

die zu den Gleichungen

$$\xi^2 - a\xi \pm b = 0$$

gehören und zu den Lösungssystemen

$$\left.\begin{array}{c}x_1\\x_2\end{array}\right\} = \frac{a}{2} \pm \sqrt{\frac{a^2}{4} - b}$$

bzw.

$$\left.\begin{array}{c}x_1\\x_2\end{array}\right\} = \frac{a}{2} \pm \sqrt{\frac{a^2}{4} + b}$$

Anlaß geben.

Auch aus anderen Texten sind uns derartige „*Transformationen auf Normalformen*" bekannt. Diese Tatsache zeigt mit aller Deutlichkeit, wie sehr man sich rein algebraischer Umformungen zu bedienen gewußt hat. Es ist dies die explizite Bestätigung für die oben geäußerte Ansicht, daß die Lösungsverfahren so komplizierter Aufgaben, wie sie uns immer wieder in den Texten entgegentreten, eine volle Beherrschung der dahinterstehenden algebraischen Methoden zur Voraussetzung haben (vgl. das Lösungsverfahren bei linearen Gleichungen, das wir oben S. 181 ff. besprochen haben!). Außerdem klärt aber, wie mir scheint, die

Methode dieses Beispiels die Frage, wie weit man sich über die Zweideutigkeit der Lösung eines quadratischen Problems im klaren war. Da man negative Zahlen nicht kennt, scheiden selbstverständlich die Fälle aus, die negative Lösungen zulassen, d. h. also, als Lösung von $x^2 = a$ ist selbstverständlich nur $x = +\sqrt{a}$ möglich. Wenn aber eine quadratische Gleichung zwei positive reelle Wurzeln hat, so mußte eine Transformation wie die eben ausgeführte unmittelbar zeigen, daß gewisse Typen von quadratischen Gleichungen auf zwei Lösungen führen. Die Transformation, die hier ausgeführt ist, besagt ja nichts anderes, als daß man die elementarsymmetrischen Funktionen der beiden Wurzeln als Normalform einer quadratischen Gleichung auffaßt. Wenn es also im Rahmen der Beschränkung auf positive Zahlen überhaupt möglich ist, so führt unsere Transformation von selbst immer auf die Auffindung beider Wurzeln eines quadratischen Problems. Bei diesem ganzen Sachverhalt würde ich es für ein größeres Wunder halten, wenn man die prinzipielle Doppeldeutigkeit der Lösungen quadratischer Gleichungen nicht bemerkt hätte, als das Gegenteil[1].

5. Serien von Aufgaben über quadratische Gleichungen.

Unser heute bekanntes Textmaterial reicht aus, um uns zu zeigen, daß in den verschiedensten Formen Aufgaben über quadratische Gleichungen behandelt worden sind. Darüber hinaus haben wir aber auch Texte, die ganze Serien von analog aufgebauten Aufgaben mit nur etwas variierten Angaben zusammenstellen. Der Sinn solcher systematischer Aufgabengruppen ist offenbar der, daß aus der Gesamtheit der Aufgaben hervorgeht, welches die allgemeine Regel ist, die ihre Lösungen bestimmt.

Eine solche Aufgabengruppe ist beispielsweise die folgende. Es sind zwei Unbekannte x und y zu bestimmen aus

$$xy = A \qquad \alpha x = a \qquad \beta y = b,$$

wenn A, a, b gegeben sind und außerdem eine lineare Relation zwischen α und β. Die Reihe der aufeinanderfolgenden Aufgaben unterscheidet sich nur hinsichtlich der für α und β vorgeschriebenen Relationen. So haben wir etwa folgende Gruppe von Relationen in 8 aufeinanderfolgenden Beispielen gegeben:

Nr. 1.	$\alpha + \beta = 9$	Nr. 5.
2.	$\alpha - \beta = 1$	6.
3.	$\dfrac{\alpha}{2} + 1;30 = \beta$	7.
4.	$\dfrac{2}{3}\alpha + 0;40 = \beta$	8.

Nr. 5.	$\alpha + \dfrac{1}{3}(\alpha - \beta) = 5;20$
6.	$\alpha + \dfrac{2}{3}(\alpha - \beta) = 5;40$
7.	$\alpha - \dfrac{1}{3}(\alpha - \beta) = 4;40$
8.	$\alpha - \dfrac{2}{3}(\alpha - \beta) = 4;20 .$

---

[1] Für explizite Hinweise vgl. Quellen u. Studien (V, *1*) B 2, S. 14.

Allen diesen Aufgaben, die offenbar auf quadratische Gleichungen führen, ist das Lösungssystem

$$x = 30 \qquad y = 20 \qquad \alpha = 5 \qquad \beta = 4$$

gemeinsam. In den Aufgaben 3 bis 6 und 8 ist es das erste Lösungssystem, in den Aufgaben 1, 2 und 7 das zweite. (Dabei bezeichne ich als erstes Lösungssystem dasjenige, das entsteht, wenn man in der Auflösungsformel für x das positive Vorzeichen der Wurzel wählt.) Das andere Lösungssystem ist bei den ersten 6 Aufgaben negativ, in den Aufgaben 7 und 8 ebenfalls positiv. Leider gibt unser Text nicht die Ausrechnungen, so daß man nichts über das Verhalten in diesen Fällen aussagen kann. Wohl aber ist aus der Struktur dieser ganzen Aufgabenserie klar, daß sie von der Lösung her konstruiert worden ist. Derartige Serientexte sind also ersichtlich eigens konstruierte Übungsaufgaben.

c) Biquadratische Gleichungen.

1. Biquadratische Gleichungen für „Länge" und „Breite".

Die Aufgabe eines Textes lautet:

„Länge und Breite habe ich multipliziert und 10,0 ist die Fläche.
Die Länge mit sich selbst habe ich multipliziert und
eine Fläche errichtet.
Was immer die Länge über die Breite hinausgeht
habe ich mit sich multipliziert und mit 9 vervielfacht und
wie diese Fläche ist es, was die Länge mit sich selbst
multipliziert ist.
Länge und Breite ist was?"

Das Problem besteht also darin, x und y aus den Formeln

$$xy = F$$
$$\alpha (x - y)^2 = x^2$$

zu bestimmen.

Wenn man dieses Gleichungssystem auflösen will, so ergibt sich für x die spezielle biquadratische Gleichung

$$x^4 - \frac{2\alpha F}{\alpha - 1} x^2 + \frac{\alpha F^2}{\alpha - 1} = 0 .$$

Man hat also eine quadratische Gleichung für x^2 aufzulösen, die für x^2 ergibt

$$x^2 = \frac{\alpha F}{\alpha - 1} \pm \sqrt{\frac{\alpha^2 F^2}{(\alpha - 1)^2} - \frac{\alpha F^2}{\alpha - 1}} .$$

Dies läßt sich vereinfachen zu

$$x^2 = \frac{F\sqrt{\alpha}}{\sqrt{\alpha} \mp 1} ,$$

woraus sich ergibt

$$x = \sqrt{\alpha} \sqrt{\frac{F}{\sqrt{\alpha}(\sqrt{\alpha} \mp 1)}}$$

bzw.

$$y = (\sqrt{\alpha} \mp 1)\sqrt{\frac{F}{\sqrt{\alpha}\,(\sqrt{\alpha} \mp 1)}}.$$

Die beiden letzten Formeln sind genau die Ausdrücke, nach denen der Text vorgeht, um x und y zu bestimmen, sofern man immer das untere Vorzeichen nicht berücksichtigt.

2. Serien biquadratischer Gleichungen.

Dieselbe Serie von Texten, die wir oben schon bei den quadratischen Gleichungen erwähnt haben, enthält auch Aufgabengruppen über biquadratische Gleichungen. Es sind immer nur die Aufgaben formuliert, und allen Aufgaben ist die Vorschrift

$$xy = A$$

gemeinsam. Hinzu kommt nur noch eine zweite Relation, die, allgemein gesprochen, eine lineare Verknüpfung von x^2 und y^2 ist. Unsere Tafel enthält 55 derartige Aufgaben, die sich, wie gesagt, alle nur durch die Art der zweiten Relation unterscheiden. Sie führen sämtlich auf biquadratische Gleichungen und haben sämtlich $x = 30$, $y = 20$ zur Lösung. Wir haben es also wieder mit typischen Übungsaufgaben zu tun, die von der Lösung her konstruiert sind.

Um einen Eindruck von der Art solcher Aufgabentexte zu vermitteln, sei die Liste dieser 55 Beispiele hier angegeben. Nr. 40 ist wegen einer Beschädigung des Textes nicht mehr rekonstruierbar. Die Auslassung des ersten Gliedes in den Aufgaben der einzelnen Gruppen, abgesehen von der ersten Aufgabe jeder Gruppe, bedeutet nur, daß dieses Glied für die ganze Gruppe dasselbe ist.

Nr.				
1	$(3x)^2 +$		y^2	$= 2,21,40$
2		$+$	$2y^2$	$= 2,28,20$
3		$-$	y^2	$= 2,\ 8,20$
4	$(3x + 2y)^2 +$		x^2	$= 4,56,40$
5		$+$	$2x^2$	$= 5,11,40$
6		$-$	x^2	$= 4,26,40$
7		$-$	$2x^2$	$= 4,11,40$
8	$(3x + 2y)^2 +$		y^2	$= 4,48,20$
9		$+$	$2y^2$	$= 4,55,0$
10		$-$	y^2	$= 4,35,0$
11		$-$	$2y^2$	$= 4,28,20$
12	$(3x + 4y)^2 +$		x^2	$= 8,16,40$
13		$+$	$2x^2$	$= 8,31,40$
14		$-$	x^2	$= 7,46,40$
15		$-$	$2x^2$	$= 7,31,40$

Nr.			
16	$(3x + 4y)^2 +$	y^2	$= 8,\ 8,20$
17	$+$	$2y^2$	$= 8,15,0$
18	$-$	y^2	$= 7,55,0$
19	$-$	$2y^2$	$= 7,48,20$
20	$(3x + 2(x - y))^2 +$	x^2	$= 3,36,40$
21	$+$	$2x^2$	$= 3,51,40$
22	$-$	x^2	$= 3,\ 6,40$
23	$-$	$2x^2$	$= 2,51,40$
24	$(3x + 2(x - y))^2 +$	y^2	$= 3,28,20$
25	$+$	$2y^2$	$= 3,35,0$
26	$-$	y^2	$= 3,15,0$
27	$-$	$2y^2$	$= 3,\ 8,20$
28	$(3x - 2(x - y))^2 +$	x^2	$= 1,36,40$
29	$+$	$2x^2$	$= 1,51,40$
30	$-$	x^2	$= 1,\ 6,40$
31	$-$	$2x^2$	$=\ \ 51,40$
32	$(3x - 2(x - y))^2 +$	y^2	$= 1,28,20$
33	$+$	$2y^2$	$= 1,35,0$
34	$-$	y^2	$= 1,15,0$
35	$-$	$2y^2$	$= 1,\ 8,20$
36	$(3x - 2(x - y))^2 +$	$(x^2 + y^2)$	$= 1,43,20$
37	$+ 2(x^2 + y^2)$		$= 2,\ 5,0$
38	$- (x^2 + y^2)$		$= 1,\ 0,\ 0$
39	$- 2(x^2 + y^2)$		$=\ \ \ 38,20$
40	?		
41	$(3x + 5y - 2(x - y))^2 +$	x^2	$= 8,16,40$
42	$+$	$2x^2$	$= 8,31,40$
43	$-$	x^2	$= 7,46,40$
44	$-$	$2x^2$	$= 7,31,40$
45	$(3x + 5y - 2(x - y))^2 +$	y^2	$= 8,\ 8,20$
46	$+$	$2y^2$	$= 8,15,0$
47	$-$	y^2	$= 7,55,0$
48	$-$	$2y^2$	$= 7,48,20$
49	$(3x + 5y - 2(x - y))^2 +$	$(x^2 + y^2)$	$= 8,23,20$
50	$+ 2(x^2 + y^2)$		$= 8,45,0$
51	$- (x^2 + y^2)$		$= 7,40,0$
52	$- 2(x^2 + y^2)$		$= 7,18,20$
53	$(3y + (x - y))^2 +$	x^2	$= 1,36,40$
54	$+$	$2x^2$	$= 1,51,40$
55	$+$	$(x^2 + y^2)$	$= 1,43,20$

Über die Art der Formulierung dieser Aufgaben im Text haben wir schon oben S. 70f. gesprochen und darauf hingewiesen, daß es sich hier kaum noch um eine grammatisch konstruierte Sprache handelt, sondern nur noch um die gesetzmäßige Aneinanderfügung algebraischer Symbole.

Dieser Text ist aber nicht nur durch seine reine Formelsprache interessant, sondern er ist auch für den ganzen Typus einer gewissen Textgattung lehrreich. Er gehört nämlich, wie die Tafelunterschrift zeigt, einer ganzen „Serie" analoger Texte an. Unser Text ist der fünfte dieser Serie, von der uns außerdem noch die erste, vierte, zehnte, dreizehnte und vierzehnte Tafel erhalten ist und zwei weitere Tafeln, deren Nummer nicht mehr erhalten ist[1], die aber sicher ebenfalls dieser Serie angehört haben. Da jede Tafel ungefähr 50 derartige Aufgaben enthielt, so muß die ganze Serie mindestens etwa 650 Beispiele enthalten haben. Wenn, was zu hoffen ist, sich unsere Kenntnis solcher Serientexte allmählich vertieft und die noch bestehenden Lücken geschlossen werden, so werden wir damit auch Einblick in das ursprüngliche Anordnungsprinzip solcher Aufgaben gewinnen.

Auch für die praktische Frage des Raumbedarfs solcher Keilschrifttexte ist unser Beispiel lehrreich. Der ganze Text hat die Größe von $6\frac{1}{2} \times 9\frac{1}{2}$ cm, bedeckt also weniger als den halben Satzspiegel dieser Seite. Da er sowohl auf der Vorderseite wie auf der Rückseite beschrieben ist (insgesamt 132 Zeilen in 3-kolumniger Anordnung), so faßt er $6\frac{1}{2} \times 19$ cm Schreibfläche. Der Abdruck seines Inhaltes (unter Verzicht der im Text mehrmals wiederholten Angabe $xy = A$) hier auf S. 190 und 191 beansprucht dagegen (ohne die Beispielnummern) $7\frac{1}{2} \times 25$ cm; 25 Zeilen des Textes beanspruchen 90 mm, während sie hier im Druck 102 mm gebrauchen. Würden wir die Ideogramme nicht durch unsere Formeln, sondern durch die entsprechenden deutschen Worte ersetzen, so würden wir im Druck etwa das Doppelte der Fläche benötigen wie der Text! Man darf sich also unsere Serie von etlichen hundert Aufgaben nicht als einen ganzen Ziegelhaufen vorstellen[2].

3. Weitere Aufgaben über biquadratische Gleichungen.

Ebenfalls zu unserer Textserie gehörig ist der folgende Abschnitt aus einer Tafel. Die erste Relation heißt wieder

$$xy = A.$$

---

[1] Einer dieser Texte liegt heute in Berlin, alle übrigen in New-Haven. Weder Herkunft noch Datierung ist bekannt („Antikenhandel").

[2] Es gibt auch Texte mit viel gröberem Schriftduktus als den hier besprochenen, die also viel mehr Platz beanspruchen. Andererseits existieren auch Texte von ganz extremer Feinheit der Beschriftung (z. B. ein Text von 5×5 cm [5 cm sind 12 unserer Druckzeilen], dessen Transkription fast 2 voll beschriebene Schreibmaschinen-Seiten, dessen Übersetzung fast 3 solche Seiten beansprucht!).

Die zweite ist jeweils eine lineare Relation zwischen x^2 und y^2 (die beim Ausquadrieren auftretenden doppelten Produkte sind ja wegen $xy = A$ als bekannt anzusehen).

$$
\begin{array}{r|l}
\text{Nr. 1} & x^2 + \dfrac{1}{13}\left\{\dfrac{1}{19}\left[(x+y)^2 - 10,0\right] + 3y^2\right\} = 16{,}40 \\[2ex]
2 & + 2\dfrac{1}{13}\left\{\dfrac{1}{19}\left[(x+y)^2 - 10,0\right] + 3y^2\right\} = 18{,}20 \\[2ex]
3 & - \dfrac{1}{13}\left\{\dfrac{1}{19}\left[(x+y)^2 - 10,0\right] + 3y^2\right\} = 13{,}20 \\[2ex]
4 & - 2\dfrac{1}{13}\left\{\dfrac{1}{19}\left[(x+y)^2 - 10,0\right] + 3y^2\right\} = 11{,}40 \\[2ex]
\hline
5 & (x-y)^2 + \dfrac{1}{13}\left\{\dfrac{1}{19}\left[(x+y)^2 - 10,0\right] + 3y^2\right\} = 3{,}20 \\[2ex]
6 & - \dfrac{1}{13}\left\{\dfrac{1}{19}\left[(x+y)^2 - 10,0\right] + 3y^2\right\} = 0 \\[2ex]
\hline
7 & (x+y)^2 + \dfrac{1}{13}\left\{\dfrac{1}{19}\left[(x+y)^2 - 10,0\right] + 3y^2\right\} = 43{,}20
\end{array}
$$

Diese Aufgaben unterscheiden sich in ihrer Anordnung nicht wesentlich von denen der vorigen Gruppe. Das zweite Glied ist jeweils abwechselnd mit positivem und negativem Vorzeichen und mit dem Koeffizienten 1 oder 2 versehen. Von besonderem Interesse ist aber der Fall des Beispiels Nr. 6, in dem, wenn man wieder von dem Lösungssystem $x = 30$, $y = 20$ ausgeht, auf der rechten Seite 0 stehen muß. Dies drückt der Text dadurch aus, daß er in diesen Fällen sagt, daß die beiden Ausdrücke, aus denen die lineare Relation aufgebaut ist, einander „gleich" seien.

§ 4. „Transzendente" Probleme.

Wir wollen in diesem Abschnitt das Wort „transzendent" in einer etwas anderen Bedeutung gebrauchen, als es der modernen Definition entspricht. Wir meinen damit auch solche algebraische Aufgaben, die nicht mehr in geschlossener Form gelöst worden sind, sondern wo Hilfsmittel anderer Art, nämlich numerische Methoden, nötig waren, um sie zu lösen. Unser bisher erschlossenes Textmaterial ist leider in diesem Punkte noch sehr lückenhaft, aber das wenige, das wir haben, genügt doch, um zu zeigen, daß solche Fragestellungen wirklich existiert haben.

1. Kubische Gleichungen.

Wir kennen bisher einen einzigen Text, der sich unter anderem auch mit kubischen Gleichungen beschäftigt. — Übrigens ist er in zwei Stücke zerbrochen, von denen eines heute in London, das andere in Berlin liegt. Leider ist dieser Text kein sehr gutes Exemplar, denn er enthält eine große Reihe offenbarer Flüchtigkeitsfehler, die an man-

chen Stellen die Interpretation recht unsicher machen; trotzdem kann
das Wesentliche des Folgenden als völlig gesichert gelten. Der Text
ist ein typischer Sammeltext, wie er durch das Abschreiben von einzelnen Tafeln entstanden ist. Er gehört aber nicht einer solchen Serie
von Übungsaufgaben an, wie wir sie im vorigen Paragraphen besprochen
haben, sondern enthält auch die Ausrechnungen. Neben den kubischen
Problemen sind übrigens auch ganz analog eingeleitete Aufgaben behandelt, die nur quadratisch oder gar linear sind.

Allen Aufgaben ist gemein, daß sie von einem Volumen $xyz = V$
sprechen. Dabei sind „Länge" x und „Breite" y in GAR, die „Tiefe" z
dagegen in Ellen zu messen, gemäß der von uns schon öfter erwähnten
Normierung, daß vertikale Strecken in Ellen, horizontale Maße in GAR
zu rechnen sind, wobei 1 GAR gleich 12 Ellen ist. Wenn also die Angabe gemacht wird, daß die Länge gleich der Tiefe sei, so müssen wir,
wenn wir die Zahlen des Textes beibehalten wollen, nicht

$$x = z$$

schreiben, sondern

$$\mu x = z \, ,$$

wobei $\mu = 12$ das Verhältnis von GAR zu Ellen ist. Mit dieser Ver-
einbarung können dann alle Zahlen des Textes beibehalten werden,
ohne daß wir immer ausdrücklich die Maße nennen, in denen sie zu
verstehen sind. Das Auftreten des Koeffizienten $\mu = 12$ ist in Hinkunft immer in diesem Sinne zu verstehen.

Der einfachste Fall in unseren Beispielen ist der der reinen kubischen Gleichung. Gegeben ist:

$$\mu x = z \quad y = x \quad xyz = V.$$

Aus diesen Angaben folgt unmittelbar, daß

$$x = \sqrt[3]{\frac{V}{\mu}}$$

ist. Genau dieses bildet auch der Text und benutzt dabei offenbar
die Existenz von Kubikwurzeltabellen, über die wir schon im Kap. I
(S. 32) gesprochen haben.

Ein allgemeinerer Typus von kubischen Gleichungen ist in drei
weiteren Beispielen enthalten. Im ersten ist folgendes gegeben:

$$\mu x = z \quad xy + xyz = a \quad \alpha x = y \, ,$$

mit bekanntem

$$a = 1;10 \quad \alpha = 0;40$$

(und wie immer $\mu = 12$). Der Text bildet den Ausdruck

$$\frac{\mu^2}{\alpha} a$$

und erhält auf Grund der gegebenen Zahlen dafür 4,12. Um sich die Bedeutung dieser Rechnung klarzumachen, hat man nur zu beachten, daß unsere Angaben verlangen, x aus der Gleichung

$$\alpha\mu x^3 + \alpha x^2 = a$$

zu bestimmen. Multipliziert man also beide Seiten mit $\dfrac{\mu^2}{\alpha}$, so kann man das Ergebnis in der Form schreiben

$$4,12 = (\mu x)^3 + (\mu x)^2 .$$

Der Text sagt nun ohne weiteres, daß diese Relation

$$\mu x = 6$$

zur Lösung habe und bestimmt daraus durch Multiplikation mit $0;5 = \dfrac{1}{\mu}$ x zu $0;30$ und schließlich in trivialer Weise y und z.

Die direkte Lösung der kubischen Gleichung

$$(\mu x)^3 + (\mu x)^2 = \frac{\mu^2}{\alpha} a ,$$

die hier gegeben wird, wäre für uns ein vollständiges Rätsel, wenn wir nicht wüßten, daß es Tabellentexte gegeben hat, die für die sukzessiven ganzen Zahlen n angeben, welcher Wert von n zu $n^2 + n^3$ gehört (vgl. oben Kap. I, S. 32). Hat man aber eine solche Tabelle, so kann man aus ihr unmittelbar entnehmen, daß zu

$$n^3 + n^2 = 4,12$$

der Wert
$$n = 6$$

gehört, wie es offenbar hier geschehen ist.

Das zweite der hierher gehörigen Beispiele lautet

$$\mu x + 7 = z \qquad x = y \qquad xyz = V$$

mit
$$V = 0;20 \qquad \mu = 12 .$$

Das zugehörige kubische Problem würde lauten

$$\mu x^3 + 7x^2 = V,$$

und ließe sich durch die Einführung von

$$x = \frac{7}{\mu}\,\xi$$

auf die Form
$$\xi^3 + \xi^2 = \frac{\mu^2 V}{7^3}$$

bringen. Der Text beginnt auch mit der Bildung des Ausdruckes

$$\mu^2 V = 8$$

und spricht dann auch von der Division durch 7, was aber nicht durchgeführt wird, vielleicht deshalb, weil es sich dabei um die Division durch eine irreguläre Zahl handelt. Dann gibt er direkt die Lösung

$$\mu x = 1$$

an; daß diese Lösung korrekt ist, sieht man unmittelbar, wenn man den Ausdruck $\mu^2 V$ bildet. Es ist nämlich

$$\mu^2 V = (\mu x)^3 + 7(\mu x)^2 = (\mu x)^2 \cdot (\mu x + 7) = 8 \,.$$

Daß diese Gleichung $\mu x = 1$ zur Lösung hat, ist offensichtlich.

Das dritte der hierher gehörigen Beispiele lautet

$$\mu x + 1 = z \quad x = y \quad xyz = V$$

mit $V = 1;45$ und $\mu = 12$. Der Text bildet den Ausdruck $\mu^2 V$, für den offenbar gilt

$$\mu^2 V = (\mu x)^3 + (\mu x)^2 \,.$$

Die Lösung wird wieder unmittelbar angegeben und beruht wieder auf der Existenz einer Tabelle für $n^2 + n^3$.

Auf die allgemeinste Form kubischer Gleichungen führen zwei Beispiele, die sich (abgesehen von dem Zahlenwert von b) nur durch ein Vorzeichen voneinander unterscheiden, nämlich

$$\mu x = z \quad xy + xyz = a \quad x \pm y = b$$

mit gegebenem $a = 1;10$ und $b = 0;50$ bzw. $0;10$. Die zugehörigen kubischen Gleichungen würden lauten

$$\mu x^3 + (1 - \mu b)x^2 - bx \pm a = 0 \,.$$

Der Text berechnet den Ausdruck $\dfrac{a}{\mu b^3}$ und gibt in beiden Fällen unmittelbar die Lösung an. Berechnet man den Ausdruck $\dfrac{a}{\mu b^3}$, so ergibt sich

$$\frac{a}{\mu b^3} = \frac{\mu x^2 y + xy}{\mu b^3} \,.$$

Die rechte Seite kann man auch als Produkt dreier Größen schreiben, nämlich

$$\frac{\mu x^2 y + xy}{\mu b^3} = \frac{x}{b} \cdot \frac{y}{b} \cdot \frac{z+1}{\mu b} \,.$$

Auf Grund des berechneten Wertes von $\dfrac{a}{\mu b^3}$ (im ersten Beispiel $0;10,4,48$, im zweiten Beispiel 21) gibt der Text unmittelbar die Lösungszahlen für $\dfrac{x}{b}$, $\dfrac{y}{b}$ und $\dfrac{z+1}{\mu b}$ an (im ersten Fall $0;36$ bzw. $0;24$ und $0;42$, im zweiten Fall 3 bzw. 2 und für die dritte Größe irrtümlich 21 statt $3;30$). x, y und z berechnet dann der Text dadurch, daß er die angegebenen Werte von $\dfrac{x}{b}$ bzw. $\dfrac{y}{b}$ mit b multipliziert und z aus $\dfrac{x}{b} \cdot \mu b$ findet.

Bei der hier vorliegenden Lösung unserer beiden Aufgaben liegt ein Fall vor, den wir noch nicht aus unserem Textmaterial verstehen können. Offenbar bezieht sich der entscheidende Schritt, nämlich die Angabe der Lösungszahlen, wieder auf besonders angelegte Tabellentexte. Wie diese aber gebaut sein sollen, ist mir nicht ersichtlich. Es ist selbstverständlich klar, daß man sich ein numerisches Herumprobieren vorstellen kann, das zur Lösung führt. Dagegen spricht aber nicht nur die Kompliziertheit der gerade hier vorliegenden Zahlen, sondern auch die Tatsache einer vollständig einheitlichen Terminologie in allen unseren Beispielen. Es ist wenig wahrscheinlich, daß mit denselben Worten einmal auf systematisch angelegte Tabellentexte, das andere Mal auf bloße Zufallslösungen verwiesen worden ist.

Auf die Frage der Terminologie werden wir bald noch näher eingehen (s. u. Abschnitt 3). Hier sei nur auf das Grundsätzliche hingewiesen, das uns die besprochenen Beispiele lehren. Die hier behandelten kubischen Gleichungen sind nämlich genau in dem eingangs erwähnten Sinne „transzendente" Probleme für die Kräfte der babylonischen Algebra. Die Lösungen werden nicht mehr auf algebraischem Weg wie bei den linearen und quadratischen Gleichungen gefunden, sondern stützen sich gerade im wesentlichen Punkt auf das Heranziehen ganz andersartiger Hilfsmittel, nämlich auf speziell für diesen Zweck zugeschnittene Tabellentexte.

2. Zins- und Zinseszinsrechnung.

Wir kennen bisher zwei zusammengehörige Texte, die sich mit dem in der Überschrift genannten Problem beschäftigen. Die diesen Aufgaben zugrunde liegenden Voraussetzungen sind folgende. Ein Kapital von einer Mine wird mit 12 Schekel pro Jahr verzinst; d. h., da eine Mine 60 Schekel enthält, mit 20%. Diese Zinsen werden durch fünf Jahre zinslos angesammelt gedacht. Nach fünf Jahren ist also das Kapital verdoppelt. Nun beginnt ein neuer fünfjähriger Zinsabschnitt, aber vom doppelten Anfangskapital. Ist also n die Anzahl solcher Fünfjahresperioden, a das Anfangskapital und $z = 0;12$ der Zinsfuß, so ist das Endkapital K nach $5n$ Jahren gegeben durch

$$K = 2^n \cdot a \,.$$

Neben ähnlichen einfachen Relationen berechnet eines der Beispiele unserer Texte das Endkapital nach $n = 6$ Fünfjahresperioden durch sukzessives Verdoppeln des Anfangskapitals von einer Mine, d. h. er bildet die schrittweisen Potenzen von 2. Von grundsätzlicher Wichtigkeit ist aber die Umkehrung des Problems. Es soll aus Endkapital K und Anfangskapital a die Anzahl n der Fünfjahresperioden berechnet werden, die nötig sind, um a auf K anwachsen zu lassen. Es handelt sich hier also um ein im eigentlichen Sinne transzendentes Problem, nämlich um die Umkehrung der Exponentialfunktion. Leider ist uns nur ein einziges derartiges Beispiel bekannt, und es ist so knapp formuliert, daß die Interpretation auf eine Reihe von Schwierigkeiten stößt, die auf Grund unserer heutigen Kenntnisse noch nicht vollständig überwunden werden können. Ich will mich daher darauf beschränken, die Sachlage in großen Zügen zu schildern. Die Einzelheiten der Textinterpretation würden uns hier zu weit führen. Sie sind vollständig enthalten im Kommentar zu VAT 8521 und 8528 (MKT (V, *4*) Kap. VI).

Zunächst wird nicht n berechnet, sondern $n - 1$, und dies durch einen merkwürdig komplizierten Prozeß. Bezeichnen wir mit φ bzw. f Operationen, die im Text durch gewisse Termini angedeutet sind, die wir sogleich näher besprechen werden, so läßt sich die Rechnung des Textes beschreiben durch

$$n - 1 = \varphi\left(\frac{1}{2a}\left(\frac{K}{2a} - 2a\right) + 1\right) + f(2a).$$

Die Termini für φ und f gehören sprachlich eng zusammen (wir werden darauf sogleich eingehen), so daß man zunächst versuchen kann, sie überhaupt zu identifizieren, also

$$\varphi(x) = f(x)$$

zu setzen. Ferner wird man selbstverständlich bei der Natur des Problems daran denken, den Logarithmus zur Basis 2 ins Spiel zu bringen. Setzt man also versuchsweise

$$\varphi(x) = f(x) = \log_2(x),$$

so würde unsere Formel bedeuten

$$n - 1 = \log_2\left(\frac{1}{2a}\left(\frac{K}{2a} - 2a\right) + 1\right) + \log_2 2a$$
$$= \log_2\frac{K}{4a^2} + \log_2 2a = \log_2\frac{K}{2a}.$$

Diese Relation ist nun tatsächlich richtig. Unserer Interpretation stehen aber im wesentlichen die folgenden beiden Schwierigkeiten entgegen: Einerseits ist gar nicht zu sehen, weshalb die einzelnen Teile der Formel gebildet worden sind und in der angegebenen Weise miteinander kombiniert werden, statt direkt ein einziges Mal den 2er-Logarithmus zu verwenden. Dann aber widersprechen andere Stellen unserer beiden Texte der Auffassung von $f(x)$ und $\varphi(x)$ als $\log_2(x)$. Trotzdem sind beide Einwände nicht absolut entscheidend, denn einerseits übersehen wir heute noch gar nicht, in welcher Weise die Texte beschaffen sind, die das Umkehrproblem der Exponentialfunktion lösen (über das wenige, was wir darüber wissen, wird sogleich berichtet), und andererseits sind auch die terminologischen Einzelfragen noch gar nicht ausreichend geklärt. Es soll dies, wie gesagt, hier nicht im einzelnen auseinandergesetzt werden, denn wir stehen hier erst am Anfang des Eindringens in einen ganz neuen Fragenkreis. Man kann nur hoffen, daß allmählich mehr Textmaterial zugänglich wird, das uns vor allem weitere Auskunft gibt über das Ineinandergreifen von eigentlichen mathematischen Texten und Tabellentexten.

3. Tabellentexte und ihre Terminologie.

Wir haben das Charakteristische der „transzendenten“ Aufgaben der babylonischen Mathematik darin gesehen, daß spezielle Tabellentexte in den Gang der Rechnung eingreifen. Dies haben das erstemal die kubischen Gleichungen gezeigt. Trotz aller Schwierigkeiten für das Verständnis im einzelnen ist auch bei den Zinseszinsrechnungen wenigstens so viel sicher, daß auch hier auf Tabellentexte verwiesen wird. Um dies zu verstehen, müssen wir etwas ausführlicher auf terminologische Fragen eingehen. Wir haben schon im ersten Kapitel jene Klasse von Tabellentexten kennengelernt, die zu den sukzessiven ganzen Zahlen n die Werte von n^2 bzw. zu n^2 und zu n^3 die zugehörigen Werte von n angeben. Man hat also solche Tabellen als Quadratzahltabellen bzw. als Quadrat- und Kubikwurzeltabellen zu bezeichnen. Uns interessiert hier vor allem die Terminologie der beiden letzten Tabellengruppen. Der bei den Quadratwurzeln (auch in den eigentlich mathematischen Texten) auftretende Terminus ist íb-si$_8$, dabei ist íb ein sumerisches Verbalpräfix, so daß also si$_8$ der eigentliche Wortstamm ist. Die übliche Übersetzung íb-si$_8$ als „Quadratwurzel“ ist selbstverständlich nicht mehr als eine bloße Umschreibung der mathematischen Funktion dieses Wortes im Rahmen unserer Texte. Sie folgt unmittelbar aus dem Aufbau der Quadratwurzeltabellen, die sich meist der folgenden Sprechweise bedienen:

$$n^2\text{-e} \quad n \quad \text{íb-si}_8 ,$$

was etwa soviel bedeutet wie „das n^2 hat n zur Quadratwurzel“. Entsprechendes gilt auch von den Kubikwurzeln. Dort kennen wir im wesentlichen zwei Ausdrucksweisen, nämlich

$$n^3\text{-e} \quad n \quad \text{ba-si}$$

und

$$n^3\text{-e} \quad n \quad \text{ba-si}_8\text{-e} .$$

ḃa ist wieder ein Verbalpräfix, so daß hier si bzw. si$_8$ den eigentlichen Bedeutungsgehalt des Terminus in sich schließen müssen. Die doppelte Ausdrucksmöglichkeit für „Kubikwurzel“ durch si bzw. si$_8$ ist nun grundsätzlich wichtig, denn sie zeigt, daß si und si$_8$ äquivalente Begriffe sein müssen. Das ist aus zwei Gründen wichtig. Einerseits ist uns si$_8$ bereits als Terminus der Quadratwurzel bekannt, andererseits kennen wir das akkadische Äquivalent von si. Wir wissen nämlich, daß si gleich *šanânu* ist, und *šanânu* bedeutet soviel wie „gleich sein“. Damit hat man schon einen Ausgangspunkt für die Bedeutungsgeschichte unserer Termini gewonnen. Sie beziehen sich nämlich offenbar ursprünglich auf das Produkt gleicher Zahlen. (Ich glaube übrigens, daß es sich hier wirklich nur um den arithmetischen Charakter der Quadrat- und Kubikzahlen handelt und nicht um ein geometrisches Bild, wie wir es bei „Quadratwurzel" vor Augen haben.)

Es läßt sich aber sofort zeigen, daß die mathematische Verwendung von si und si_8 mit dem Begriff der Gleichheit noch nicht ausreichend beschrieben sein kann. Die für die Lösung der kubischen Gleichung verwendeten Tabellen heißen nämlich

$$(n^2 + n^3)\text{-e} \quad n \quad \text{ba-si},$$

und andererseits werden auch die Lösungszahlen in den Rechnungen zur Auflösung der kubischen Gleichung immer als íb-si_8 bezeichnet, und zwar nicht nur wie im Fall der reinen kubischen Gleichung, wenn sie sämtlich gleich sind (dann fungiert also íb-si_8 speziell als „Kubikwurzel"), sondern auch im allgemeinen Fall dreier verschiedener Lösungszahlen (s. oben S. 196).

Wir sehen also: si und si_8 werden ganz gleichartig verwendet zur Bezeichnung der Zahl n sowohl zu gegebenem n^2 wie n^3 wie $n^2 + n^3$ und schließlich zu noch allgemeineren Ausdrücken. Wir können diesen Sachverhalt am besten dadurch beschreiben, daß wir sagen, *daß durch si und si_8 angedeutet wird, daß das Argument n einer Funktion $f(n)$ gebildet werden soll.*

Im Falle der Zinseszinsrechnung steht im Text an der Stelle, an der wir $f(x)$ gesetzt haben, der Terminus ba-si, an der Stelle, an der wir $\varphi(x)$ gesagt haben, íb-si_8. Die obengenannten Verwendungsweisen von si und si_8 machen es also in der Tat sehr wahrscheinlich, daß si und si_8 die gleiche Operation ausdrücken, wie wir ja auch entsprechend

$$f(x) = \varphi(x)$$

gesetzt haben; und ebenso ist klar, daß durch beide Termini auf Tabellentexte hingewiesen wird. Wie schon gesagt, ist beide Male die Interpretation

$$f(x) = \varphi(x) = \log_2(x)$$

mit den Zahlen unseres Beispiels verträglich. Nicht aber passen andere Stellen zu dieser speziellen Auffassung. Wie man aber aus dem Gesagten sieht, ist dies kein wirklich entscheidendes Gegenargument, denn der Gebrauch dieser Termini ist ein so weiter, daß sie an den anderen Stellen sehr wohl eine andere Art von Umkehrfunktionen bedeuten könnten.

Die Annahme, daß die Lösung der Zinseszinsaufgaben Tabellentexte zur Grundlage hat, die in irgendeiner Weise die Umkehrfunktion der Exponentialfunktion zu bestimmen gestatten, erhält eine weitere Stütze durch die Tatsache, daß wir Tabellentexte kennen, die sich mit der Exponentialfunktion beschäftigen. Das einfachste Beispiel ist der Text

9 a-rá 9	1,21
a-rá 9	12,9
a-rá 9	1,49,21
a-rá 9	16,24, 9
a-rá 9	2,27,37,21
a-rá 9	22, 8,36, 9
a-rá 9	3,19,17,25,21
a-rá 9	29,53,36,48, 9
a-rá 9	4,29, 2,31,13,21 .

Man sieht sofort, daß dies die sukzessiven Potenzen von 9 sind, angefangen von 9^2 bis 9^{10}. Wir haben entsprechende Tabellen für c^n von $n = 1$ bis 10 für $c = 9$, $c = 16$, $c = 1,40$, $c = 3,45$. Die Umkehrfunktionen würden also Logarithmen der Basis c sein. $c = 2$ ist darin nicht enthalten, wohl aber sieht man, daß c immer eine Quadratzahl ist. Das Textmaterial ist aber viel zu dürftig, um entscheiden zu können, ob es sich hier um einen Zufall oder eine wesentliche Eigenschaft handelt. Jedenfalls knüpft sich eine Fülle von Fragen an diese neue Textgruppe, in erster Linie selbstverständlich die Frage, die wir ja auch schon bei früheren Gelegenheiten gestreift haben, nämlich nach der Interpolation in derartigen Tabellentexten. Es muß sich ja bei der Umkehrung immer wieder die Frage ergeben, welche Werte man einzusetzen hat, wenn nicht ganzzahlige Argumente zu den Funktionswerten gehören. Die mathematischen Texte geben darauf, soweit wir sie heute kennen, noch keine ausreichende Antwort — abgesehen von den Quadratwurzelapproximationen (s. oben S. 33 ff.) haben wir noch keine sicheren Anhaltspunkte in unseren Texten. Wohl aber führen die astronomischen Texte bei sachlich andersgearteten Fragen etwas weiter. Wir werden auf diese Dinge aber erst im dritten Band eingehen können.

Trotz ·der Unabgeschlossenheit aller in diesen Paragraphen berührten Fragen muß doch gesagt werden, daß sie zur Abrundung unseres Bildes von der babylonischen Mathematik wesentlich beitragen. Wir haben im Laufe dieser Vorlesung gesehen, wie durch das Ineinandergreifen einer Reihe eigentümlicher Erscheinungen die babylonische Mathematik von Anfang an zu einer besonderen Betonung der numerischen Methoden gelangt ist, daß sie vor allem über eine wirklich praktische — auf alle Rationalzahlen gleichmäßig anwendbare — Rechentechnik verfügt hat. Wir haben weiter gesehen, daß, ebenfalls durch das Eingreifen äußerer geschichtlicher Prozesse bedingt, der algebraische Charakter der babylonischen Mathematik besonders entwickelt worden ist; für diesen Standpunkt der Betrachtung treten die Tabellentexte wieder stärker in den Hintergrund, sie spielen für die algebraischen Aufgaben nur die Rolle von Hilfsmitteln, die zwar die numerische Rechnung erleichtern, aber mathematisch genommen unwesentlich sind.

Erst mit den „transzendenten" Problemen wird wieder die volle Einheitlichkeit des gedanklichen Aufbaus erreicht. Im Laufe der ganzen geschichtlichen Entwicklung ist die Ausbildung der numerischen Methoden, das Rekurrieren auf Zahlentabellen so eng mit der Entwicklung der Mathematik überhaupt verknüpft, daß es nur folgerichtig war, auch auf einer weit fortgeschrittenen Stufe die numerischen Methoden stets als gleichberechtigte Hilfsmittel zu betrachten. So greifen sie auch tatsächlich sofort wieder in die eigentliche Mathematik ein, wie diese auf Probleme stößt, die den Rahmen der algebraischen Methode überschreiten.

Diese Entwicklung ist gewissermaßen ganz analog zur Entstehungsgeschichte der modernen Mathematik; auch hier hat zunächst eine in ihrer Tragweite durchaus nicht übersehene Einführung von symbolischen Methoden den eigentlichen Anstoß gebildet. Der Fortschritt der „analytischen" Geometrie besteht ja gerade darin, daß man geometrische Fragen auf einen algebraischen Formalismus reduziert. Die algebraische Formelsprache führt dann ihrerseits ganz unmittelbar zum Funktionsbegriff. Im Babylonischen liegen die Dinge ganz ähnlich. Auch hier ist das Algebraische der eigentliche Träger der Entwicklung, und auch hier führt die Entwicklung allmählich zu einer Art von elementarem Funktionsbegriff. Allerdings scheint mir hier der Anstoß auf dem numerischen Gebiet zu liegen. Die Tabulierung gesetzmäßig konstruierter Zahlenfolgen wie n^2, n^3, $n^2 + n^3$, c^n sind schließlich nichts anderes als Vorstufen für die Betrachtung von Zuordnungen, wie sie durch die Funktionen x^2, x^3, $x^2 + x^3$, c^x beschrieben werden. Es ist klar, daß man an der Interpolierbarkeit in derartigen Funktionstabellen nicht gezweifelt haben kann, d. h. also, daß solche Tabellen zusammen mit einer Art naivem Stetigkeitsbegriff für die praktische Entwicklung der Mathematik und ihrer Anwendungen genau das leisten, was das anschauliche Kurvenbild für die Verwendung der elementaren Funktionen leistet. Ich glaube, daß diese Betrachtungsweise auch den Schlüssel für das Verständnis der Rechenmethoden der Astronomie bildet, die in der letzten Entwicklungsphase der babylonischen Kultur ausgebildet worden ist.

§ 5. Rückblick und allgemeine Problemlage.

Gerade die im letzten Abschnitt besprochenen Erscheinungen zeigen, welche entscheidende Rolle das Numerische in der babylonischen Mathematik spielt. Die Tatsachen, über die wir zu Anfang der Vorlesung berichtet haben, d. h. die Existenz eines ungemein praktischen und in seinen mathematischen Konsequenzen voll ausgenutzten Zahlensystems erweisen sich so als das eigentliche Fundament, auf dem die ganze übrige babylonische Mathematik beruht. Die aus der Schriftentwicklung herstammende Möglichkeit der Ausbildung einer algebraischen Symbolik hat dann das ihre dazu beigetragen, daß die babylonische Mathematik einen Typus angenommen hat, der dem Arabischen sehr viel näher steht als dem Griechischen. Es ist aber wesentlich hervorzuheben, daß, begrifflich gesehen, die volle Beherrschung des Bereichs der positiven Rationalzahlen im Babylonischen auch nur das Endresultat komplizierter geschichtlicher Prozesse ist, die wir in ihren Umrissen in den vorhergehenden Kapiteln skizziert haben. Wenn auch nicht äußerlich, so steht also Babylonien doch entwicklungsgeschichtlich Ägypten näher als dem Griechischen. Gewiß kann in Ägypten von einem vollen Beherrschen des Bereichs der Rationalzahlen nicht gesprochen werden. Beruht ja doch die Bruchrechnung gerade darauf, daß sie die systematische Verwendung beliebiger Rationalzahlen reduziert auf einen bestimmten einfachen Bereich, d. h. auf die Stammbrüche. Im Griechischen dagegen ist der Zahlbegriff als solcher erstmalig zur Diskussion gekommen. Es wird die Aufgabe des zweiten Teils dieser Vorlesungen sein, über die geschichtlichen Vorbedingungen dieser Erscheinung zu sprechen. Schon hier sei aber gesagt, daß ich es für gänzlich unrichtig und eigentlich inhaltlos halte, diese Erscheinung auf eine „spezifische Fähigkeit des griechischen Denkens" zurückzuführen, ebenso wie ich nicht von einer spezifischen „Begabung" für das Numerische sämtlicher in Babylonien ansässig gewesenen Völker im Gegensatz zu den Ägyptern reden möchte. Abgesehen davon, daß solche Redewendungen im Grunde nichts anderes bedeuten als das volle Eingeständnis des Nichtverstehens einer Erscheinung, gibt es eine Reihe von geschichtlich noch deutlich erkennbaren geistigen Strömungen, deren Ineinandergreifen erst eine solche Problemstellung, wie sie der griechischen Irrationalzahltheorie zugrunde liegt, verständlich macht.

Einen der entscheidendsten Unterschiede zwischen vorgriechischer und griechischer Mathematik pflegt man in dem Auftreten des Beweisbegriffs in Griechenland zu sehen. Diese Dinge haben sich aber wesentlich verschoben, seit wir von der Existenz einer hochentwickelten babylonischen Algebra wissen. Wenn man derartige Fragen, wie die nach dem Auftreten von Beweisen in der antiken Mathematik, stellt, so muß man in erster Linie den Sinn des Wortes „Beweis" fixieren. Es scheint mir, daß es in historischen Dingen doch nur den Sinn haben kann, daß man unter „beweisen" versteht, daß man gewisse mathematische Sachverhalte durch logische Schlußketten aus anderen Sachverhalten herleitet, ohne daß diese selbst in irgendeinem Sinne die letztmöglichen zu sein brauchen und ohne daß die Schlußverfahren selbst genau formalisiert und als solche empfunden werden müssen. Die Existenz eines solchen Beweisverfahrens muß man aber der babylonischen Algebra unter allen Umständen zubilligen. Es ist ja nicht gut denkbar, daß man so komplizierte Formelsysteme, wie wir sie in den vorangehenden Abschnitten besprochen haben, unmittelbar oder gar empirisch gewonnen hat. Es ist nicht anders möglich, als daß man durch schrittweise Überlegungen kompliziertere Fälle auf einfache reduziert hat, und das heißt ja nichts anderes, als daß der kompliziertere Sachverhalt „bewiesen" worden ist, wenn man den einfacheren als gegeben ansieht.

Eine ganz andere Frage aber ist einerseits die nach Art und Herkunft der als gegeben angesehenen Voraussetzung (d. h. also die Untersuchung der rein logischen Struktur einer Beweisführung) und andererseits die Frage nach der Möglichkeit der Lösung gewisser Aufgaben. Nach allem, was wir jetzt wissen, scheinen beide Fragen systematisch erst in Griechenland gestellt worden zu sein. Jedenfalls haben wir bis jetzt noch keinerlei textliche Unterlagen für die Annahme, daß man in Babylonien sich darüber Klarheit zu verschaffen suchte, wie beispielsweise die Daten eines quadratischen Problems beschaffen sein müssen, damit die Wurzeln reell oder positiv ausfallen. Andererseits muß natürlich gesagt werden, daß man aus diesem argumentum e silentio nicht zu viel schließen darf. Der Typus unserer Texte ist ja ein solcher, daß er nur konkrete Aufgaben behandelt und daher von selbst alle Fälle, die zu Schwierigkeiten führen, gar nicht in unseren Texten erscheinen. Dazu kommt noch, daß mindestens ein großer Teil unserer Beispiele ersichtlich von der Lösung her konstruiert worden ist. Solange man also nicht allgemeine Anweisungen zur Lösung gewisser Aufgabentypen besitzt, läßt sich nur schwer sagen, wieweit man sich über derartige Zusammenhänge wirklich im unklaren gewesen ist.

Ähnliches gilt auch bezüglich der Art der einer Schlußkette zugrunde gelegten Voraussetzungen. Unser Textmaterial der babylonischen Mathematik ist im ganzen noch viel zu lückenhaft. Es ist gewiß methodisch nicht richtig, die Texte, die wir besitzen, kurzerhand als etwas Einheitliches zu betrachten. Jeder Text (oder jede Textgruppe) hat seine bestimmte Absicht. Wenn der eine sich mit gewissen geometrischen Dingen beschäftigt, so darf man daraus nicht unmittelbar auf die allgemeine Methode schließen, die für gewisse numerische Fragen, etwa Wurzelapproximationen, angewandt worden ist. So kann also die Voraussetzung, die gewissen Textgruppen zugrunde liegt, ganz anders sein als die von anderen Typen.

Man darf bei allen diesen Fragen nicht vergessen, daß wir über die ganze Stellung der babylonischen Mathematik im Rahmen der Gesamtkultur praktisch noch gar nichts wissen. Im Griechischen ist die Situation eine vollständig andere. Wir besitzen dort geschlossene mathematische Werke wie Euklid, Archimedes und Apollonius, Pappus. Wir kennen ihre ganze Tendenz und dürfen sie mit vollem Recht als wissenschaftliche mathematische Werke im modernen Sinn betrachten. Wohin aber die keilschriftlichen mathematischen Texte gehören, ist nur sehr schwer zu sagen. Nur der bequemste Ausweg, daß nämlich die mathematischen Texte zu den astronomischen, d. h. also in letzter Linie zu den astrologischen, also religiösen Dingen gehören, scheidet mit Sicherheit aus. Aus dem heute bekannten Textmaterial folgt ja wohl mit aller Deutlichkeit, daß die mathematischen Fragestellungen gänzlich unabhängig sind von irgendwelchen Problemen, die sich aus der Astronomie ergeben können. Und ganz abgesehen davon reichen ja die mathematischen Texte um ein volles Jahrtausend weiter zurück als die systematischen rechnerischen astronomischen Texte. Im Gegenteil möchte ich glauben, daß die Entwicklung einer rechnenden Astronomie in der ersten Hälfte des ersten Jahrtausends wesentlich bedingt ist durch den bereits erreichten hohen Entwicklungsstand der eigentlichen Mathematik. Wir werden im dritten Band dieser Reihe noch ausführlich auf die babylonischen Methoden zurückkommen, die zur Beschreibung so komplizierter Vorgänge wie der Mond- und Planetenbewegung dienen, und dort besprechen, in welcher Weise sie auf der Darstellung von Funktionsverläufen mit Hilfe von Tabellentexten beruhen.

Hier berühren wir also wieder die babylonische Methode, Funktionstypen durch Tabulierung der Funktionswerte etwa für äquidistante Stellen darzustellen. Auch da scheint mir wieder das Griechische einen entscheidenden neuen Schritt über den naiven Stetigkeitsbegriff hinaus getan zu haben, indem es den Stetigkeitsbegriff systematisch analysiert. Dieser Teil der Entwicklung hängt eng mit dem Atomismus und damit wieder mit den Irrationalzahlproblemen zusammen.

Wenn, wie gesagt, ein Zusammenhang mit der Astronomie nicht zur Einordnung der babylonischen mathematischen Texte dienen kann, so ist doch andererseits nicht leicht die Stelle zu bezeichnen, an der sich derartige Fragen entwickelt haben. Die ägyptischen mathematischen Texte gehören ganz naturgemäß zu dem Bereich des Verwaltungsdienstes der großen Besitzungen des Staates und der Tempel. Ähnliches gilt offensichtlich auch von den ältesten babylonischen Felderplänen und wohl auch von den Tabellentexten der einfachsten Typen. Aber dann setzt, soviel wir jetzt sehen etwa in der Hammurapizeit, die Entwicklung einer rein algebraischen Mathematik ein, die offensichtlich nichts mehr mit diesen verwaltungstechnischen und rechtlichen Dingen zu tun hat. Nach unserer Kenntnis kann dies nur an den Schreiberschulen geschehen sein, an denen auch Schrift und Sprache der Sumerer gelehrt worden ist, aus der die zahllosen lexikalischen und grammatischen Texte stammen, die uns so wesentliche Aufschlüsse über Sprache und Schrift gegeben haben. Man wird also auch die mathematische Entwicklung in die Archive und Schulen der Tempel und der staatlichen Verwaltungen verlegen müssen.

Mit der Frage nach dem ersten Auftreten derartiger, man darf wohl sagen wissenschaftlicher Zentren ist eng verknüpft die Frage nach der wechselseitigen Rolle des Sumerischen und des Semitischen. Nach allem, was jetzt aus unseren Texten zu entnehmen ist, scheint es mir, daß die Ausbildung einer eigentlichen Mathematik mit der Semitisierung Babyloniens zusammenfällt. Gewiß reicht gerade die Entwicklungsgeschichte des Zahlen- und Maßsystems ebenso wie die Ausbildung der Schrift in die sumerische Zeit zurück. Aber gerade die Umbiegung dieser Prozesse zur eigentlich mathematischen Fragestellung scheint mir ein Produkt der systematischen und schulmäßigen Beschäftigung der Semiten mit den von den Sumerern übernommenen Kulturgütern zu sein, so daß also auch hier wieder erst die Übereinanderschichtung von Bevölkerungstypen gänzlich verschiedener geschichtlicher Vorbedingungen den eigentlichen Anstoß zu einer neuen Entwicklungsrichtung bietet.

Der zeitliche Spielraum für derartige Prozesse ist reichlich vorhanden. Wir wissen, daß die Semitisierung Babyloniens keineswegs rasch oder auf einmal erfolgt ist. Bereits um die Mitte des 3. Jahrtausends war die Semitisierung Babyloniens so weit fortgeschritten, daß sie unter den Sargoniden zu einem politischen Ausdruck gelangen konnte. Aber wir wissen andererseits, daß das sumerische Element damals noch nicht verschwunden ist, vielmehr noch die Kräfte zu einer zweiten kulturellen Hochblüte in der III. Dynastie von Ur besessen hat. Erst von da ab beginnt das Sumerische als gesprochene Sprache immer stärker zu verschwinden, und mit der Hammurapidynastie ist dann die Semitisierung Babyloniens vollständig abgeschlossen. Die Annahme, daß das systematische Studium von Schrift und Sprache der Sumerer, ihrer Einrichtungen in wirtschaftlichen und juridischen Dingen usw. auch die wesentliche Rolle in der Entwicklung der babylonischen Mathematik gespielt hat, verlangt also keineswegs die Rückdatierung der eigentlichen Anfänge in eine rein sumerische Zeit hinein. Gerade dieser Zeitraum der wechselseitigen Beeinflussung der beiden Bevölkerungselemente scheint mir für die Ausbildung der Mathematik entscheidend gewesen zu sein. Mehr als ein halbes Jahrtausend ist gewiß ausreichend, um die Vorgeschichte der Hammurapizeit zu fassen, auf die ja ein großer Teil der eigentlich mathematischen Texte zurückgeht.

In allen derartig allgemeinen Fragen sind wir selbstverständlich weitgehend auf Vermutungen angewiesen. Es muß immer wieder darauf hingewiesen werden, wie überaus dürftig im Grunde unser Quellenmaterial ist. Von den etlichen hunderttausend Keilschrifttexten, die heute in den Museen der ganzen Welt verstreut liegen, ist selbstverständlich nur ein ganz geringer Anteil mathematischen Inhalts. Aber daß es wirklich nur kaum 200 Tabellentexte und nur etwa 50 eigentlich mathematische Texte mit etwa 500 Beispielen sein sollen, die uns aus einer über 2000 jährigen Entwicklung erhalten sein sollen, scheint mir nicht sehr wahrscheinlich. Die vollständige Undurchsichtigkeit der Bestände der meisten Museen und die tiefe Abneigung der zuständigen Stellen vor derartigen Texten trägt gewiß dazu bei, daß wir heute noch sehr viel weniger über die Entwicklung des mathematischen Denkens im alten Orient wissen, als es an sich schon durch die Zufälligkeit der Erhaltung bedingt wäre. Trotz alledem glaube ich, daß auch schon dieses geringfügige Material wenigstens so weit ausreicht, einige wesentliche Punkte in der Entwicklung der vorgriechischen Mathematik erschließen zu können. Für die Geschichte des mathematischen Denkens der Antike ist damit ein einigermaßen sicheres Fundament gegeben. Der zweite Stützpunkt liegt selbstverständlich in den klassischen Werken der griechischen Mathematik. Über das ideengeschichtlich interessanteste Intervall, nämlich über die Zeit von den Joniern bis Euklid, lassen uns unsere Quellen fast vollständig im Stich. So besteht die künftige Aufgabe darin, von den beiden chronologisch entgegengesetzten Enden her, nämlich einerseits vom Altorientalischen, andererseits von der klassischen griechischen Zeit aus, die Prozesse zu rekonstruieren, die das ergeben haben, was man kurz als griechische Mathematik zu bezeichnen pflegt.

Die Orientierung unserer Fragestellung auf die Zusammenhänge zwischen altorientalischer und griechischer Mathematik ist selbstverständlich in erster Linie bedingt durch die Tatsache, daß die Mathematik der Renaissance und damit die unsere wesentlich auf der griechischen Mathematik beruht. Von einem allgemeineren Standpunkt aus gesehen ist dies aber nicht der einzig mögliche Gesichtspunkt. Schon die älteste Entwicklung der Mathematik des Zweistromlandes weist nach dem Osten. Wenn wir in diesen Vorlesungen immer kurzerhand von „Sumerern" gesprochen haben und dies auch für unsere Zwecke vollauf genügt, so war der tatsächliche Sachverhalt in der Frühzeit der sumerischen Kultur sicherlich ein wesentlich komplizierterer. Wir wissen z. B. heute, daß in der frühesten Periode einer schriftlichen Überlieferung, d. h. also vor allem in der Phase der noch fast rein bilderschriftlichen Texttypen (piktographische Texte) Texte gleicher Art sowohl in den persischen Randgebieten (proto-elamische Texte) wie auch in Djemdet Nasr nicht weit von Kiš und Babylon sowie auch im Süden des Landes existiert haben. Wenn man auch mit solchen Identifikationen äußerst vorsichtig sein muß, so ist doch heute schon so viel klar, daß auch die Industexte zu diesen proto-elamischen und altsumerischen Texten weitgehende Beziehungen aufweisen. Das zeigt sich schon mindestens in dem Vorkommen solcher Texte auch in Mesopotamien. Diese Dinge können bereits insofern in den Bereich des Mathematischen eingreifen, als sie vielleicht, wie wir in Kapitel III skizziert haben, für die Entwicklungsgeschichte des Zahlensystems wesentlich gewesen sein können.

Auch für die weitere Geschichte brauchen sie nicht gleichgültig zu sein. Wir wissen, daß z. B. das Hetitische das eigentümliche sexagesimal-dezimale System der babylonisch-assyrischen Zahlenbezeichnung übernommen hat. Es wäre denkbar, daß ähnliche Einflüsse auch in das spätere indische Zahlensystem hineinreichen. Die Geschichte der indischen Mathematik und Astronomie liegt ja heute noch ganz im Argen. Dies liegt nicht so sehr an dem Mangel an Bearbeitern als vielmehr daran, daß fast noch keine Quellen in einwandfreier Form ediert sind. Alles, was wir wissen, beruht daher mehr oder weniger auf willkürlich herausgegriffenen Textfragmenten. Eine wissenschaftlich ernst zu nehmende Erforschung dieses ungeheuren Gebietes kann aber erst erfolgen, wenn an eine systematische Erschließung der Quellen herangegangen wird. Dasselbe gilt in vielleicht noch höherem Maße von der chinesischen Mathematik und Astronomie. Ein wirklich vollständiges Bild der mathematischen Entwicklung in allen ihren Zweigen wird man erst gewinnen können, wenn man sich dazu entschließt, auch auf die weitere orientalische Mathematik diejenigen Methoden auszudehnen, die für andere Zweige wissenschaftlicher Geschichtsschreibung längst zur Selbstverständlichkeit geworden sind.

Aber auch für die engere Geschichte der Fortsetzung der antiken Mathematik in die der Renaissance hinein bleibt noch fast alles zu tun übrig. Unsere Kenntnis von der arabischen Mathematik und Astronomie ruht auch noch nicht auf sehr viel sicherer Grundlage als die der indischen. Ich halte es für sicher, daß aus einer Untersuchung des arabischen Materials auf Grund einwandfreier Textunterlagen und nicht nur auf Grund willkürlicher Auszüge und schlechter lateinischer Übersetzungen, auf die wir heute fast ausschließlich angewiesen sind, auch für das Verständnis der vorangehenden Perioden, sowohl der griechischen wie der altorientalischen, noch viel zu gewinnen sein wird. So weist also alles auf eine Fülle neuer Aufgaben hin, so daß das, was hier geschildert worden ist, nicht mehr sein kann als eine erste Skizzierung von Zusammenhängen, deren Erforschung im einzelnen heute erst als ein Programm bezeichnet werden kann.

Literaturverzeichnis zu Kapitel V.

Verschiedene Arbeiten (seit 1929) in den Zeitschriften:

(V, *1*) Quellen und Studien zur Geschichte der Mathematik, Astronomie und Physik. Abt. B: Studien. Berlin: Julius Springer 1929 ff. Abkürzung: QS B.

(V, *2*) Archiv für Orientforschung. Berlin. Abkürzung: AfO.

(V, *3*) Revue d'Assyriologie et d'Archéologie Orientale. Paris: Ernest Leroux. Abkürzung: RA.

Gesamtedition aller mir zugänglich gewordenen mathematischen Keilschrifttexte mit Übersetzung und Kommentar:

(V, *4*) Neugebauer, O.: Mathematische Keilschrifttexte, Quellen und Studien zur Gesch. d. M. Abt. A Bd. 3. Berlin: Julius Springer (in Vorbereitung). Abkürzung: MKT.

Sachverzeichnis.

(Die Zahlen bezeichnen die Seiten.)

Offsetdruck: Werk- und Feindruckerei Dr. Alexander Krebs,
Weinheim und Hemsbach/Bergstraße und Bad Homburg v. d. H.

Die Grundlehren der mathematischen Wissenschaften in Einzeldarstellungen mit besonderer Berücksichtigung der Anwendungsgebiete